职业健康与施工安全

主　编　叶　超

副主编　程晓刚　史　芳　李常茂

参　编　王　娟　路大勇

　　　　肖亚军　李　路　余　伟

　　　　杨红斌　宝　坤

主　审　张学钢

北京理工大学出版社

BEIJING INSTITUTE OF TECHNOLOGY PRESS

内容提要

本书共分为4个模块，31个单元，每个单元均包括案例引入、知识链接、案例分析和知识拓展四个版块。职业健康与施工安全认知、劳动者权益与安全规定、职业病与工伤的法律要求、脚手架工程施工安全、高处作业安全、工程机械与机具施工安全、施工用电安全、安全应急处理。

本书可供高等院校安全管理相关专业印制的教材，也可作为施工企业现场管理和作业人员安全□□□□

□□□□□□□□□究

图书在版编目（CIP）数据

□□健康与施工安全 / 叶超主编. -- 北京：北京□□□出版社，2024.1

□□ 978-7-5763-2794-6

Ⅰ. ①职… Ⅱ. ①叶… Ⅲ. ①职业安全卫生 ②建筑施□全管理 Ⅳ. ①X9 ②TU714

中国国家版本馆CIP数据核字（2023）第158339号

文案编辑：钟 博
责任印制：王美丽

□□编辑：钟 博
责任校对：周瑞红

出版发行 / 北京理工大学出版社有限责任公司
社　　址 / 北京市丰台区四合庄路6号
邮　　编 / 100070
电　　话 / (010) 68914026（教材售后服务热线）
　　　　　 (010) 68944437（课件资源服务热线）
网　　址 / http：//www.bitpress.com.cn
版　　次 / 2024年1月第1版第1次印刷
印　　刷 / 北京紫瑞利印刷有限公司
开　　本 / 787 mm × 1092 mm　1/16
印　　张 / 14.5
字　　数 / 330千字
定　　价 / 89.00元

图书出现印装质量问题，请拨打售后服务热线，负责调换

前　言

党的二十大报告指出："社会稳定是国家强盛的前提，要坚持安全第一、预防为主，建立大安全大应急框架，完善公共安全体系，推动公共安全治理模式向事前预防转型。"必须深入贯彻落实党的二十大精神，践行"人民至上、生命至上"理念，防范和遏制各类事故发生，牢牢守住安全底线，构建新发展格局，推动高质量发展，创造平安稳定社会环境。

安全生产关系人民群众的生命财产安全，关系改革发展和社会稳定大局。党中央、国务院高度重视安全生产工作，并采取了一系列重大举措加强安全生产工作，建立职业健康安全管理体系，减少各类事故的发生，保证员工的健康与安全。所以，应学习职业健康和施工安全的基本知识内容，强化安全意识、筑牢安全防线、夯实安全技能、呼唤安全使命。

本书既可作为所有安全类相关专业的专业基础课教材，又可作为所有施工作业人员学习的安全通识类教材，旨在引导学生了解职业健康与施工安全的重要性，熟悉当前我国安全管理相关法律制度要求，会按照相关法律制度要求在施工项目开展安全管理工作，并识别施工过程中面临的职业危害，能提出有效的职业健康保护措施，养成良好的安全习惯，提升职业安全素养，致力于培养适应当代社会需要的安全管理人才。

本书具有以下特色。

（1）依据安全专业标准，满足育人新要求。本书以教育部最新发布的高职安全管理类专业标准为依据，以施工企业安全员岗位职业能力为主线，有机融合"生产事故应急救援"等赛项内容。深入贯彻安全第一、预防为主、综合治理的安全生产方针和事前预防、事中应急、事后处理的安全管理理念，构建职业健康与施工安全认知、高处作业安全、施工安全应急处理等十个学习模块。优选典型安全生产事故案例，体现施工生产安全管理的新方法、新手段和新趋势，满足数字化时代对安全生产管理人才培养的新要求。

（2）采用新型编写体例，提高教材吸引力。基于以学生为中心、任务为驱动、成果为导向的教材开发理念，采用案例引入—知识链接—案例分析—知识拓展的体例，以现行法规、标准、规范为依据，紧密结合生产实际、实践，依据人才培养目标，合理设置教学任务。任务逻辑清晰，重点明确，可操作性强；任务设置由浅入深、通俗易懂、图文并茂，充分挖掘任务完成过程中所需专业知识蕴含的价值追求、职业精神和责任意识，将思政教育融入技术技能培养全过程，实现知识、技能和素养目标。

（3）配套丰富的教学资源，服务混合式教学。本书配套省级精品在线开放课程，着力做好微课、教材、资源一体化开发，构建一体化教学资源平台，满足课前预习、课中学习、课后复习的学习需求，实现理实一体，学练结合，提升学习者的学习兴趣及效率。

（4）依托安全实训基地，提升学习体验感。依托聚焦解决施工安全领域突出问题的安全综合实训基地，用好以强化意识、夯实技能、加深素养为目标的施工安全虚拟仿真平台，通过教材富媒体链接，身临其境感受施工现场三维作业环境，强化实操，提高考核评价的科学性及和及时性，有效提升学习者的体验感，增强学习效果。

本书由陕西铁路工程职业技术学院叶超担任主编；由中铁一局集团桥梁工程有限公司程晓刚，陕西铁路工程职业技术学院史芳、李常茂、王娟，重庆工程职业技术学院骆大勇担任副主编；陕西铁路工程职业技术学院肖亚军、陕西铁路工程职业技术学院李璐、中铁一局集团桥梁工程有限公司余伟、西安建工交建集团有限公司杨红斌、陕西铁路工程职业技术学院宝坤参与了本书的编写工作。具体编写分工为：模块一～模块三由肖亚军、余伟编写；模块四、模块六由史芳、程晓刚编写；模块五由李常茂、杨红斌编写；模块七由王娟编写；模块八、模块九由李璐、骆大勇编写；模块十由叶超、宝坤编写。全书由陕西铁路工程职业技术学院张学钢主审，由叶超统稿、定稿。

由于编写时间及编者水平有限，书中难免有不妥之处，敬请同行与读者批评指正。

编　者

目　录

模块一　职业健康与施工安全认知 ……1

单元一　职业健康认知 ……1
　　一、职业健康 ……2
　　二、职业病及相关法律、法规 ……5

单元二　职业危害预防 ……8
　　一、职业危害因素 ……9
　　二、职业危害预防 ……9
　　三、噪声的预防 ……10
　　四、粉尘的预防 ……11

单元三　施工安全基础 ……14
　　一、安全及安全的重要性 ……15
　　二、事故 ……17
　　三、事故隐患 ……19
　　四、风险 ……20
　　五、危险源 ……20
　　六、安全生产 ……21
　　七、建筑施工安全 ……22

模块二　劳动者权益与安全规定 ……27

单元一　劳动者的权利和义务 ……27
　　一、劳动者的权利 ……28
　　二、劳动者的义务 ……32

单元二　安全生产基本规定和要求 ……35
　　一、施工安全三不违 ……35
　　二、施工安全四不伤害 ……35
　　三、十大安全纪律五必须及五严禁 ……36
　　四、施工现场安全十不准 ……39

模块三　职业病与工伤的法律要求 ……43

单元一　职业病处理 ……43
　　一、职业病认定基本法律规定 ……44
　　二、职业病诊断 ……45
　　三、职业病鉴定 ……46

单元二　工伤处理 ……48
　　一、工伤认定范围 ……49
　　二、工作时间及工作场所 ……50
　　三、工伤认定程序 ……50
　　四、工伤认定需提供的材料 ……50

模块四　安全防护与安全标志 ……53

单元一　劳动防护用品概述 ……53
　　一、劳动防护用品的概念 ……54
　　二、劳动防护用品的分类 ……54
　　三、劳动防护用品的使用 ……56

四、劳动防护用品的管理 …………… 56

单元二　安全帽 ……………………… 58

一、安全帽的概念 ………………… 58

二、安全帽的组成 ………………… 58

三、安全帽的分类 ………………… 58

四、安全帽的基本尺寸 …………… 59

五、安全帽的技术要求 …………… 60

六、安全帽的使用 ………………… 60

七、各类安全帽的应用范围 ……… 61

单元三　安全带 ……………………… 62

一、安全带的概念 ………………… 63

二、安全带的标记 ………………… 63

三、安全带的技术要求 …………… 64

四、坠落悬挂安全带 ……………… 64

五、安全带的使用要求 …………… 66

单元四　安全网 ……………………… 67

一、安全网的概念 ………………… 68

二、安全网的分类 ………………… 68

三、安全网的分类标记 …………… 69

四、安全网的技术要求 …………… 69

五、安全网的使用要求 …………… 70

六、安全网的使用注意事项及保养 … 71

单元五　安全色与安全标志 ………… 72

一、安全色 ………………………… 72

二、安全标志 ……………………… 73

模块五　脚手架工程施工安全 ……… 79

单元一　脚手架的分类和基本术语 … 79

一、脚手架的作用和分类 ………… 80

二、脚手架工程的基本术语 ……… 83

单元二　脚手架对其构配件的要求 … 85

一、对脚手架杆件的要求 ………… 86

二、对脚手架连接件的要求 ……… 86

三、对脚手板的要求 ……………… 86

四、对连墙件的要求 3 …………… 87

单元三　脚手架的构造要求 ………… 88

一、常用脚手架设计尺寸 ………… 89

二、对纵向水平杆、横向水平杆、
脚手板的构造要求 …………… 90

**单元四　脚手架构架和设置要求的
一般规定** ……………… 96

**单元五　脚手架搭设、使用和拆除的
一般规定** …………… 101

模块六　高处作业安全 ……………… 110

单元一　高处作业 …………………… 110

一、高处作业的概念 ……………… 111

二、高处作业的等级划分 ………… 111

三、高处作业的类型 ……………… 111

四、高处作业的一般施工安全
规定 …………………………… 114

五、高处作业的基本安全技术
措施 …………………………… 114

单元二　高处作业安全管理 ………… 116

一、高处作业安全管理内容 ……… 117

二、高处作业基本规定 …………… 118

模块七　工程机械与机具施工安全 … 122

单元一　土石方机械施工安全 ……… 122

一、推土机施工安全 ……………… 123

二、铲运机施工安全 ……………… 124

三、挖掘机施工安全 ……………… 126

四、压实机械施工安全 …………… 130

单元二　混凝土及钢筋机械施工安全 … 134

一、混凝土拌和设备施工安全 …… 134

二、混凝土运输设备施工安全 …… 136

三、钢筋加工机械施工安全 ……… 138

单元三 起重机械施工安全······143
  一、轮式起重机施工安全·········144
  二、履带式起重机施工安全·······146
  三、塔式起重机施工安全·········148
  四、桅杆式起重机施工安全·······151

单元四 小型施工机具作业安全······154
  一、圆盘锯················154
  二、电动套丝机·············155
  三、砂轮切割机·············155
  四、混凝土振捣器············155
  五、手持电动工具············156
  六、带锯机···············157
  七、平面刨（手压刨）·········157

模块八 施工用电安全·········162

单元一 触电伤害常识·········162
  一、触电的危害·············163
  二、触电的方式·············165
  三、施工现场触电事故·········165
  四、用电安全检查············166
  五、防止触电的注意事项········166
  六、使用手持电动工具的安全要求···166

单元二 施工现场临时用电安全管理···169
  一、施工临时用电············169
  二、施工现场临时用电基本要求····170
  三、施工现场临时用电管理······171

模块九 施工现场消防·········180

单元一 火灾概述···········180
  一、火灾的概念、分类及分级、
    发展阶段···············181
  二、灭火的基本原理··········182
  三、常见的消防设备与器材······183

单元二 施工现场消防管理·······187
  一、施工现场火灾安全隐患······187
  二、施工现场的消防管理·······187
  三、施工现场动火审批制度······189
  四、施工现场的消防安全技术
    措施·················189

模块十 施工安全应急处理·······195

单元一 事故分类认知·········195
  一、施工安全事故的概念·······196
  二、施工安全事故的分级·······196
  三、施工安全事故的分类·······197

单元二 事故原因与处理········199
  一、事故原因··············199
  二、事故处理··············202

单元三 施工安全事故应急救援····204
  一、高空坠落事故············205
  二、物体打击事故············205
  三、机械伤害事故············206
  四、起重伤害事故············207
  五、坍塌事故··············207
  六、触电事故··············208
  七、中毒事故··············208
  八、火灾事故··············210

单元四 伤害急救···········212
  一、创伤救护··············212
  二、骨折救护··············214
  三、颅脑外伤救护············215
  四、烧伤、烫伤救护··········216
  五、中毒救护··············217
  六、高温中暑救护············217
  七、昏迷救护··············218

参考文献···············224

模块一　职业健康与施工安全认知

单元一　职业健康认知

职业健康概述

案例引入

南方某工业园区内某科技有限公司是一家以生产手机屏幕为主的高科技企业。来自湖南的19岁姑娘邓玉龙刚来公司的时候觉得工作的环境特别干净，因为她在无尘车间工作。但是不久前，她和她的同事们突然得了一种怪病，经过检查，他们的病因是"上下肢周围神经元损害并发生了病变"。据悉，某科技有限公司违法使用正己烷，而未告知员工并采取相应的措施，工作半年以来，大量员工得了四肢疼痛与头晕的怪病。随后，工业园区管理部门到某科技有限公司进行调查后发现，空气中的正己烷含量超标。随即对某科技有限公司进行了停工整顿，并安排所有得病员工入院治疗。次年，某科技有限公司发生了数千名工人聚集罢工事件，事件在当天得到平息。该公司在给员工补发了一个月的年终奖后，还公布了已发生的员工正己烷中毒事件的调查结果。当时的数据就显示：受正己烷影响的员工共47名，其中轻度36名，中度10名，重度1名。但该公司将员工罢工归结为公司日常管理不善，在员工管理、薪酬计算、奖金福利、餐饮服务等方面存在问题，对员工中毒事件不提。

据另一名中毒职工贾某介绍，在春节前夕部分中毒员工在当地的三级甲等医院进行了身体复查，并拿到了证明身体出现问题的检查结果。而南方某人民医院职业病科主任医师刘杰认为："正己烷导致的中毒是可逆的，脱离原来的环境后，症状只会减轻，不会加重。"可贾某认为，事情没这么简单。"出院至今，我还经常手脚出汗、麻木，晚上腿痛、抽筋，我还特别怕冷，特意买了羽绒裤。这是老年人才穿的，我现在就靠它保暖了。我不知道这是不是后遗症。"该公司负责人表示："将按照法律规定，员工离职后，一旦病情复发，公司将会负责。"中毒员工对此表态很是不满："一旦总公司撤资，公司将不复存在，今后发生的治疗费用又怎能保障？"

问题思考：

1. 本案例中正己烷中毒和员工的职业健康有什么关系？
2. 职业病和普通疾病有哪些显著区别？
3. 做好工人的职业健康防护，其意义在哪里？
4. 应从哪些方面入手提高职工的职业健康保障水平？

知识链接

职业健康所涉及的职业人群占世界人口的 50%～60%，他们是整个社会中最富有生命力和创造力的生产要素。这一重要社会人群的身体、心理、行为、道德和社会适应性的健康状况将极大地影响经济发展、人类进步和社会完善的过程。职业健康的良好发展是保护社会生产力和劳动者权益，为企业安全生产和职工健康服务的重要工程，是企业顺利发展的前提和保证，是生产经营工作的必然需求。

一、职业健康

健康是人全面发展的基础，也是家庭幸福、社会和谐与发展的基础。人们从事劳动、工作和各种职业活动，是为了获得幸福的生活。如果没有健康的身体，不仅个人要经受疾病的折磨，影响工作、生活，还会给家庭、社会带来负担。在职业生涯中，保持健康的身体是一个重要的问题。但是，职工工作中的许多因素，例如，不正确的工作方法，工作环境中的危险、有害因素，有毒的物质或危险的设备等，都可能对人体产生不良的影响。常见工作中健康危害因素见表 1-1。

表 1-1　常见工作中健康危害因素

危害类别	健康危害因素
化学因素	气体、蒸汽、固体、纤维、液体、粉尘、烟雾、油烟等

危害类别	健康危害因素
物理因素	噪声和振动、高温和低温、电磁场、高气压和低气压等
生物因素	细菌、真菌等
人体工程因素	搬运、拉伸和重复运动
社会心理因素	压力、工作量和工作组织

（一）职业健康现状

1. 工作的意义

既然谈职业健康，那么先来思考工作的意义是什么。美国的社会心理学家马斯洛提出的"需求层次理论"（图 1-1）认为，人之所以能持续地工作下去是因为工作能满足个体五个层次的需求，如图 1-2 所示。

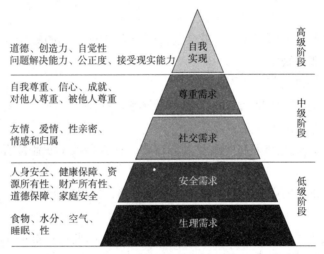

图 1-1　马斯洛需求层次理论

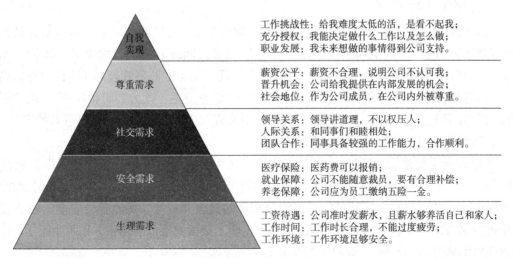

图 1-2　马斯洛需求层次理论在工作中的应用

首先，工作使人基本生理需求得到满足，即工作能带来基本的收益进而满足人的生理需求；其次，工作能使人得到额外的盈利，使个体具有安全感；再进一步，工作使人进入社会，满足人作为社会性动物的需要；然后，人的需求上升为自尊需求，工作使人得到社会认可，有存在感；最后，工作能使人追求更高的自我实现，成为行业内的佼佼者，实现个人价值。所以，工作在每个普通人的一生中是必不可少的。

2. 工作中面临的问题

对于各行各业从事不同工作的人来说，其在工作生涯或职业生涯中会面临什么？对大多数工作者而言，他们要经历：工作时间 ≥ 30 年，劳动时间 ≥ 9 000 天，上班时间 ≥ 80 000 小时。这说明每个人的职业过程是一个持续的发展过程，在这个过程中每个人会不可避免地面对威胁身心健康的各种因素，比如：

（1）医务工作者面临的生物污染；

（2）工厂车间工作人员面临的噪声、机械伤害危险；

（3）煤矿工作人员面临的粉尘危害；

（4）建筑施工人员面临的触电、高空坠落等风险。

如果没有控制好这些潜在风险，就会危害职业人员的身心健康，造成职业健康危害。

3. 我国职业健康的现状

目前我国职业健康的现状如下。

（1）传统的职业病（尘肺病、化学物中毒导致的疾病）仍然是主要的职业病，我国是世界上职业危害最严重的国家之一。

（2）职业危害高危人群正在向流动人群转移，这就导致了职业危害针对性防治出现了困难。

（3）职业危害正在向中小企业和非正式企业转移，这也对职业危害的防治提出了挑战。

（4）群发职业病危害频频发生，使职业危害产生了严重的不良社会影响。

所以，人们发出了"要职业不要职业病"的呼吁，为此应做好职工职业健康防护，提高我国职业卫生水平，不要让工作场所成为健康的无形杀手。

（二）职业健康的定义

"职业健康"与"职业卫生"有区别吗？"职业健康"与"职业卫生"是从业人员常常挂在嘴边的名词。"职业健康"与"职业卫生"两者之间没有区别。职业卫生监管工作从国家卫生和计划生育委员会（简称"卫计委"）转到安全生产监督管理局（简称"安监局"）后，为了和以前由卫生系统管理的局面区别，将"职业卫生"改为"职业健康"，由"职业健康司"负责职业卫生监管工作。职业健康的定义有很多种，最常见的是以下几种定义。

1. 国际职业卫生协会对职业健康的定义

国际职业卫生协会（IOHA）将职业健康定义为：职业健康是对工作场所内健康危害（Health Hazards）进行预测（Anticipating）、识别（Recognizing）、评估（Evaluating）和控制（Controlling）的一门科学。其目的是保护劳动者的健康和福祉，保障社会安全。职业健康科学的发展方向主要包含职业卫生（控制和避免职工接触健康危害因素）和职业医学（针对职业性疾病的控制和治疗），如图 1-3 所示。

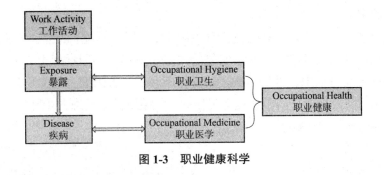

图 1-3 职业健康科学

2. 国际劳工组织和世界卫生组织对职业健康的定义

1950 年，国际劳工组织（ILO）和世界卫生组织（WHO）的联合职业健康委员会对职业健康的定义为：职业健康应以促进并维持各行业职工的生理、心理及社交处在最好状态为目的，并防止职工的健康受工作环境影响，保护职工不受健康危害因素伤害，并将职工安排在适合他们的生理和心理的工作环境中。

3. 我国对职业健康的定义

"职业健康"在我国历来被称为劳动卫生、职业卫生等，原国家经贸委、国家安全生产监督管理局的《职业安全健康管理体系试行标准》首次将"职业卫生"一词修订为"职业健康"。目前在我国，劳动卫生、职业卫生、职业健康等叫法并存，但是其内涵是相同的。

在国家标准《职业安全卫生术语》（GB/T 15236—2008）中，将"职业卫生"定义为：以职工的健康在职业活动中免受有害因素侵害为目的的工作领域，以及在法律、技术、设备、组织制度和教育等方面所采取的相应措施。职业健康（职业卫生）主要是研究劳动条件对从业者健康的影响，目的是创造适合人体生理要求的作业条件，研究如何使工作适合人，又使每个人适合自己的工作，使从业者在身体、精神、心理和社会福利等方面处于最佳状态。

二、职业病及相关法律、法规

中国古代医籍中已提到有关职业病的内容。北宋时沈括在《梦溪笔谈》中论述了四川岩盐深井开采所引发的卤气和天然气中毒死亡事故及除毒方法。孔平仲在《谈苑》中记述了银匠的慢性汞中毒症状及采石人"石末伤肺，肺焦多死"的尘肺病症症状。宋应星在《天工开物》中还记载了砒中毒症状："烧砒之人，经两载即改徒，否则须发尽落。"

（一）职业病概述

职业病是一种人为的疾病。它的发生率与患病率的高低直接反映疾病预防控制工作的水平。世界卫生组织对职业病的定义，除医学的含义外，还赋予其立法意义，即将其定义为由国家所规定的"法定职业病"。我国政府规定，对确诊的法定职业病必须向主管部门和同级卫生行政部门报告。凡属法定职业病的患者，在治疗和休息期间及在确定为伤残或治疗无效死亡时，均应按工伤保险有关规定享有相应待遇。有的国家对职业病患者实行经济补偿，故职业病也称为赔偿性疾病。

1. 职业病的定义

职业病是指企业、事业单位和个体经济组织（简称用人单位）的劳动者在职业活动中，因接触粉尘，放射性物质和其他有毒、有害物质等职业病危害因素而患有的疾病。简单地说，劳动人员在劳动过程中，因为接触了对身体不利的危害因素，如工厂工作人员接触粉尘、电焊工接触弧光、长期在高温环境下工作的人员接触高温所患的尘肺病、职业性眼病、职业性皮肤病等，就是职业病。

2. 职业病的分类

2013 年，国家卫生计生委、人力资源社会保障部、国家安监总局、全国总工会四部门联合发布的《职业病分类和目录》，将职业病分为 10 大类、132 种，如图 1-4 所示。这些疾病涉及呼吸系统、皮肤、眼睛、耳鼻喉口腔等，对职工的生命健康有极大危害。

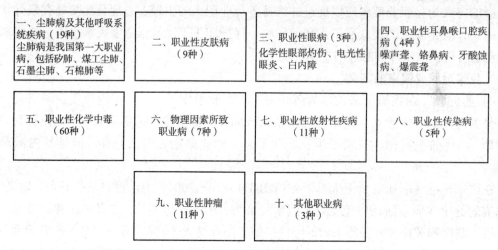

图 1-4 职业病的分类

（二）职业病管理相关法律、法规

《中华人民共和国职业病防治法》是预防、控制和消除职业病危害，防治职业病，保护劳动者健康及其相关权益，促进经济社会发展的最重要的基础性法律。它在 2001 年 10 月 27 日第九届全国人民代表大会常务委员会第二十四次会议通过后，先后经历了 2011 年 12 月 31 日第一次修订，2016 年 7 月 2 日第二次修订，2017 年 11 月 4 日第三次修订，2018 年 12 月 29 日第四次修订，即现在实施的版本。在职业病防治法的修订过程中，发生了诸多的个人和群体性职业病爆发事件，如著名的"张海超开胸验肺"：2004 年 8 月，河南新密市人张海超被多家医院诊断出患有"尘肺病"，但由于这些医院不是法定职业病诊断机构，所以诊断"无用"，而由于原单位拒开证明，张海超无法拿到法定诊断机构的诊断结果，最终只能以"开胸验肺"的方式验肺，为自己证明。

除《中华人民共和国职业病防治法》外，我国目前出台了诸如《职业病危害因素分类目录》（国卫疾控发〔2015〕92 号）、《职业健康检查管理办法》（国家卫生健康委员会令 2 号）、《用人单位职业健康监护监督管理办法》（中华人民共和国国家安全生产监督管理总局令第 49 号）、《工作场所职业卫生管理规定》（中华人民共和国国家健康委员会令第 5 号，2021 年 2 月 1 日施行）、《职业病诊断与鉴定管理办法》（中华人民共和国国家卫生健康委员会令第6号）等多个保障劳动者职业健康的相关法律、法规和条例。

这些法律规范及国家、行业标准，对预防职业病的发展，促进我国职业健康水平的提高起到了极大的保障作用。所以，职业健康需要每个人重视起来，同时努力学习相关知识，进而加强保障，为社会和国家职业健康发展，为保障自己及其他劳动者职业健康贡献一份力量。

◉ 案例分析

一、事件经过梳理

（1）美国某公司在华供应商、位于工业园区的某科技有限公司使用更便宜、清洁效果更好的正己烷替代酒精等清洗剂进行擦拭显示屏作业，不仅生产效率提升，而且良品率还提高了30%，每个月因此增加巨额利润。

（2）该公司在进行职业卫生申报的时候，并没有申报使用正己烷这种有毒化学物质，也从未请求进行有毒气体的检测。而在事发之前，市安监局等6个部门联合下文，禁止电子企业使用正己烷、三氯乙烯等有毒物品。

（3）经调查，直接接触使用正己烷的工人有800余人，有137名员工出现中毒症状。为了给员工治病，企业已经花了近400万元医药费。

二、事件主要原因

（1）在封闭环境下使用有毒材料，置员工身体健康于不顾。在生产过程中，公司突然要求员工用正己烷取代此前使用的酒精、丙酮、异丙醇，来擦拭手机显示屏。正己烷挥发速度明显快于酒精，这样就提升了工作效率，而使用正己烷的擦拭效果明显优于酒精，可以大大降低次品率。"没有什么防护措施，用的手套、口罩都是一次性的，质量都是很一般的。而且正己烷无色，有微弱的特殊气味，挥发性好。"相关研究表明，正己烷会导致多发性周围神经病，出现四肢"麻木"等感觉异常，以及感觉障碍和运动障碍。在密闭式、空气流动性差的无尘车间中，这种"毒剂"堆积的后果可想而知。某科技有限公司为了降低次品率，谋取利益而忽视员工的身体健康，给员工带来的不仅是职业病，还有一生的疾病和高昂的药费。

（2）某科技有限公司缺乏保障员工职业健康的社会责任心。这次的"毒苹果事件"并非偶然事件，据环保组织透露，在某科技有限公司的22家供应商企业中，都有或轻或重的员工中毒现象，甚至有的工厂由于排放含有有害物质的废水导致当地出现"癌症村"。这种严重的污染环境、危害员工身体健康，甚至严重危害工厂所在地居民生命安全的行为，是企业社会责任心严重缺失、严重破坏环境的行为。而且，某科技有限公司作为整个生产链上的上游企业，对于下游企业监管不善，忽视了环保问题和企业社会责任心，造成"毒苹果事件"的产生。但是在事件发生以后，某科技有限公司并没有积极回应，而是保持沉默，甚至当其做出回应时，却向社会发布员工已经全部治愈的虚假新闻，这更是企业社会责任心严重缺失的表现。另外，某科技有限该公司对于受害员工不负责任的处理，也是利欲熏心而置员工健康甚至生命于不顾的恶劣行为。

职业病预防的意义

健康是个人全面发展的基础，没有健康就没有个人事业成就和家庭幸福，没有健康就没有富有活力和创造力的社会人力资本。职业病危害着劳动者的身心健康，针对劳动者职业健康的现状，应该加强职业病预防，关注和促进职业健康发展。职业病预防是对工作场所内产生或存在的职业性有害因素进行控制，预防和保护劳动者受到职业性有害因素对健康的影响和危险，促进和保障劳动者在职业活动中的身心健康。职业病预防的意义主要体现在三个方面：一是对于个人而言，能使劳动者更富有生命力和创造力；二是对于企业而言，良好的职业健康状况，能保护社会生产力和劳动者权益，是企业顺利发展的前提和保证，是生产经营工作的必然需求；三是对于社会和国家而言，职业健康能影响经济发展、社会完善、国家稳固发展和人类进步。

知识拓展

世界安全生产与健康日

2001年，国际劳工组织正式将4月28日定为"世界安全生产与健康日"，并作为联合国官方纪念日。确立"世界安全生产与健康日"的想法起源于工人纪念日（Workers Memorial Day）。纪念日于1989年首次由美国和加拿大工人发起，以便在每年的4月28日纪念死亡和受伤的工人。国际自由工会联合会和全球工会联盟将它发展为一种全球性活动，并将其范围扩展到每个工作场所。

单元二　职业危害预防

预防职业危害

案例引入

王某和陈某、张某等人，以某县隧道工程公司的名义向某矿务局矿建工程处承包辽宁省沈阳至本溪一级汽车专用公路小堡至南芬第七合同段吴家岭隧道施工工程。随后，他们先后招募了400多名工人，工人在含有高浓度粉尘的环境中作业，吸入大量粉尘。这导致400多名工人中196人罹患硅肺，其中10人死亡。

问题思考：

（1）硅肺这种职业病通常在哪种工作环境中多发？

（2）为了保护从业者，使他们远离职业病，应该在工作中注意哪些事项？

知识链接

2022年，全国报告新发职业病病例数比2017年下降58%，尘肺病等重点职业病高发势头得到初步遏制。近年来，中国职业健康事业快速发展，取得显著成效。职业健康监管体制机制不断完善、法规标准体系不断健全、职业健康监测和风险评估不断规范、职业健康保护行动持续推进，劳动者职业健康权益进一步得到保障。但做好职业健康保护依旧尤为重要，除用人单位落实主体责任、提升职业健康工作水平、有效预防和控制职业病危害等措施外，劳动者个人做好职业健康保护也是至关重要的。随着科技和产业发展，一些新物质、新材料、新工艺、新业态进入人们的生活。这些生活中的新现象可能带来的健康问题，有些问题是未知的。据国家统计数据，我国 16 ～ 59 岁劳动年龄人口为 8.8 亿人，职业病防治工作事关广大劳动者身体健康和生命安全。

一、职业危害因素

职业危害因素是指生产工作过程及其环境中产生和存在的，对职业人群的健康、安全和作业能力可能造成不良影响的一切要素或条件的总称。为贯彻落实《中华人民共和国职业病防治法》（以下简称《职业病防治法》），切实保障劳动者健康权益，根据职业病防治工作需要，2015 年国家卫生计生委、安全监管总局、人力资源社会保障部和全国总工会联合组织对职业病危害因素分类目录进行了修订。修订后《职业病危害因素分类目录》将职业危害因素分为六类，即粉尘因素（52 种）、化学因素（375 种）、物理因素（15 种）、放射性因素（8 种）、生物因素（6 种）及其他因素（3 种）。

在实际的生产场所中，这些危害因素常常不是单一存在的，而是同时存在着多种危害因素，这对劳动者的身体健康将会产生联合的、危害更大的影响。

二、职业危害预防

1. 职业病危害三级预防原则

职业病危害三级预防原则：第一级预防原则是采用有利于职业病防治的工艺、技术和材料，合理利用职业病防护设施及个人职业病防护用品，减少其与劳动者职业接触的机会和程度，预防和控制职业危害的发生；第二级预防原则是通过对劳动者进行职业健康监护，结合环境中职业病有害因素监测，以早期发现劳动者所遭受的职业危害；第三级预防原则是对患有职业病和遭受职业伤害的劳动者进行合理的治疗和康复。

2. 职业病危害预防措施

消除危害：停用危害性物质，或以无害物质替代。

降低风险：改用危害性较低的物质；改变工艺，减轻危害性；隔离人员或危害；限制危害；工程技术控制；管理控制。

3. 个人防护

采取预防措施时，应优先选择最有效的措施，可以发现做好个人防护是预防措施中劳动者个人可以直接实施的措施。个人防护用品是最后一道防线。因此，做好个人防护在很大程度上可以预防职业危害的发生。目前，职业病危害已成为继癌症、心脑血管疾病后,第三大危害人身健康的病因。职业病防治工作与安全生产工作应该放到同一地位上,切实做好自我职业病防护,提高预防职业病的能力,确保职业健康工作的开展。

三、噪声的预防

噪声是指不同频率和不同强度、无规律地组合在一起的声音,有嘈杂刺耳的感觉,对人们的生活和工作有害。随着工业生产、交通运输、城市建筑的发展,以及人口密度的增加,家庭设施(音响、空调、电视机等)的增多,环境噪声日益严重,它已成为污染人类社会环境的一大公害。噪声不仅会影响听力,而且会对人的心血管系统、神经系统、内分泌系统产生不利影响,所以,有人称噪声为"致人死命的慢性毒药"。噪声具有局部性、暂时性和多发性的特点,往往给人带来生理上和心理上的危害。

1. 控制和消除噪声源

控制和消除噪声源是防止噪声危害的根本措施,采用无声或低声设备代替高噪声的设备,提高机器的精密度,减少机器部件的撞击、摩擦和振动。在进行厂房设计时,应合理地配置声源。远置噪声源如风机、电动机等。

2. 控制噪声的传播

(1)吸声:采用吸声材料装饰车间内表面,吸收声能。
(2)消声:使用阻止声音传播而允许气流通过的消声器降低空气动力噪声。
(3)隔声:可以利用一定的材料和装置,把声源封闭。
(4)隔振:在机械基础和联结处设置减振装置,如胶垫、沥青等。

3. 噪声防护的措施

对于不能控制的噪声,需要在高噪声条件下工作时,佩戴个人防护用品是防止危害的有效措施。听觉器官防护用品是能够防止噪声侵入外耳道,减少听力损伤的个体防护用品。其主要有耳塞、耳罩和防噪声头盔三大类,如图1-5所示。耳塞是最常用的一种防护用品,隔声效果可达30 dB左右;耳罩、防噪声头盔的隔声效果优于耳塞,但使用时不够方便,成本也较高,有待改进。

图1-5 耳塞、耳罩、防噪声头盔

对接触噪声的工人应定期进行健康检查,特别是听力检查,观察听力变化情况,以便早期发现听力损伤，及时采取适当保护措施。对参加噪声作业的工人应进行就业前体检，凡有听觉器官、心血管及神经系统疾病的患者，不宜参加有噪声的作业。对有噪声的作业工人要合理安排休息时间，如实行工间休息，经常监督检查预防措施的执行情况及效果。作业场所噪声 8 h 等效声级 ≥ 85 dB，建议一年做一次体检；作业场所噪声 8 h 等效声级 < 80 dB 且 < 85 dB，建议两年做一次体检。

四、粉尘的预防

粉尘是指悬浮在空气中的固体微粒。国际标准化组织规定，粒径小于 75 μm 的固体悬浮物定义为粉尘。在大气中粉尘的存在是保持地球温度的主要原因之一，大气中过多或过少的粉尘将对环境产生灾难性的影响。但在生活和工作中，生产性粉尘是人类健康的天敌，是诱发多种疾病的主要原因。粉尘除具有职业健康危害外，其爆炸危害也是影响安全生产的重要因素。

1. 粉尘的分类

粉尘可分为无机类粉尘（如硅石、石棉、滑石、金属性粉尘、煤尘等）、有机类粉尘（如棉、麻、面粉、烟草、动物性粉尘等）及混合性粉尘（以两种以上物质混合形成的粉尘），在生产中混合性粉尘最为多见。

长期吸入较高浓度的粉尘可引起肺部弥漫性、进行性纤维化为主的全身疾病（尘肺病），有些有机粉尘如兽皮、谷物等粉尘常附有病原菌，随粉尘进入肺内，可以引起肺霉菌病等；接触如镍、铬、铬酸盐的粉尘和放射性矿物粉尘，可以引起肺癌；接触或吸入粉尘，也会对皮肤、角膜、黏膜等产生局部的刺激作用，并产生一系列的病变。

2. 粉尘的预防

预防粉尘职业性危害因素，通常采用八步防尘法，即"革""湿""密""风""护""管""教""查"。

（1）"革"：革新工艺与设备消除或减弱粉尘发生源。

（2）"湿"：湿式作业抑制粉尘和粉尘扩散。

（3）"密"：把粉尘发生源密闭，防止粉尘向外飞扬。

（4）"风"：通风，是指自然通风系统和机械通风装置。

（5）"护"：加强个人防护和增强体质。

（6）"管"：加强防尘工作的技术管理。

（7）"教"：做好防尘工作的宣传教育。

（8）"查"：加强对粉尘作业人员的职业健康检查。

除此之外，从事粉尘作业的人员按规定佩戴符合技术要求的防尘口罩、防尘面罩、防尘头盔、防护服等防护用品，如图 1-6 所示，这也是防止粉尘危害人体的最后一道防线，佩戴防尘口罩可以有效减轻粉尘对呼吸系统的危害，隔绝粉尘进入呼吸道，最大程度的保护人们的呼吸健康。

长期在生产活动中因吸入生产性粉尘容易引起尘肺等肺部疾病，这类疾病是我国危害最大的职业病。为了预防、控制和消除职业病危害，防治职业病，保护劳动者健康及其相关权益，依照《职业病防治法》第三十五条规定，对从事接触职业病危害的作业的劳动者，用人单位应当按照国务院卫生行政部门的规定组织上岗前、在岗期间和离岗时的职业健康检查，并将检查结果书面告知劳动者。职业健康检查费用由用人单位承担。用人单位不得安排未经上岗前职业健康检查的劳动者从事接触职业病危害的作业；不得安排有职业禁忌的劳动者从事其所禁忌的作业；对在职业健康检查中发现有与所从事的职业相关的健康损害的劳动者，应当调离原工作岗位，并妥善安置；对未进行离岗前职业健康检查的劳动者不得解除或者终止与其订立的劳动合同。

图 1-6　防尘头盔、防护服、防尘面罩和防尘口罩

⊙ 案例分析

一、事故原因

案例中施工地质为石英砂岩，游离二氧化硅含量高达 85% 以上。干式凿岩、出碴、放炮、喷射混凝土产生的大量粉尘无法排除。工人未经防尘知识教育、考核及健康检查，未采取有效的职业病防护措施。施工单位负责人缺乏职业病防治知识和责任意识。

二、法律责任

上百名硅肺病患者向法院起诉，状告某县隧道工程公司等单位和个人，索赔 2.08 亿元。陈某、王某犯重大劳动安全事故罪，分别判处有期徒刑七年、五年，并承担该案例总赔偿金额 61 636 080 元的 17% 的人身损害赔偿责任，即应支付赔偿金额 10 478 134 元，并对全部赔偿金额承担连带责任。

三、案例启示

"十四五"期间职业病防治工作面临的形势，主要表现在：一是新旧职业病危害日益交织叠加，职业病和工作相关疾病防控难度加大；二是职业健康管理和服务人群领域不断扩展，职业健康工作发展不平衡不充分的矛盾突出；三是职业健康监管、技术支撑和服务保障能力还不完全适应高质量发展的新要求；四是部分地方政府监管责任和用人单位主体责任落实不到位，中小微型企业职业健康管理基础薄弱。职业病防治工作应以习近平新时代中国特色社会主义思想为指导，全面贯彻党的二十大精神，深入实施职业健康保护行动，落实"防、治、管、教、建"五字策略，强化政府、部门、用人单位和劳动者个人四方责任，进一步夯实职业健康工作基础，全面提升职业健康工作质量和水平。坚持"预防为主，防治结合；坚持突出重点，精准防控；坚持改革创新，综合施策；坚持依法防治，落实责任"的基本原则。到 2025 年，职业健康治理体系更加完善，职业病危害状况明显好转，工作场所劳动条件显著改善，劳动用工和劳动工时管理进一步规范，尘肺病等重点职业病得到有效控制，职业健康服务能力和保障水平不断提升，全社会职业健康意识显著增强，劳动者的健康水平进一步得到提高。

▶【思政小课堂】

职业病防治工作坚持预防为主、防治结合的方针

《职业病防治法》第三条规定："职业病防治工作坚持预防为主、防治结合的方针，建立用人单位负责、行政机关监管、行业自律、职工参与和社会监督的机制，实行分类管理、综合治理。"预防为主是指在职业病防治工作中，要把预防职业病的发生作为根本的目的和首要措施，控制职业病危害源头，并在一切职业活动中尽可能消除和控制职业病危害因素的产生，使工作场所职业卫生状况达到不损害劳动者健康的水平。在突出预防为主的同时，要坚持防治结合。"防"是为了不产生职业病危害，"治"是为了在职业病危害产生后，尽可能降低职业病危害的后果和损失。这里的"治"有以下两方面的含义：一是治理，这是在法律中的主要含义，是指对已存在的职业病危害的识别、评价和控制过程。特别是在当前我国现有职业病危害普遍存在的情况下，必须列入政府的治理计划，限期治理。二是治疗保障，是指职业病患者获得医疗、康复保障的法律规定。

知识拓展

《职业健康检查管理办法》

《职业健康检查管理办法》是由国家卫生计生委于 2015 年 3 月 26 日发布，2015 年 5 月 1 日

起施行的文件。根据2019年2月28日国家卫生健康委员会令2号《国家卫生健康委关于修改〈职业健康检查管理办法〉等4件部门规章的决定》第一次修订。其对加强职业健康监护、规范职业健康检查发挥了重要的作用。

职业健康检查是指医疗卫生机构按照国家有关规定，对从事接触职业病危害作业的劳动者进行的上岗前、在岗期间、离岗时的健康检查。职业健康检查与一般健康体检的区别：一般健康体检是指通过医学手段和方法对受检者进行身体检查，了解受检者健康状况、早期发现疾病线索和健康隐患的诊疗行为；而职业健康检查是由企业、事业单位、个体经济组织等用人单位，组织从事接触职业病危害作业的劳动者进行的健康检查，目的在于筛查职业病、疑似职业病及职业禁忌。

单元三　施工安全基础

施工安全概述

⊙ **案例引入**

某年11月24日，某发电厂二期扩建工程一标段冷却塔施工平台发生坍塌事故，造成73人死亡，2人受伤。该标段合同工期为15个月。

施工时正值冬季，当地气候潮湿阴冷，混凝土养护所需时间比其他季节长。当地11月连续阴雨天气，施工并未停止，至24日零时，冷却塔施工平台高度达到85 m。24日7：30，42名作业人员到达冷却塔内，准备与前一班工作人员进行交接，此时施工平台上有作业人员49人。突然，施工平台往下坠落，砸坏了部分冷却塔，随后整个施工平台全部坍塌，如图1-7所示。

平桥　周边一圈三层模架，已施工至76.7 m高

图1-7　事故现场

"不知道发生了什么，我逃出来以后就吓傻了"。记者在丰城市人民医院见到了在接受治疗的事故幸存者王摇胜。他和当时在现场、医院照顾他的几名工友回忆了那惊恐的一刻。

24日一早刚过7时，他们10多位工友就到达冷却塔内，进行零班与早班的交接。在他们头顶上方70多米的高处，搭建有施工平台，那里还有几十名工人。大概5分钟后，他们突然听到头顶上方有人大声喊叫，接着就看见上面的脚手架往下坠落，砸塌水塔和安全通道。在地面层工作的工人迅速往冷却塔外跑。短短十几分钟内，整个施工平台完全坍塌下来。

"当时上下施工平台用的电梯一起坍塌了。除地面层的工友外，在上面的人全部坠落，被钢筋等材料压在下面。"王摇胜说。

从地面层成功逃生的工人王耀龙说，地面层的工人除两人轻伤外全都安全逃生。据现场目击者称，坍塌施工平台目测高度至少20层楼高。

经事故调查组调查认定，某发电厂"11·24"冷却塔施工平台坍塌特别重大事故是一起生产安全责任事故。

问题思考：

1. 案例中事故发生的原因是什么？

2. 事故的发生看似偶然，其背后有没有必然的因素？

3. 建设工程一般涉及哪些建设主体？

4. 安全生产意味着什么？

5. 案例中的事故是一个什么等级的事故？

知识链接

安全问题是一个老生常谈的问题。无论在什么情况下，生命都是第一位的，安全第一的意识应该深深地树立在我们每个人的脑海中。但是很多时候，从业人员和管理者都将它抛诸脑后。在上述案例中，事故真真切切地发生了，一个个鲜活的生命随着事故的发生戛然而止。那么此时此刻，"安全第一，生命至上"的理念是否更应该重视呢？

一、安全及安全的重要性

现金和银行卡不能丢失或被盗，这是财产安全；烂了的苹果不能吃要扔掉，这是食品安全；过马路要看红绿灯避让车辆，否则容易造成交通事故，这是交通安全。例如，作为一名在建筑工地施工的作业人员来说，不出事故，不对他的生命财产造成损害，这就是安全。再如，国家层面的政治安全、国土安全、军事安全、经济安全、文化安全、社会安全、科技安全、信息安全、生态安全、资源安全、核安全等，都是安全。

（一）安全的定义

"安全"一词，古已有之，范仲淹《答赵元昊书》："有在大王之国者，朝廷不戮其家，安全如故。"现代对安全的解释主要有以下三种。

（1）如果狭义理解生产过程中的安全，是指在生产过程中，不发生工伤事故、职业病、设备或财产损失的状态。

（2）安全泛指没有危险，不出事故的状态，如汉语中有"无危则安，无缺则全"的说法。

（3）按照安全系统工程中的观念，安全是指生产系统中人员免于遭受不可承受危险的伤害。系统工程中的安全概念，认为世界上没有绝对安全的事物，任何事物中都包含有不安全的因素，具有一定的危险性。当危险性低于某种程度时，人们就认为是安全的。这个概念可以从以下几个例子去理解。

1）喝水这个动作对于大多数人来说是比较安全的，那么对于患有呼吸道疾病，容易呛到的老人来说，喝水对他也可能造成超出预期的伤害。所以，人们认为喝水这个动作也不是绝对安全的。

2）每个人一提到TNT（烈性炸药）这个词的第一反应就是它很危险、很不安全，但只要合理保存和管理的炸药就是相对安全的，因为在这个过程中人们采取了很多有效措施，将其危险性降低到一定程度。

3）对于施工现场来说，人们会发现和管理不安全因素，评估其安全与否，是否容易发生事故，进而提出相应的控制措施，这也说明，安全是一个相对的概念，当人们将危险性控制到可接受范围内时，也就认为是安全的。

（二）安全的重要性

安全为什么这么重要呢，当把人的生命比作是"1"时，生活就是在"1"后面加"0"，后面加的"0"越多，说明事业越成功、家庭越幸福。倘若人的生命不存在了，后面加再多的"0"也没有意义。每次安全事故都会带来财产损失，甚至会威胁到广大职工的人身安全。因此，"安全第一"是一个永恒的主题，也是生产活动的重中之重。

1. 安全的意义

安全生产的重要性，按照影响对象的不同，可以从以下三个方面来分析。

（1）对于个人来说，安全是个人发展的基础，人是生产活动中的主体，无论是科学技术生产力并不发达的旧时期，还是科学技术生产力有了很大提高的当今社会，人一直体现着重要的作用！而安全事故一旦发生，必将会使人受到伤害，轻者受伤，重者丧命。安全事故一旦发生必将给个人、家庭带来巨大的伤害。

（2）对于企业来说，安全能带来经济效益。人们常说："安全促进生产，生产必须安全。"正确理解、掌握安全与生产的辩证关系，反对只见局部、不见整体，只见树木、不见森林，把安全与生产完全割裂开来的片面观点，这是非常重要的。具体可以从以下几个方面来理解。

1）就企业而言，经济效益是中心，但在具体生产过程中，必须坚持安全第一。事实上，一个企业安全生产如何，必然会影响企业的效益。企业发生事故总要或多或少地造成经济损失和伤亡，还要花费一定的人力、物力、财力和时间去处理，这本身就是直接经济效益上的损失。

2）由于工亡事故的影响，职工人心不稳，出勤难以保证，工作难以进行，这也是无法估计的损失。企业安全事故的发生会直接影响到企业形象，这也是一笔无法估计的损失。由此可见，安全是提高经济效益的前提和基础，没有安全就没有效益。

3）事实证明，效益与安全是企业的两项根本性任务。企业领导必须坚持两手抓，要以安全保效益，以效益促安全，既不能顾此失彼，也不能厚此薄彼。应摆正两者之间的关系，效益一时上去了，安全方面出了问题，也会前功尽弃；只抓安全，不抓效益提高，企业没有经济实力，安全投入便无法保证，安全自然也无从谈起。

（3）对于社会和国家来说，安全是社会稳定、经济健康发展的前提。安全生产是党和国家在生产建设中一贯坚持的指导思想，是我国的一项重要政策。安全与社会稳定密不可分。安全问题的存在会引发社会的恐慌和不安，从而影响社会的稳定和发展。因此，保障社会安全是维护社会稳定的重要前提。

2. 安全的影响

安全带来的影响和后果也可以从以下两方面进行分析。

（1）如果重视安全会带来的收益：安全能保证身心的健康，促进事业的发展，形成良性循环。所以，保证自身安全既是义务也是对家庭和社会的责任，安全是和谐、美满、幸福生活的基石。

（2）如果忽视安全会带来的后果：无论是电视新闻还是网络媒体，人们经常会看到各种因为不重视安全而带来的事故，最后总结起来都是一个结果，当人们漠视安全，就会导致事故发生，不仅自己身心受到损害，家庭也会受到影响。

二、事故

不重视安全就容易发生事故。提到事故，人们会想到交通事故、生产事故、医疗事故、意外事故等各种词语。

（一）事故的定义

事故是指造成人员死亡、伤害、职业病、财产损失或其他损失的意外事件，如图1-8所示。

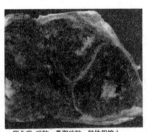

职业病-硅肺，Ⅲ期硅肺，肺体积缩小，质量和硬度明显增加，新鲜时可竖立。

图1-8　事故

（二）事故的分类

按照《企业职工伤亡事故分类》（GB 6441—1986）标准规定，按导致事故的原因，可将事故分为20类，分别为物体打击、车辆伤害、机械伤害、起重伤害、触电、淹溺、灼烫、火灾、高处坠落、坍塌、冒顶片帮、透水、放炮、瓦斯爆炸、火药爆炸、锅炉爆炸、容器爆炸、其他爆炸、中毒和窒息、其他伤害。

（三）事故等级的划分

根据《生产安全事故报告和调查处理条例》规定，事故按照损失程度可以划分为四个等级，见表1-2。

表1-2　事故等级划分

事故等级	死亡人数	重伤人数	直接经济损失
特别重大事故	死亡人数≥30人	重伤人数≥100人	直接经济损失≥1亿元
重大事故	10人≤死亡人数<30人	50人≤重伤人数<100人	5 000万元≤直接经济损失<1亿元
较大事故	3人≤死亡人数<10人	10人≤重伤人数<50人	1 000万元≤直接经济损失<5 000万元
一般事故	死亡人数<3人	重伤人数<10人	直接经济损失<1 000万元

（四）事故报告

1. 事故报告的基本要求

根据《生产安全事故报告和调查处理条例》规定，事故发生后，事故现场有关人员应当立即向本单位负责人报告；单位负责人接到报告后，应当于1小时内向事故发生地县级以上人民政府安全生产监督管理部门和负有安全生产监督管理职责的有关部门报告。

情况紧急时，事故现场有关人员可以直接向事故发生地县级以上人民政府安全生产监督管理部门和负有安全生产监督管理职责的有关部门报告。

安全生产监督管理部门和负有安全生产监督管理职责的有关部门接到事故报告后，应当依照下列规定上报事故情况，并通知公安机关、劳动保障行政部门、工会和人民检察院。

（1）特别重大事故、重大事故逐级上报至国务院安全生产监督管理部门和负有安全生产监督管理职责的有关部门；

（2）较大事故逐级上报至省、自治区、直辖市人民政府安全生产监督管理部门和负有安全生产监督管理职责的有关部门；

（3）一般事故上报至设区的市级人民政府安全生产监督管理部门和负有安全生产监督管理职责的有关部门。

安全生产监督管理部门和负有安全生产监督管理职责的有关部门依照前款规定上报事故情况，应当同时报告本级人民政府。国务院安全生产监督管理部门和负有安全生产监督管理职责的有关部门以及省级人民政府接到发生特别重大事故、重大事故的报告后，应当立即报告国务院。

必要时，安全生产监督管理部门和负有安全生产监督管理职责的有关部门可以越级上报事故情况。安全生产监督管理部门和负有安全生产监督管理职责的有关部门逐级上报事故情况，每级上报的时间不得超过2小时。

2. 事故报告的内容

事故报告应当包含下列内容。

（1）事故发生单位概况；

（2）事故发生的时间、地点及事故现场情况；

（3）事故的简要经过；

（4）事故已经造成或可能造成的伤亡（包括下落不明的人数）和初步估计的直接经济损失；

（5）已经采取的措施；

（6）其他应该报告的情况。

三、事故隐患

生产经营单位违反安全生产法律、法规、规章、标准、规程和安全生产管理制度的规定，或者因其他因素在生产经营活动中存在可能导致事故发生的人的不安全行为、物的不安全状态、环境的不良因素和管理上的缺陷，即事故隐患，如图1-9所示。

图中从事电工作业时未按规定穿戴绝缘防护用具。

（各单位应根据电工作业性质，配备高低压绝缘手套和绝缘靴）
《中华人民共和国安全生产法》规定：生产经营单位未为从业人员提供符合国家标准或者行业标准的劳动防护用品的，责令限期改正；逾期未改正的，责令停止建设或者停产停业整顿，可以并处5万元以下的罚款；造成严重后果，构成犯罪的，依照刑法有关规定追究刑事责任。

安全生产六大纪律：1.进入施工现场必须戴好安全帽，扣好帽带，并正确使用个人劳动保护用品。2.2 m以上的高空悬空作业，无安全设施的必须系好安全带，扣好保险钩。3.高空作业时，不准往下或向上乱递材料和工具等物件。4.各种电动机械设备，必须有可靠有效的安全措施和防护装置，方能开动使用。5.不懂电气、机械的人员严禁使用和玩弄用电设备。6.吊装区域非操作人员严禁入内，吊装机械必须完好，把杆垂直下方不准站人。

（a）

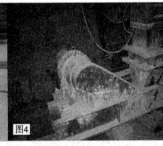

图1

图3

图4

图2

在图1、图2中，齿轮和设备传动部位无防护装置，存在隐患。现场检查此类隐患非常普遍，同时在各级检查中多次提到，主要存在于衬砌模板台车齿轮传动部位，活塞式空压机、小型移动空压机、发电机和其他小型施工机具的皮带传动部位。在图3中，钢筋切断机下部用砖块垫平，未与地面牢固固定。图4是规范的齿轮传动部位的防护措施，仅供参考。

《机械电力设备安全技术操作规程》中明确规定：暴露于机体外部的运动机构、部件或高温、高压带电等有可能伤人的部分，应装设防护罩等安全设施。

（b）

图1-9 不同类型的事故隐患

（a）事故隐患一；（b）事故隐患二

四、风险

（一）风险的定义

根据系统工程的观点，风险是指系统中存在导致发生不期望后果的可能性超过了人们的承受程度。

（二）风险度

一般用风险度来表示危险的程度或风险的大小。在安全生产管理中，风险用生产系统中事故发生的可能性与严重性结合给出。

安全风险强调的是损失的不确定性，其中包括发生与否的不确定、发生时间的不确定和导致结果的不确定等。

无论是事件发生的可能性还是所发生事件后果的严重性，都是人们在其发生之前做出的主观预测或判断，具有主观性。因为一旦事件已经发生，成为现实，就成了确定性的东西，自然就不再是风险了。

五、危险源

（一）危险源的定义

从安全生产角度解释，危险源是指可能造成人员伤害和疾病、财产损失、作业环境破坏或其他损失的根源或状态。

（二）危险源的分类

（1）能量或有害物质所构成的危险源，如行驶车辆具有的动能、高处重物具有的势能及电能等，都属于第一类危险源，它是导致事故的根源、源头。

（2）包括人的不安全行为或物的不安全状态以及监管缺陷等在内的第二类危险源，即危险源定义中不安全的状态、行为。它就是防控屏障上那些影响其作用发挥的缺陷或漏洞，正是这些缺陷或漏洞致使约束能量或有害物质的屏障失效，导致能量或有害物质的失控，从而造成事故的发生。

例如，煤气罐中的煤气就是第一类危险源，它的失控可能会导致火灾、爆炸或煤气中毒；煤气的罐体及其附件的缺陷与使用者的违章操作等则为第二类危险源，因为正是这些问题导致了煤气罐中的煤气泄漏而引发事故。

第一类危险源（能量或有害物质量值的大小）决定着后果严重程度，第二类危险源决定着发生的可能性，两类危险源一起决定了风险的大小。如果某一危险源具有的能量或有害物质量值很高（后果严重），同时对其管控也比较宽松（失控可能性高），那么该危险源的风险程度就会很高；反之亦然。

如前例，如果煤气罐在人烟稀少的偏僻之处使用（失控泄漏的后果有限），同时从罐体及其附件的检查维护到对使用者的培训都很规范、到位（发生失控泄漏的可能性小），那么，其具有的风险程度就很低；相反，如果煤气罐在繁华闹市区使用（失控泄漏的后果严重），同时对其检查维护及使用者培训等都形同虚设（发生失控泄漏的可能性大），那么，其具有的风险程度就很高。

六、安全生产

（一）安全生产的定义

安全生产是指在生产经营活动中，为避免发生造成人员伤害和财产损失的事故，有效消除或控制危险有害因素而采取的一系列措施，使生产过程在符合规定的条件下进行，以保证从业人员的人身安全与健康，设备和设施免受损坏，环境免遭破坏，保证生产经营活动得以顺利进行的相关活动。

（二）安全生产的方针

为了促进安全生产，预防事故的发生，我国 2021 年 9 月 1 日施行的《中华人民共和国安全生产法》（以下简称《安全生产法》）提出了"安全第一，预防为主，综合治理"十二字方针。这是我国安全生产最重要的指导思想和原则。

（1）安全第一，在进行生产和其他活动的时候把安全工作放在一切工作的首要位置；当生产和其他工作与安全发生矛盾时，要以安全为主，生产和其他工作要服从安全。

（2）预防为主，实现安全生产的最有效措施是对事故积极预防、主动预防，在每项生产中首先要考虑安全因素，经常查隐患、找问题、堵漏洞、防微杜渐、防患于未然，自觉形成一套预防事故、保证安全的制度，把事故隐患消灭在萌芽状态。

（3）综合治理主要包括以下几项：

1）政府监管与指导。国家安全生产综合监管和专项监察结合，各级安全监督职能部门合理分工、相互协调，实施"监管、协调、服务"三位一体的行政执法系统。

2）企业负责与保障。企业全面落实生产过程安全保障的事故防范机制，严格遵守《安全生产法》等安全生产法律、法规要求，切实落实安全生产保障制度。

3）员工权益与自律。即从业人员依法获得安全与健康的权益保障，同时实现生产过程安全作业的自我约束机制。所谓"劳动者遵规守纪"，要求劳动者在劳动过程中，必须严格遵守安全操作规程，珍惜生命，爱护自己，勿忘安全，自觉做到遵规守纪，确保安全。

4）社会监督与参与。形成工会、媒体、社区和公民广泛参与安全生产监督的社会监督机制。将安全生产放在社会的各个部门和全体人员的监管之下，形成安全生产、人人有责的社会局面。

5）中介支持与服务。与市场经济体制相适应，建立国家认证、社会咨询、第三方审核、技术服务、安全评价等功能的中介支持与服务机制，使安全生产获得强有力的技术和信息支撑。

（三）安全生产的原则

在安全生产过程中，应该始终遵循治理隐患、防范事故、标本兼治、重在治本的原则。只有认真治理隐患，有效防范事故，才能把"安全第一"落到实处。在采取防范事故措施的同时，探寻和采取治本之策，解决影响制约安全生产的历史性、深层次问题，才能建立安全生产长效机制。

具体各行各业，相关的法律、规范还规定一些在生产活动中常常会提到的安全生产原则，例如：

（1）三管三必须。安全生产工作实行管行业必须管安全、管业务必须管安全、管生产经营必须管安全。

（2）三同时原则。生产经营单位新建、改建、扩建工程项目（以下统称建设项目）的安全设施，必须与主体工程同时设计、同时施工、同时投入生产和使用。安全设施投资应纳入建设项目概算。

（3）四不放过原则。事故发生以后，要坚持事故原因未查清不放过、责任人员未处理不放过、整改措施未落实不放过、有关人员未受到教育不放过。

（4）五同时原则。企业各级领导或管理者在计划、布置、检查、总结、评比生产的同时，要计划、布置、检查、总结、评比安全。

七、建筑施工安全

（一）建筑业面临的安全不利因素

基于建筑施工的特点，建筑业面临的安全不利因素主要包括以下几项：

（1）建设工程是一个庞大的人机工程。施工人员的不安全行为和物的不安全状态是导致意外伤害事故造成损害的直接原因。

（2）建设项目的施工具有单件性的特点，如图 1-10 所示为不同类型的桥梁，其施工工艺及工法的不同，体现了建设项目的单件性。

图 1-10　不同类型的桥梁

（3）项目施工还具有离散性的特点。项目施工人员在面对具体的生产问题时，仍旧需要依靠自己的判断和决定。

（4）建筑施工大多在露天的环境中进行，所进行的活动必然受到施工现场的地理条件、气候条件、气象条件的影响，如图 1-11 所示的道路施工现场。

（5）建设工程往往有多方参与，管理层次比较多，管理关系复杂，如图 1-12 所示。

（6）目前世界各国的建筑业仍属于劳动密集型产业。

（二）建筑施工安全生产管理层次

我国的建筑施工安全生产管理层次一般可分为决策层、管理层、操作层，见表 1-3。

图 1-11 道路施工

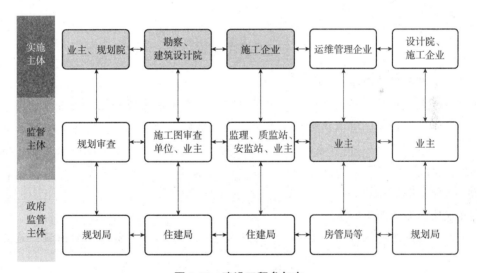

图 1-12 建设工程参与方

表 1-3 安全生产管理层次

管理层次	具体内容
决策层（公司、总公司）	包括企业法定代表人、经理、企业分管生产和安全的副经理、安全总监及技术负责人等；起决策和指挥作用，是企业决策层安全生产管理的主要负责人
管理层（项目部）	项目经理是施工现场承担安全生产的第一责任人，对施工现场安全生产管理负总责，是施工现场安全生产管理的决策人物
操作层（班组）	包括企业安全生产管理机构的负责人及其工作人员、施工现场专职安全生产管理人员；是企业操作层的安全生产管理负责人

案例分析

1. 事故直接原因

施工单位在7号冷却塔第50节筒壁混凝土强度不足的情况下，违规拆除第50节模板，致使第50节筒壁混凝土失去模板支护，不足以承受上部荷载，从底部最薄弱处开始坍塌，造成第50节及以上筒壁混凝土和模架体系连续倾塌坠落。坠落物冲击与筒壁内侧连接的平桥附着拉索，导致平桥也整体倒塌。

2. 事故间接原因

（1）经调查，在7号冷却塔施工过程中，施工单位为完成工期目标，施工进度不断加快，导致拆模前混凝土养护时间减少，混凝土强度发展不足；在气温骤然下降的情况下，没有采取相应的技术措施加快混凝土强度发展速度；筒壁工程施工方案存在严重缺陷，未制订针对性的拆模作业管理控制措施；对试块送检、拆模的管理失控，在实际施工过程中，劳务作业队伍自行决定拆模。

（2）7号冷却塔工期调整后，建设单位、监理单位、总承包单位项目部均没有对缩短后的工期进行论证、评估，也未提出相应的施工组织措施和安全保障措施。

【思政小课堂】

安全生产的意义

1. 安全生产的精神内涵

党的二十大报告首次用专章对"推进国家安全体系和能力现代化，坚决维护国家安全和社会稳定"做出论述，首次用专节来部署提高公共安全治理水平。具体战略性、策略性地指出："坚持安全第一、预防为主，建立大安全大应急框架，完善公共安全体系，推动公共安全治理模式向事前预防转型"。安全生产关系民生安全，安全生产影响经济安全，安全生产属于社会安全。

2. 安全生产以人为本的意义

（1）保护劳动者的生命安全和职业健康是安全生产最根本、最深刻的内涵，是安全生产本质的核心。

（2）突出强调了最大限度的保护。所谓最大限度的保护，是指在现实经济社会所能提供的客观条件的基础上，尽最大的努力，采取加强安全生产的一切措施，保护劳动者的生命安全和职业健康。

（3）突出在生产过程中的保护。安全生产的以人为本，具体体现在生产过程中的以人为本。同时，它还从深层次揭示了安全与生产的关系。

（4）突出一定历史条件下的保护。这个一定的历史条件，主要是指特定历史时期的社会生产力发展水平和社会文明程度。

（5）安全生产关系人民群众的生命财产安全，关系改革发展和社会稳定大局。搞好安全生产工作，切实保障人民群众的生命财产安全，体现了最广大人民群众的根本利益，反映了先进生产力的发展要求和先进文化的前进方向。做好安全生产工作是全面建设小康社会、统筹经济社会全面发展的重要内容，是实施可持续发展战略的组成部分。

知识拓展

安全生产月

1991 年，全国安全生产委员会决定，在每年 5 月的某一周开展"安全生产周"活动，这项活动一直进行到 2001 年，开展了 11 次。

2002 年开始，我国将"安全生产周"改为"安全生产月"，并决定于 2002 年 6 月开展首个安全生产月活动，拓展了安全生产周的形式和内容，使之经常化、制度化。至此，全国"安全生产月"活动每年 6 月开展，一直延续至今。

其做法是在全国开展安全活动，组织安全检查，进行全民性安全宣传教育。活动的主要内容是深入宣传和落实党和国家关于加强安全生产工作重大决策部署与法律、法规，普及安全知识、强化安全意识、弘扬安全文化、提升安全素质、营造安全氛围。其主要目的是进一步促进和加强我国各行各业安全生产水平的提升。

模块小结

建筑施工行业充满了各种不利于安全的因素，这些风险因素如果控制不当时刻威胁着从业人员的生命安全，进而威胁到建筑施工行业职业健康的良性发展。作为从事工程行业的人员来说，了解建筑行业的施工特点，进而熟悉建筑施工的风险因素和预防措施，提高建筑施工安全技术水平，保障施工安全，对每个人的职业发展及保障劳动者的生命健康，促进建筑行业职业健康的发展，就显得尤为重要。

通过本模块的学习，首先提高安全意识，进而提升安全素质，最后达到保护建筑施工人员职业健康，实现安全生产以人为本的目标。

思考与练习

一、单选题

1. 我国目前职业病共有（　　）种。

    A. 10　　　　　　　B. 132　　　　　　　C. 135　　　　　　　D. 138

2. 下列职业危害因素中属于生物因素的是（　　）。

    A. 有机性粉尘　　　B. 一氧化碳　　　　　C. 布鲁杆菌　　　　　D. 高温

3. 下列职业危害因素中属于化学因素的是（　　）。

    A. 有机性粉尘　　　B. 一氧化碳　　　　　C. 布鲁杆菌　　　　　D. 高温

4. "通过对劳动者进行职业健康监护，结合环境中职业病有害因素监测，以早期发现劳动者所遭受的职业危害。"这段话描述的是职业病危害第（　　）级预防原则。

    A. 一   B. 二   C. 三   D. 四

5. 耳塞是最常用的一种个人防护用具，隔声效果可达（　　）dB 左右。

    A. 20   B. 30   C. 35   D. 40

6. 高原低氧在职业危害因素中属于（　　）因素。

    A. 化学   B. 物理   C. 生物   D. 放射性

二、多选题

1. 生产工作过程及其环境中产生和（或）存在的，对职业人群的（　　）能造成不良影响的一切要素或条件的总称。

    A. 健康   B. 安全   C. 作业能力   D. 作业环境

2. 下列职业危害因素风险控制的措施中属于降低风险的是（　　）。

    A. 改变工艺减轻危害性

    B. 停用危害性物质，或以无害物质替代

    C. 工程技术控制

    D. 个体防护

3. 控制噪声传播的措施有（　　）。

    A. 吸声   B. 消声   C. 隔声   D. 隔振

三、简答题

1. 职业健康的重要性主要体现在哪些方面？

2. 我国目前出台了哪些保障劳动者职业健康的相关法律、法规和条例？

3. 请查阅资料总结，案例引入中的"毒苹果事件"，还有哪些深层原因导致从业人员患上正己烷中毒职业病？

4. 如果忽视安全会带来哪些后果？

5. 安全生产的意义是什么？

6. 作为一个将来从事安全工作的学习者，我们应从哪方面做起，为将来的工作打下坚实的基础？

7. 在实际工作中，通常可以采用哪些手段预防和控制噪声这种职业危害因素？

8. 建筑施工场所中可能存在哪些职业危害因素？

模块二 劳动者权益与安全规定

单元一 劳动者的权利和义务

享权利 尽义务

 **案例引入**

案例一 不听劝阻，命丧当场

赵某是某市建筑工程公司工人。2019 年 11 月 12 日上午，赵某在某工厂改建扩建工程施工工地清理现场时，赵某未佩戴安全帽的同时，未听安全监护人员劝告，擅自进入安全警示带围挡禁区清理脚手架扣件，随后项目安全总监发现，强行劝阻未果，赵某继续进入该区域工作。同时，该施工队伍另一名工人刘某正在 14 m 高的平台上寻找工具，不慎碰动一小块铜模板，导致铜模板从 14 m 高平台的预留孔中滑下，正好击中赵某头部，赵某经抢救无效，于 11 月 13 日死亡。

案例二　白纸黑字，何以无效

李小玲去一家皮革厂应聘。其他条件都还让她满意，遗憾的是皮革厂要求她在合同中加上"对生产过程中可能出现的伤害责任自负"的条款。她虽然不太情愿，但是找工作的压力实在太大，所以，在犹豫之后她与皮革厂签订了劳动合同。但是，半年后她的身体出现不适，前往医院体检，被确诊患有苯中毒的职业病。她与厂方理论，皮革厂以"有合同在先"为由予以拒绝。李小玲在律师的支持下走上了法庭，法院判决李小玲所受损害应由厂方承担，并对李小玲进行职业病工伤赔偿。

问题思考：

1. 试分析，案例一中涉及职工哪些权利和义务？

2. 从案例一中我们应吸取哪些经验教训？

3. 试分析，在案例二中为什么合同写的后果自负，但是厂方应负所有责任且李小玲能够拿到赔偿？

◎ 知识链接

在劳动过程中，劳动者既享有权利，又要承担相应的法律义务，两者辩证统一于劳动关系之中。所谓劳动者的安全生产权利，是指劳动者依照劳动法律行使的权利和享受的利益。

一、劳动者的权利

（一）保障劳动者权利的意义

国家出台法律、法规来依法保障劳动者权利的意义主要体现在以下三个方面。

（1）是保障落实劳动者主人翁地位的前提，通过法律规定使劳动者享受相应的安全生产权利，进而成为安全生产的主体。

（2）是发挥劳动者创造力的保证，只有切实保障好劳动者应有的安全生产权利，才能进一步促进劳动者有更大的创造力和延续性。

（3）是调动劳动者安全生产的积极性，促进企业安全生产，只有劳动者的权利被切实保障，劳动者才会没有后顾之忧，才能提高安全生产积极性，企业安全生产才能落到实处。

（二）劳动者的安全生产权利

《安全生产法》《劳动法》等相关法律、法规规定了劳动者在从业过程中，为保障安全生产享有如下的权利。

1. 要求获得劳动保护的权利

劳动者有要求用人单位保障自身的劳动安全、防止职业危害的权利。此项权利可以从以下几个方面理解。

（1）生产经营单位与从业人员订立的劳动合同，应当载明有关保障从业人员劳动安全、防止职业危害的事项，以及依法为从业人员办理工伤保险的事项。

（2）生产经营单位不得以任何形式与从业人员订立协议，免除或减轻其对从业人员因生产安全事故伤亡依法应承担的责任。

（3）职工与用人单位建立劳动关系时，应当要求订立劳动合同，劳动合同应当载明为职工提供符合国家法律、法规、标准规定的劳动安全卫生条件和必要的劳动防护用品。

（4）对从事有职业危害作业的劳动者应定期进行健康检查。

（5）依法为职工办理工伤保险等。

2. 知情权

职工有权了解作业场所和工作岗位存在的危险因素、危害后果，以及针对危险因素应采取的防范措施和事故应急措施。用人单位在保障职工此项权利时，应做到以下几点。

（1）用人单位必须向职工如实告知，不得隐瞒和欺骗。

（2）如果用人单位没有如实告知，职工有权拒绝工作，用人单位不得因此对职工做出处分。

3. 民主管理、民主监督的权利

职工有权参加本单位安全生产工作的民主管理和民主监督，对本单位的安全生产工作提出意见和建议，用人单位应重视和尊重职工的意见和建议，并及时做出答复。职工可以通过工会来进行反映、诉求，工会应具体做到以下几点。

（1）工会有权对建设项目的安全设施与主体工程同时设计、同时施工、同时投入生产和使用进行监督，提出意见。

（2）工会对生产经营单位违反安全生产法律、法规，侵犯从业人员合法权益的行为，有权要求纠正。

（3）工会发现生产经营单位违章指挥、强令冒险作业或者发现事故隐患时，有权提出解决的建议，生产经营单位应当及时研究答复。

（4）工会发现危及从业人员生命安全的情况时，有权向生产经营单位建议组织从业人员撤离危险场所，生产经营单位必须立即做出处理。

（5）工会有权依法参加事故调查，向有关部门提出处理意见，并要求追究有关人员的责任。

4. 参加安全生产教育培训的权利

职工享有参加安全生产教育培训的权利。

（1）用人单位应依法对职工进行安全生产法律、法规、规程及相关标准的教育培训，使职工掌握从事岗位工作所必须具备的安全生产知识和技能。

（2）用人单位应依法组织职工参与本单位安全生产教育和培训，如实记录安全生产教育和培训情况。

5. 获得职业健康防治的权利

对于从事接触职业危害因素，可能导致职业病的作业职工，有权获得职业健康检查并了解检查结果。被诊断为患有职业病的职工有依法享受职业病的待遇，有接受治疗、康复和定期检查的权利。

6. 合法拒绝权

职工有权拒绝违章指挥和强令冒险作业。

（1）违章指挥是指用人单位的有关管理人员违反安全生产的法律、法规和有关安全规程、规章制度的规定，指挥从业人员进行作业。强令冒险作业是指用人单位的有关管理人员，明知开始或继续作业可能会发生重大危险，仍然强迫职工进行作业的行为。

（2）违章指挥和强令冒险作业违背了"安全第一"的方针，侵犯了职工的合法权益，职工有权拒绝。

（3）用人单位不得因职工拒绝违章指挥和强令冒险作业而打击报复，降低其工资、福利待遇，或者解除与其订立的劳动合同。

7. 紧急避险权

职工发现直接危及人身安全的紧急情况时，有权停止作业，或者在采取可能的应急措施后，撤离作业现场。

用人单位不得因职工在紧急情况下停止作业或者采取紧急撤离措施而降低其工资、福利待遇或者解除与其订立的劳动合同。

8. 工伤保险和民事索赔权

生产经营单位发生生产安全事故后，应当及时采取措施救治有关人员。

因生产安全事故受到损害的从业人员，除依法享有工伤保险外，依照有关民事法律尚有获得赔偿的权利的，有权提出赔偿要求。工伤保险和民事赔偿不能互相取代。

9. 提请劳动争议处理的权利

用人单位与劳动者发生劳动争议，当事人可以依法申请调解、仲裁、提起诉讼，也可以协商解决。

10. 批评、检举和控告权

职工有权对本单位安全生产工作中存在的问题提出批评，有权对违反安全生产法律、法规的行为，向主管部门和司法机关进行检举和控告。

（1）检举可以署名，也可以不署名；可以采用书面形式，也可以采用口头形式。

（2）职工在行使这一权利时，应注意检举和控告的情况必须真实，要实事求是。

（3）用人单位不得因职工行使上述权利而对其进行打击、报复，包括不得因此而降低其工资、福利待遇或者解除与其订立的劳动合同。

11. 获得合格的劳动防护用品权

用人单位必须为从业人员提供符合国家标准或者行业标准的劳动防护用品，并监督、教育从业人员按照使用规则佩戴、使用。

（三）劳动者的基本权益

1. 享有休息休假的权益

（1）对工作时间的规定。

1）《劳动法》第三十六条规定，国家实行劳动者每日工作时间不超过 8 小时，平均每周工作时间不超过 44 小时的工时制度。

2）《劳动法》第三十七条规定，对实行计件工作的劳动者，用人单位应当根据本法第三十六条规定的工时制度合理确定其劳动定额和计件报酬标准。

3)《劳动法》第三十八条规定，用人单位应当保证劳动者每周至少休息一日。

4)《劳动法》第三十九条规定，企业因生产特点不能实行本法第三十六条、第三十八条规定的，经劳动行政部门批准，可以实行其他工作和休息办法。

（2）对休息休假的规定。

1)《劳动法》第四十条规定，用人单位在下列节日期间应当依法安排劳动者休假：元旦；春节；国际劳动节；国庆节；法律、法规规定的其他休假节日。

2)《劳动法》第四十一条规定，用人单位由于生产经营需要，经与工会和劳动者协商后可以延长工作时间，一般每日不得超过一小时；因特殊原因需要延长工作时间的，在保障劳动者身体健康的条件下延长工作时间每日不得超过三小时，但是每月不得超过三十六小时。

3)《劳动法》第四十二条规定，有下列情形之一的，延长工作时间不受本法第四十一条规定的限制：

①发生自然灾害、事故或者因其他原因，威胁劳动者生命健康和财产安全，需要紧急处理的；

②生产设备、交通运输线路、公共设施发生故障，影响生产和公众利益，必须及时抢修的；

③法律、行政法规规定的其他情形。

4)《劳动法》第四十三条规定，用人单位不得违反本法规定延长劳动者的工作时间。

5)《劳动法》第四十四条规定，有下列情形之一的，用人单位应当按照下列标准支付高于劳动者正常工作时间工资的工资报酬：

①安排劳动者延长工作时间的，支付不低于工资的百分之一百五十的工资报酬；

②休息日安排劳动者工作又不能安排补休的，支付不低于工资的百分之二百的工资报酬；

③法定休假日安排劳动者工作的，支付不低于工资的百分之三百的工资报酬。

6)《劳动法》第四十五条规定，国家实行带薪年休假制度。

劳动者连续工作一年以上的，享受带薪年休假。具体办法由国务院规定。

2. 女职工享受特殊保护的权益

（1）用人单位应当加强女职工劳动保护，采取措施改善女职工劳动安全卫生条件，对女职工进行劳动安全卫生知识培训。

（2）用人单位应当遵守女职工禁忌从事的劳动范围的规定。用人单位应当将本单位属于女职工禁忌从事的劳动范围的岗位书面告知女职工。

（3）用人单位不得因女职工怀孕、生育、哺乳降低其工资、予以辞退、与其解除劳动或者聘用合同。

（4）女职工在孕期不能适应原劳动的，用人单位应当根据医疗机构的证明，予以减轻劳动量或者安排其他能够适应的劳动。对怀孕7个月以上的女职工，用人单位不得延长劳动时间或者安排夜班劳动，并应当在劳动时间内安排一定的休息时间。怀孕女职工在劳动时间内进行产前检查，所需时间计入劳动时间。

（5）女职工生育享受 98 天产假，其中产前可以休假 15 天；难产的，增加产假 15 天；生育多胞胎的，每多生育 1 个婴儿，增加产假 15 天。女职工怀孕未满 4 个月流产的，享受 15 天产假；怀孕满四个月流产的，享受 42 天产假。

（6）女职工产假期间的生育津贴，对已经参加生育保险的，按照用人单位上年度职工月平均工资的标准由生育保险基金支付；对未参加生育保险的，按照女职工产假前工资的标准由用人单位支付。女职工生育或者流产的医疗费用，按照生育保险规定的项目和标准，对已经参加生育保险的，由生育保险基金支付；对未参加生育保险的，由用人单位支付。

（7）对哺乳未满 1 周岁婴儿的女职工，用人单位不得延长劳动时间或者安排夜班劳动。用人单位应当在每天的劳动时间内为哺乳期女职工安排 1 小时哺乳时间；女职工生育多胞胎的，每多哺乳 1 个婴儿每天增加 1 小时哺乳时间。

（8）女职工比较多的用人单位应当根据女职工的需要，建立女职工卫生室、孕妇休息室、哺乳室等设施，妥善解决女职工在生理卫生、哺乳方面的困难。

（9）在劳动场所，用人单位应当预防和制止对女职工的性骚扰。

3. 未成年工享受特殊保护的权益

我国规定未成年工是指年满 16 周岁未满 18 周岁的劳动者。由于未成年工正处于身体的生长发育期，国家根据未成年工的身体状况和生理特点，规定对未成年工在劳动中的安全和卫生加以特殊保护。

（1）国家明确规定禁止使用童工。童工是指未满 16 周岁的劳动者。《劳动法》第十五条规定，禁止用人单位招用未满 16 周岁的未成年人。

（2）对未成年工实行特殊劳动保护。根据《劳动法》第五十八条规定，国家对女职工和未成年工实行特殊劳动保护。《劳动法》第六十四条规定，不得安排未成年工从事矿山井下、有毒有害、国家规定的第四级体力劳动强度的劳动和其他禁忌从事的劳动。《劳动法》第六十五条规定，用人单位应当对未成年工定期进行健康检查。

（3）对使用童工的单位处以罚款等行政处罚；对使用童工情节恶劣的，提请工商行政管理部门吊销企业的营业执照；对使用童工的有关责任人员，提请有关主管部门给予行政处分；构成犯罪的，由司法机关依法追究刑事责任。对用人单位违反劳动法对未成年工的保护规定，侵害其合法权益的，由劳动保障行政部门责令改正，处以罚款；对未成年工造成损害的，应当承担赔偿责任。

二、劳动者的义务

权利和义务永远是辩证统一的，法律同样规定了劳动者应在安全生产过程中，履行下列义务。

1. 遵守安全生产规章制度和操作规程的义务

职工不仅要严格遵守安全生产有关法律、法规，还应当遵守用人单位的安全生产规章制度和操作规程，这是职工在安全生产方面的一项法定义务。职工必须增强法纪观念，自觉遵章守纪，从维护国家利益、集体利益及自身利益出发，把遵章守纪、按章操作落实到具体的工作中。

2. 服从管理的义务

用人单位的安全生产管理人员一般具有较多的安全生产知识和较丰富的经验，职工服从管理，可以保持生产经营活动的良好秩序，有效地避免、减少生产安全事故的发生，因此，职工应当服从管理，这也是职工在安全生产方面的一项法定义务。当然，职工对于违章指挥、强令冒险作业的行为有权拒绝。

3. 正确佩戴和使用劳动防护用品的义务

劳动防护用品是保护职工在劳动过程中安全与健康的一种防御性装备，不同的劳动防护用品有其特定的佩戴和使用规则、方法，只有正确佩戴和使用，方能真正起到防护作用。用人单位在为职工提供符合国家或行业标准的劳动防护用品后，职工有义务正确佩戴和使用劳动防护用品。

4. 发现事故隐患及时报告的义务

职工发现事故隐患和不安全因素后，应立即向安全生产管理人员或本单位负责人报告，接到报告的人员应当及时予以处理。一般来说，职工报告得越早，接受报告的人员处理得越早，事故隐患和其他职业危险因素可能造成的危害就越小。

5. 接受安全生产培训教育的义务

职工应依法接受安全生产的教育和培训，掌握从事岗位工作所需的安全生产知识，提高安全生产技能，增强事故预防和应急处理能力。特殊性工种作业人员和有关法律、法规规定须持证上岗的作业人员，必须经培训考核合格后，依法取得相应的职业资格证书或合格证书，方可上岗作业。

◎ 案例分析

一、案例一分析

1. 涉及权利和义务

《劳动法》第五十六条规定：劳动者在劳动过程中必须严格遵守安全操作规程。劳动者对危害生命安全和身体健康的行为，有权提出批评、检举和控告。某市建筑工程公司工人赵某既未对工地管理混乱、安全防护措施缺乏提出批评，又违章进入红白带警戒区作业，违反了《劳动法》关于劳动者在劳动安全方面的权利和义务的规定。根据《劳动法》的规定，职工在享受劳动保护权利的同时还须承担如下义务：必须严格遵守安全操作规程及用人单位的规章制度；必须按规定正确使用各种防护用品；劳动过程中，应听从生产指挥，不得随意行动；发现不安全因素或危及健康安全的险情时，应向管理人员报告。

2. 经验教训

（1）加强对职工安全纪律和安全操作规程的教育，提高职工遵章守纪的自觉性，在施工中做到"四不伤害"（不伤害自己、不伤害他人、不被他人伤害、保护他人不受伤害），杜绝冒险作业、违章操作。

（2）加强安全生产岗位责任制，建立班组安全管理制度，危险作业区域必须指定专人严格管理，对违章行为严肃处理。

（3）强化对职工安全教育，安全管理、督促检查，并指派专人对口负责，落实安全责任制。

二、案例二分析

1. 职工有对危险因素和应急措施知情的权利

（1）在订立劳动合同时，用人单位有义务将可能存在职业健康与安全隐患的环节在合同中书面载明，口头提及的无效，并且用人单位合同约定的免除自己相关责任的条款无效。

（2）《安全生产法》《职业病防治法》都明确规定，用人单位应当在有较大危险的场所、设施、设备及工序上以醒目的位置设置警示标识和中文说明，以时刻提醒、告诫劳动者注意健康与安全。

2. 违反法律规定，故合同中部分条款无效

在劳动关系存在期间，劳动合同应严格符合相关法律规定，而皮革厂要求李小玲在合同中加上"对生产过程中可能出现的伤害责任自负"的条款，不符合法律规定，因此条款无效，应以事实劳动关系为准。所以，皮革厂应承担责任和赔偿。

▶【思政小课堂】

权利和义务的辩证统一

在劳动过程中，劳动者既享有相应的法律权利，又要承担相应的法律义务，两者是辩证的统一体。权利和义务是对等的。所以，用人单位和职工应遵章守纪，保障自身权利，履行安全生产义务，做到辩证统一，共同促进安全生产。

知识拓展

劳动争议调解机构

根据《企业劳动争议处理条例》的有关规定，我国目前处理劳动争议的机构主要有企业劳动争议调解委员会、劳动争议仲裁委员会、人民法院。

（1）企业劳动争议调解委员会。企业劳动争议调解委员会是在企业职工代表大会领导下，负责调解本企业内劳动争议的群众组织。

（2）劳动争议仲裁委员会。劳动争议仲裁委员会是处理劳动争议的专门机构。县、市、市辖区设立的劳动争议仲裁委员会，负责处理本行政区域的劳动争议。

（3）人民法院。人民法院是国家的审判机关，也担负着处理劳动争议的任务。劳动争议当事人对劳动争议仲裁委员会的裁决不服，可以向人民法院提起诉讼，人民法院对符合立案条件的案件予以受理。

单元二　安全生产基本规定和要求

安全生产纪律

案例引入

某日某工厂铸造车间配砂组老工人张某，早上提前上班检修混砂机内舱。7：20，张某来到车间打开混砂机舱门，没有在混砂机的电源开关处挂上"有人工作禁止合闸"的警告牌便进入机内检修。他怕舱门开大了影响他人行走，便将舱门仅留有150 mm缝隙。7：50左右，本组配砂工人李某上班后，没有预先检查混砂机内是否有人工作，便随意将舱门推上，并顺手开动混砂机试车。当听到机内有人喊叫时，李某大惊失色，立即停机，然后与其他职工将张某救出，此时张某头部流血不止。事故发生后，车间领导立即上报，7：55，工厂医务人员闻讯立即赶到现场，对张某做了止血包扎处理，随后立即将张某送往医院救治，但由于头部受伤严重，张某经抢救无效于8：40死亡。

问题思考：

1. 案例中事故发生的直接原因是什么？
2. 案例中事故发生的间接原因是什么？

知识链接

劳动者在安全生产过程中应遵守的安全基本规定和要求主要有四个方面：施工安全三不违，施工安全四不伤害，十大安全纪律五必须及五严禁，施工现场安全十不准。安全规定和要求是保障施工安全的重要规范。

一、施工安全三不违

1. 不违章指挥

不违章指挥是指生产经营单位没有违反安全生产方针、政策、法律、条例、规程、制度和有关规定指挥生产的行为。

2. 不违章作业

不违章作业是指现场操作工人不违反劳动生产岗位的安全规章和制度进行操作。

3. 不违反劳动纪律

不违反劳动纪律是指工人不违反生产经营单位的劳动规则和劳动秩序，即不违反单位为形成和维持生产经营秩序、保证劳动合同的得以履行，以及与劳动、工作紧密相关的其他过程中必须共同遵守的规则。

二、施工安全四不伤害

1. 不伤害自己

（1）不伤害自己，就是要提高自我保护意识，不能由于自己的疏忽、失误而使自己受到伤害。它取决于自己的安全意识、安全知识、对工作任务的熟悉程度、岗位技能、工作态度、工作方法、精神状态、作业行为等多方面因素。

（2）是否了解这项工作任务，自己的责任是什么？具备完成这项工作的技能吗？这项工作有什么不安全因素，有可能出现什么差错？万一出现故障我该怎么办？我该如何防止失误。

（3）保护自己免受伤害的有效措施。身体、精神保持良好状态，不做与工作无关的事；劳动着装齐全，劳动防护用品符合岗位要求；注意现场的安全标识，不违章作业，拒绝违章指挥；对作业现场危险有害因素进行辨识。

2. 不伤害他人

（1）我不伤害他人，就是我的行为或后果，不能给他人造成伤害。在多人作业或交叉作业时，由于自己不遵守操作规程，对作业现场周围观察不够，以及自己操作失误等原因，自己的行为可能会对现场周围的人造成伤害。

（2）想要做到不伤害他人，应做到以下方面：自觉遵守劳动纪律，遵章守规，正确操作；多人作业时要相互配合，要顾及他人的安全；工作后不要留下隐患；检修完设备后，将拆除或移开的盖板、防护罩等设施恢复正常；动火作业完毕后进行现场清理。

3. 不被他人伤害

（1）不被他人伤害，即每个人都要加强自我防范意识，工作中要避免他人的过失行为或作业环境及其他隐患对自己造成伤害。

（2）要想做到自己不被他人伤害，应做到以下方面：拒绝违章指挥，提高防范意识，保护自己。

（3）注意观察作业现场周围不安全因素，要加强警觉，一旦发现险情要及时制止和纠正他人的不安全行为并及时消除险情；要避免因他人失误、设备状态不良、管理缺陷等留下的隐患给自己带来的伤害。如发生危险性较大的中毒事故等，没有可靠的安全措施不得进入危险场所，以免盲目施救，使自己受到伤害。交叉作业时，要预防他人对自己可能造成的伤害，做好防范措施。检修电气设备时必须先验电，要防范他人误送电等；设备缺失安全保护装置或附件时，员工应及时向主管报告，应当及时予以处理；在危险性大的岗位（如高空作业、交叉作业等），必须设有专人监护。

4. 保护他人不被伤害

（1）组织中的每个成员都是团队中的一分子，作为组织的一员有关心爱护他人的责任和义务，不仅要注意安全，还要保护团队的其他人员不被伤害。

（2）要保护他人不被伤害，应该做到以下方面：任何人在任何地方发现任何事故隐患都要主动告知或提示他人；提示他人遵守各项规章制度和安全操作规程；提出安全建议，互相交流，向他人传递有用的信息；视安全为集体荣誉，为团队贡献安全知识，与其他人分享经验；关注他人身心健康。一旦发生事故，在保护自己的同时，要主动帮助身边的人摆脱困境。

三、十大安全纪律五必须及五严禁

1. 安全生产五必须

（1）必须遵守公司安全生产规章制度，如图 2-1 所示。

图 2-1　公司安全生产规章制度示例

（2）必须经安全生产培训考核合格后持证上岗，如图 2-2 所示。

图 2-2　安全培训考核现场

（3）必须了解本岗位的职业危险因素，如图 2-3 所示。

作业岗位可能对人体产生危害，请注意防护，确保健康		
	健康危害	理化特性
粉尘 （dust）	粉尘能通过呼吸、皮肤、眼睛或直接接触进入人体，其中呼吸系统为主要途径，长期接触或吸入高浓度的生产性粉尘，可引起尘肺、呼吸系统及皮肤肿瘤和局部刺激作用引发的病变等病症	粉尘（dust）是指悬浮在空气中的固体微粒。在一定的温度、湿度和密度下，可能会造成爆炸
注意防尘	应急处理	
	定期体检、早期诊断、早期治疗，发现身体状况异常时要及时去医院检查治疗	
	防护措施	
	采取湿式作业、密闭尘源、通风除尘，对除尘设施定期维护和检修，确保除尘设施运转正常，加强个体防护，接触粉尘从业人员应穿戴工作服、工作帽，减少身体暴露部位，根据粉尘性质，佩戴多种防尘口罩，以防止粉尘从呼吸道进入，造成危害	

火警: 119　急救: 120　安全生产举报电话: 12350（或者是矿上的电话）

图 2-3　职业危害告知卡

（4）必须正确佩戴和使用劳动防护用品，如图 2-4 所示。

图 2-4　正确佩戴和使用劳动防护用品

（5）必须严格遵守危险性作业的安全要求，如图 2-5 所示。

2. 安全生产五严禁

（1）严禁在禁火区域吸烟、动火。

（2）严禁在上岗前和工作时间饮酒。

（3）严禁擅自移动或拆除安全装置和安全标志。

危险源名称	作业环境	危险因素	1. 地面坑池无盖板； 2. 作业区域地面有凸出绊脚物等； 3. 器具占道，地面有积油、积水		
编号	SYC-QKYCC-18				
 		应对措施	1. 设置盖板或护栏； 2. 清除绊脚物等，或设置盖板或护栏； 3. 保持通道畅通，及时清洁地面的积油、积水		
		导致后果	可能发生其他伤害事故	警示标志	

图 2-5　危险作业提示卡

（4）严禁擅自触摸与自己无关的设备、设施。

（5）严禁在工作时间串岗、离岗、睡岗或嬉戏打闹，如图 2-6 所示。

图 2-6　施工现场五严禁

四、施工现场安全十不准

进入施工现场作业人员应牢记"十不准"。

（1）不戴安全帽，不准进现场。

（2）酒后和带儿童不准进现场。

（3）井架等垂直运输不准乘人。

（4）不准穿拖鞋、高跟鞋及硬底鞋上班。

（5）模板及易腐材料不准当作脚手板使用，施工作业时不准打闹。

（6）电源开关不能一闸多用。未经训练的职工不准操作机械。

（7）无防护措施不准高空作业。

（8）吊装设备未经检查（或试吊）不准吊装，下面不准站人。

（9）木工场地和防火禁区不准吸烟。

（10）施工现场材料应分类堆放整齐，做到文明施工。

◎ 案例分析

1. 事故直接原因

工人李某上班前未对设备进行检查，设备舱门异常也未警觉，直接合闸启动设备，导致事故发生。

2. 事故间接原因

（1）张某的安全自护意识不足，违章操作，未按规定在电闸上挂设备检修告示牌，就进入机体内操作。

（2）李某的安全意识淡薄，上班前没有对岗前环境进行观察，发现机舱异常也未进行安全检查，直接启动设备。

（3）这起事故暴露出车间员工安全自护意识和安全责任心不强，应加强安全知识教育和上下班交接班制度管理。

▶【思政小课堂】

遵章守纪的基本职业素养

遵章守纪是建筑施工行业的每个从业人员最基本的职业素养，也应是每一个从业人员的职业道德要求，只有相关的参与方，包括政府监督部门、从业单位、从业人员遵守每条规定和要求，才能有效预防事故的发生。这也是学习本门课程的安全学习者，学习安全知识应有的题中之意。

知识拓展

《建设工程安全生产管理条例》

《建设工程安全生产管理条例》（以下简称《条例》）于2003年11月12日国务院第28次常务会议通过，自2004年2月1日起施行。《条例》是一部规范建设工程安全生产方面的重要行政法规，是工程建设领域贯彻落实《中华人民共和国建筑法》和《安全生产法》的具体表现，标志着建设工程安全生产管理已经进入法制化、规范化发展的新时期。《条例》确立了一系列符合中国国情及适应社会主义市场经济要求的建设工程安全管理制度。对于规范和增强建设工程各方主体的安全行为和安全责任意识，强化和提高政府安全监管水平与依法行政能力，保障从业人员和广大人民群众的生命财产安全，具有十分重要的意义。

➤模块小结

通过学习劳动者在劳动过程中应该享受的 11 项安全生产权利及 3 项基本权益，熟悉劳动者应该遵守的 5 项义务，使劳动者学会保护自己的劳动权利，履行劳动义务。同时，通过学习劳动者在从业过程中应该遵守的"四不伤害""三不违""五必须及五严禁"相关安全规定和纪律，使学生了解劳动纪律，提高安全意识，养成遵章守则的好习惯。从而培养学生树立权利、义务对立统一的哲学思想，享权利就要尽义务的法律思维。通过学习劳动者在施工过程中应该享有的权利及必须遵守的义务，同时掌握工程施工过程中应该遵守的劳动纪律，从而提高劳动者从业过程中的权利、义务意识，促进劳动者遵章守则。

➤思考与练习

一、单选题

1. 在社会主义制度下，劳动者的权利和义务的关系是（ ）。

  A. 权利和义务是辩证统一的，相互依存，不可分离

  B. 权利与义务具有一致性，不存在任何矛盾

  C. 劳动者享受了权利就不能履行义务，履行义务则影响权利的享受

  D. 权利与义务只有在社会主义条件下才是统一的

2. 职工有权了解作业场所和工作岗位存在的危险因素、危害后果，以及针对危险因素应采取的防范措施和事故应急措施。这属于劳动者（ ）的安全生产权利。

  A. 要求获得劳动保护的权利　　　　　　B. 知情权

  C. 紧急避险权　　　　　　　　　　　　D. 合法拒绝权

3. 未成年工是指（ ）。

  A. 未满 12 周岁的劳动者

  B. 未满 16 周岁的劳动者

  C. 年满 12 周岁未满 16 周岁的劳动者

  D. 年满 16 周岁未满 18 周岁的劳动者

4. 下列不属于施工安全三不违的是（ ）。

  A. 不违反上级安排　　　　　　　　　　B. 不违章作业

  C. 不违章指挥　　　　　　　　　　　　D. 不违反劳动纪律

二、案例分析题

1. 农民工李志强好似把自己卖给了工地，身份证被工头扣着，每天在工地上从 6 点干到 22 点，就图 80 元一天的工钱。本来"五一"想带女儿外出逛逛，可工头不让休假，而且没有加班工资。5 月底工程做完了，满以为可以拿到自己的血汗钱，给女儿交学费。可工资被一拖再拖，没了音信。他知道像他这样没文化的人找工作挺难的，便依然在工地上工作。但由于长期得不到休息再加上工地安全措施不到位，自己发现了脚手架一个安全隐患，却没有报告给项目管理人员，他想着报告了也解决不了实际问题，6 月的一天他在恍惚中从脚手架上跌了下来致残。别说社会保险和赔偿，就连拖欠了几个月的工资也没有拿到。为了讨回自己的劳动报酬和正当权益，李志强从 7 月到 12 月，先后经历了向工作单位讨要、向劳动争议仲裁委员会申请仲裁、到法院起诉几个过程。

请思考：李志强的哪些权利被侵犯？他没有履行什么义务？

2. 小刘是电焊工，某天被派到作业现场进行焊接作业。到现场后，小刘发现电焊现场堆放着很多易燃材料，并且不符合作业安全距离，易引发火灾。

请讨论：

（1）对发现的安全隐患，小刘应采取什么措施？

（2）如果现场经理要求小刘继续电焊作业，小刘应采取什么措施？

三、简答题

1. 劳动者只要不断提高职业技能，就能成为合格的劳动者吗？

2. 结合本模块知识，分析单元二案例引入中，违反了"四不伤害"中的哪些纪律？

模块三　职业病与工伤的法律要求

知识目标

1. 了解工伤及职业病的相关概念。
2. 熟悉工伤认定的基本情形。
3. 掌握工伤认定流程和职业病鉴定流程。

技能目标

1. 能够在施工安全事故发生时，进行事故处理及工伤认定流程申报，提高学习者应急处理能力。
2. 能够熟练进行职业病鉴定流程的阐述。

素养目标

1. 让学习者在遇到类似职业病鉴定争议情况时，能有基本的法律概念和程序依据，培养规则意识。
2. 引导学生遵法、守法，培养运用法律手段依法办事的法律思维。

单元一　职业病处理

职业病认定

案例引入

　　张某于 2018 年 5 月到某集团铸造有限公司从事清理打磨工作，该单位一直未与张某签订劳动合同。工作期间，张某感觉胸口压气、咳嗽，先后在附近诊所治疗不见好转。2019 年因公司效益不好，裁减人员，单位通知张某离职。张某回家先后到某市结核病防治所、某省胸科医院治疗，被诊断为硅肺病感染。张某随即向单位申请职业病工伤赔偿，但是公司认为，张某自 2019 年其单位通知不让上班回家后，公司未对张某离岗时进行职业健康检查，且已经不存在劳动关系。无奈之下，张某申请律师代理此案件，并进行职业病工伤鉴定。

　　问题思考：

　　1. 本案例中公司的做法有没有不符合法律要求的地方？

　　2. 张某的职业病鉴定能否成功？

知识链接

一、职业病认定基本法律规定

劳动者接触职业病危害因素而导致职业病，是不是所有在工作中患的病都为职业病呢？其实不然，接触职业病危害因素不一定就会患职业病，与工作有关的疾病也不都是职业病。

（一）职业病鉴定必须条件

《职业病防治法》规定的职业病，必须具备以下四个条件。

（1）患病主体是企业、事业单位或个体经济组织的劳动者。

（2）必须是在从事职业活动的过程中产生的。

（3）必须是因接触粉尘、放射性物质和其他有毒、有害物质等职业病危害因素引起的。

（4）必须是国家公布的职业病分类和目录所列的职业病。

（二）职业健康监护要求

为了规范职业健康监护工作，加强职业健康监护管理，保护劳动者健康，用人单位应根据相关要求做好职工的职业健康监护。

1. 制度建立

用人单位应当建立健全职业健康监护制度，保证职业健康监护工作的落实。职业健康监护主要包括职业健康检查、职业健康监护档案管理等内容。职业健康检查包括上岗前、在岗期间、离岗时和应急的健康检查。

2. 职业健康检查

（1）用人单位应当组织从事接触职业病危害作业的劳动者进行职业健康检查。

（2）用人单位应当组织接触职业病危害因素的劳动者进行上岗前职业健康检查。用人单位不得安排未经上岗前职业健康检查的劳动者从事接触职业病危害因素的作业；不得安排有职业禁忌的劳动者从事其所禁忌的作业。

（3）用人单位应当组织接触职业病危害因素的劳动者进行定期职业健康检查。对需要复查和医学观察的劳动者，应当按照体检机构要求的时间，安排其复查和医学观察。

（4）用人单位应当组织接触职业病危害因素的劳动者进行离岗时的职业健康检查。用人单位对未进行离岗时职业健康检查的劳动者，不得解除或终止与其订立的劳动合同。

（5）用人单位对遭受或者可能遭受急性职业病危害的劳动者，应当及时组织进行健康检查和医学观察。

3. 检查结果及要求

（1）体检机构发现疑似职业病病人应当按规定向所在地卫生行政部门报告，并通知用人单位和劳动者。用人单位对疑似职业病病人应当按规定向所在地卫生行政部门报告，并按照体检机构的要求安排其进行职业病诊断或者医学观察。

（2）职业健康检查应当根据所接触的职业危害因素类别，按《职业健康检查项目及周期》的规定确定检查项目和检查周期。需复查时可根据复查要求相应增加检查项目。

（3）职业健康检查应当填写《职业健康检查表》，从事放射性作业劳动者的健康检查应当填写《放射工作人员健康检查表》。

（4）体检机构应当自体检工作结束之日起30日内，将体检结果书面告知用人单位，有特殊情况需要延长的，应当说明理由，并告知用人单位。用人单位应当及时将职业健康检查结果如实告知劳动者。发现健康损害或者需要复查的，体检机构除及时通知用人单位外，还应当及时告知劳动者本人。

4. 职业健康监护档案

用人单位应当建立职业健康监护档案。职业健康监护档案应包括以下内容：

（1）劳动者职业史、既往史和职业病危害接触史。

（2）相应作业场所职业病危害因素监测结果。

（3）职业健康检查结果及处理情况。

（4）职业病诊疗等劳动者健康资料。

（三）职业病十大类型

（1）尘肺，包括硅肺（矽肺）、煤工尘肺等。

（2）职业性放射病，包括外照射急性放射病、照射亚急性放射病、外照射慢性放射病、内照射放射病等。

（3）职业中毒，包括铅及其化合物中毒、汞及其化合物中毒等。

（4）物理因素所致职业病，包括中暑、减压病等。

（5）生物因素所致职业病，包括炭疽、森林脑炎等。

（6）职业性皮肤病，包括接触性皮炎、光敏性皮炎等。

（7）职业性眼病，包括化学性眼部烧伤、电光性眼炎等。

（8）职业性耳鼻喉疾病，包括噪声聋、铬鼻病等。

（9）职业性肿瘤，包括石棉所致肺癌、间皮癌，联苯胺所致膀胱癌等。

（10）其他职业病，包括职业性哮喘、金属烟热等。

二、职业病诊断

（一）诊断机构

法律对职业病的诊断机构作出以下要求：

（1）医疗卫生机构开展职业病诊断工作，应当在开展之日起15个工作日内向省级卫生健康主管部门备案。

（2）职业病诊断机构依法独立行使诊断权，并对其作出的职业病诊断结论负责。

（3）劳动者可以在用人单位所在地、本人户籍所在地或者经常居住地的职业病诊断机构进行职业病诊断。

（二）诊断要求

职业病诊断应当按照《职业病防治法》《职业病诊断与鉴定管理办法》有关规定及《职业病分类和目录》、国家职业病诊断标准，依据劳动者的职业史、职业病危害接触史和工作场所职业病危害因素情况、临床表现以及辅助检查结果等，进行综合分析。材料齐全的情况下，职业病诊断机构应当在收齐材料之日起30日内作出诊断结论。

没有证据否定职业病危害因素与病人临床表现之间的必然联系的，应当诊断为职业病。

（三）诊断所需资料

1.具体资料

（1）劳动者职业史和职业病危害接触史（包括在岗时间、工种、岗位、接触的职业病危害因素名称等）；

（2）劳动者职业健康检查结果；

（3）工作场所职业病危害因素检测结果；

（4）职业性放射性疾病诊断还需要个人剂量监测档案等资料。

2.资料提供要求

（1）劳动者依法要求进行职业病诊断的，职业病诊断机构不得拒绝劳动者进行职业病诊断的要求，并告知劳动者职业病诊断的程序和所需材料。劳动者应当填写《职业病诊断就诊登记表》，并提供本人掌握的职业病诊断有关资料。

（2）职业病诊断机构进行职业病诊断时，应当书面通知劳动者所在的用人单位提供《职业病诊断与鉴定管理办法》第二十一条规定的职业病诊断资料，用人单位应当在接到通知后的10日内如实提供。

（3）用人单位未在规定时间内提供职业病诊断所需要资料的，职业病诊断机构可以依法提请卫生健康主管部门督促用人单位提供。

（4）在确认劳动者职业史、职业病危害接触史时，当事人对劳动关系、工种、工作岗位或者在岗时间有争议的，职业病诊断机构应当告知当事人依法向用人单位所在地的劳动人事争议仲裁委员会申请仲裁。

（四）诊断结果

（1）职业病诊断机构作出职业病诊断结论后，应当出具职业病诊断证明书。职业病诊断证明书应当由参与诊断的取得职业病诊断资格的执业医师签署。

（2）职业病诊断机构应当对职业病诊断医师签署的职业病诊断证明书进行审核，确认诊断的依据与结论符合有关法律法规、标准的要求，并在职业病诊断证明书上盖章。

三、职业病鉴定

当事人对职业病诊断机构作出的职业病诊断有异议的，可以在接到职业病诊断证明书之日起30日内，向作出诊断的职业病诊断机构所在地设区的市级卫生健康主管部门申请鉴定。

职业病诊断争议由设区的市级以上地方卫生健康主管部门根据当事人的申请组织职业病诊断鉴定委员会进行鉴定。

（一）两级鉴定制

职业病鉴定实行两级鉴定制，设区的市级职业病诊断鉴定委员会负责职业病诊断争议的首次鉴定。

当事人对设区的市级职业病鉴定结论不服的，可以在接到诊断鉴定书之日起15日内，向原鉴定组织所在地省级卫生健康主管部门申请再鉴定，省级鉴定为最终鉴定。

（二）鉴定流程

1. 申请

当事人向作出诊断的医疗卫生机构所在地政府卫生行政部门提出鉴定申请。当事人申请职业病诊断鉴定时，应当提供以下资料：

（1）职业病诊断鉴定申请书；

（2）职业病诊断证明书；

（3）申请省级鉴定的还应当提交市级职业病诊断鉴定书。

2. 审核

（1）职业病鉴定办事机构应当自收到申请资料之日起5个工作日内完成资料审核，对资料齐全的发给受理通知书；资料不全的，应当当场或者在5个工作日内一次性告知当事人补充。资料补充齐全的，应当受理申请并组织鉴定。

（2）职业病鉴定办事机构收到当事人鉴定申请之后，根据需要可以向原职业病诊断机构或者组织首次鉴定的办事机构调阅有关的诊断、鉴定资料。原职业病诊断机构或者组织首次鉴定的办事机构应当在接到通知之日起10日内提交。

3. 组织鉴定

（1）职业病鉴定办事机构应当在受理鉴定申请之日起40日内组织鉴定、形成鉴定结论，并出具职业病诊断鉴定书。

（2）参加职业病诊断鉴定的专家，应当由当事人或者由其委托的职业病鉴定办事机构从专家库中按照专业类别以随机抽取的方式确定。抽取的专家组成职业病诊断鉴定委员会（以下简称鉴定委员会）。

经当事人同意，职业病鉴定办事机构可以根据鉴定需要聘请本省、自治区、直辖市以外的相关专业专家作为鉴定委员会成员，并有表决权。

（3）鉴定委员会人数为5人以上单数，其中相关专业职业病诊断医师应当为本次鉴定专家人数的半数以上。鉴定结论应当经鉴定委员会半数以上成员通过。

4. 鉴定书

（1）诊断鉴定书加盖职业病鉴定委员会印章。

（2）职业病鉴定办事机构出具职业病诊断鉴定书后，应当于出具之日起10日内送达当事人。

案例分析

1. 鉴定结果

2019年10月，张某向市局提出工伤认定申请，该局作出《工伤认定决定书》，认定张某的职业病为工伤。同时，张某经劳动能力鉴定委员会鉴定张某的伤残等级为二级。

2. 鉴定依据

（1）2018年5月，张某到某集团铸造有限公司工作，当时双方虽未签订劳动合同，新

《劳动法》实施后，公司依法应与张某签订劳动合同，并为其参加社会保险。现双方即使一直未签订劳动合同，但双方已经形成事实上的劳动关系。

（2）张某在该公司工作时一直从事清理打磨工作，其工作岗位接触粉尘，公司必须定期对张某在职期间及离职时进行健康检查。对未进行离岗前职业健康检查的劳动者不得解除或终止与其订立的劳动合同。该公司违反了《职业病防治法》等相关法律法规的规定。

（3）张某有享受职业病及工伤保险待遇的权利，公司未为张某参加工伤保险，经劳动能力鉴定委员会鉴定张某的伤残等级为二级。张某应按伤残二级享受工伤保险待遇，保留劳动关系，退出工作岗位。

▶ 【思政小课堂】

学习法律法规、肩负职责使命

法律对劳动者生命健康权利的保障和维护是其他任何手段都无法比拟的。作为学习者，要能够更好地理解法律法规的立法目的和初衷，切实感受国家对职工人身健康和生命价值的尊重与保护，要懂法、守法，学会运用法律手段来维护权益。同时，作为将来从事安全工作的学生，职业病的预防和控制是我们必然要面对的一个问题。通过对《职业病防治法》的学习，学生应该意识到自己身为安全工作者肩上的责任重大。不仅要学习知识，更要传播知识，在将来的工作岗位上，加大宣传各种法律法规和操作规程，以及预防措施，只有这样，才能有效减少职业病的发生。

知识拓展

职业病防治宣传周

我国将每年 4 月的最后一周至 5 月 1 日国际劳动节定为《职业病防治法》宣传周。2023 年 4 月 25 日至 5 月 1 日是第 21 个《职业病防治法》宣传周，今年的主题为"改善工作环境和条件，保护劳动者身心健康"。

单元二　工伤处理

工伤鉴定

案例引入

赵某是广州某外贸集团公司外联部的员工，是有名的"酒神"。近年来，为了拓展业务，公司派赵某外出，并要求赵某尽力做好应酬。赵某果然不负众望，经常在酒桌上展示"实力"，为公司赢得了签约机会。但是，在一次公司开展的签约酒会上赵某酩酊大醉、人事不省。后被医生诊断为酒精中毒，并被宣布为植物人。其妻要求该公司认定赵某为工伤并承担一切费用。

问题思考：

1.本案例中赵某酒精中毒是否为工作原因？

2.赵某能否被鉴定为工伤？

知识链接

工伤认定是劳动行政部门依据法律的授权对职工因事故伤害（或者患职业病）是否属于工伤或者视为工伤给予定性的行政确认行为。

劳动者在工作或视同工作过程中因操作不当或其他原因造成了对人身的侵害，为了鉴定该侵害的主体而对过程进行的定性行为。根据我国的相关规定，一般由劳动行政部门来确认（一般为人力资源和社会保障局）。

一、工伤认定范围

那么依据法律法规，我们应该清楚法律规范对是不是工伤有严格的规定。《工伤保险条例》具体规定什么是工伤。

（一）直接认定为工伤的情形

（1）在工作时间和工作场所内，因工作原因受到事故伤害的；

（2）工作时间前后在工作场所内，从事与工作有关的预备性或者收尾性工作受到事故伤害的；

（3）在工作时间和工作场所内，因履行工作职责受到暴力等意外伤害的；

（4）患职业病的；

（5）因工外出期间，由于工作原因受到伤害或者发生事故下落不明的；

（6）在上下班途中，受到非本人主要责任的交通事故或者城市轨道交通、客运轮渡、火车事故伤害的；

（7）法律、行政法规规定应当认定为工伤的其他情形。

（二）视同工伤的情形

（1）在工作时间和工作岗位，突发疾病死亡或者在48小时之内经抢救无效死亡的；

（2）在抢险救灾等维护国家利益、公共利益活动中受到伤害的；

（3）职工原在军队服役，因战、因公负伤致残，已取得革命伤残军人证，到用人单位后旧伤复发的。

职工有前款第（1）项、第（2）项情形的，按照《工伤保险条例》的有关规定享受工伤保险待遇；职工有前款第（3）项情形的，按照《工伤保险条例》的有关规定享受除一次性伤残补助金以外的工伤保险待遇。

（三）不能认定为工伤的情形

职工符合上述两款规定，但是有下列情形之一的，不得认定为工伤或者视同工伤：

（1）故意犯罪的；

（2）醉酒或者吸毒的；

（3）自残或者自杀的。

二、工作时间及工作场所

工作时间是指包括法律及单位制度下的标准工作时间和临时性工作时间，以及不定时工作制下的不定时工作时间。不能简单地理解为劳动时间，而应包括上下班途中时间、加班时间（包括自愿加班时间）、临时接受工作任务时间、因公出差期间、非法延长的工作时间等。工作场所不能仅仅理解为是狭义上的劳动场所，具体包括围墙内所有场所、指派外出工作场所及路线、上下班路线等。

三、工伤认定程序

（1）调查事故发生经过，做相关的证据固定工作，对于一些容易丢失或被损毁的证据应及时保全，对一些流动性强或无固定职业的证人要及时做调查笔录。

（2）制作《工伤认定申请书》，并填写《工伤认定申请表》。

（3）向工伤事故发生地劳动保障行政部门提交申请书及申请表，并提供相关材料。

（4）及时与劳动部门联系，看是否需补充材料。

（5）领取工伤认定书或不予受理通知书。

如对工伤认定申请、劳动部门的不支持的情形，应考虑如下：是否属其他案由、走其他程序；是否需要提出重新认定申请或向劳动主管部门做出书面报告；是否需要行政复议或行政诉讼。

四、工伤认定需提供的材料

（1）工伤认定申请表应当包括事故发生的时间、地点、原因，以及职工伤害程度等基本情况；

（2）受伤职工的身份证复印件及用人单位工商登记材料；

（3）劳动合同复印件或可证明存在劳动关系或事实劳动关系的材料；

（4）事故发生时医疗机构出具的受伤后诊断证明书或者职业病诊断证明书及初次治疗病历复印件；

（5）如由于机动车事故伤亡的，应复印交警部门的事故认定书或其他有效证明；

（6）其他相关证明材料。

工伤认定申请人提供材料不完整的，劳动保障行政部门应当一次性书面告知工伤认定申请人需要补齐的全部材料。申请人按照书面告知要求补齐材料后，劳动保障行政部门应当受理。

◎ 案例分析

（1）赵某酒精中毒属于工作原因，因为从事与工作有关的相关活动。

（2）《工伤保险条例》明确规定，醉酒导致伤亡的不能视为工伤。赵某喝酒虽与工作相关，但因为违反了法律的强制规定而不能被认定为工伤。

工伤认定的法治价值

工伤认定的法治价值在于保障职工的合法权益，保障从业人员的劳动健康权，实现社会公平和谐。同时，用人单位也有保证职工人身安全的法律责任，保险人也要按照保险合同承担赔款责任。这些法律条款充分体现了法律的正义与公平，也保障了社会的和谐与稳定。所以，作为未来从业者，要培养法律思维，学会运用法律手段解决问题。

知识拓展

劳动能力鉴定

职工发生工伤，经治疗伤情相对稳定后存在残疾、影响劳动能力的，应当进行劳动能力鉴定。

劳动能力鉴定是指劳动功能障碍程度和生活自理障碍程度的等级鉴定。

劳动功能障碍分为十个伤残等级，最重的为一级，最轻的为十级。

生活自理障碍分为三个等级：生活完全不能自理、生活大部分不能自理和生活部分不能自理。

劳动能力鉴定标准由国务院社会保险行政部门会同国务院卫生行政部门等部门制定。

📁 ➤ 模块小结

职业病的产生与劳动者的特定从业经历之间有着因果关系，所以，法律要求用人单位承担劳动者职业病鉴定过程中因为现场调查、检测，以及健康检查而产生的各种费用。用人单位不得以任何方式将其转嫁到劳动者身上，收取劳动者的相关费用应予以退还。在证明职业病方面，法律将一定的证明责任转移到了用人单位。如果用人单位举证不力，就应当承担违反职业病防治相关法律规定的后果。

通过案例了解和学习在职业病鉴定与工伤鉴定过程中存在的法律要求，学生了解职业病认定范围和程序，熟悉工伤认定范围和程序，从而在发生职业病鉴定和工伤认定情况时，能够掌握和了解基本的处理流程。

📁 ➤ 思考与练习

一、单选题

1. 劳动者依法要求进行职业病诊断的，职业病诊断机构应当接诊，并告知劳动者职业病诊断的程序和所需材料。劳动者应当填写（   ）。

    A.《劳动能力鉴定表》   B.《职业危害因素接触表》

    C.《职业病诊断就诊登记表》   D.《诉讼请求表》

2. 在确认劳动者职业史、职业病危害接触史时，当事人对劳动关系、工种、工作岗位或者在岗时间有争议的，职业病诊断机构应当告知当事人依法向哪里的劳动人事争议仲裁委员会申请仲裁（   ）。

    A. 当事人户籍所在地   B. 当事人现居地

    C. 用人单位法人现居地   D. 用人单位所在地

二、多选题

下列不得认定为工伤或者视同工伤的情形是（   ）。

A. 故意犯罪的   B. 醉酒或者吸毒的

C. 自残或者自杀的   D. 法律、行政法规规定的其他情形

三、判断题

1. 某项目现场安全员张某进行现场安全例行检查时，在纠正施工人员违章过程中，施工人员觉得张某说话态度不好，遂和张某起冲突，将张某打伤。张某受伤可以被鉴定为工伤。（   ）

2. 在工作岗位因同事或者领导原因，职工受到不公平待遇，心情抑郁导致自残或自杀的可以被认定为工伤。（   ）

四、案例分析题

工人说："老板，我得了肺结核，是在你厂里工作时得的职业病，请赔我10万元治病。"请思考，这能被鉴定为职业病吗？

五、思考题

张某因琐事与工友发生了争吵，下午张某在工地越想越生气，随即他大声告诉旁边工友要以死明志，接着从6楼跳下，万幸被安全网拦在空中，造成腿部骨折，无生命危险。张某此次受伤能否被鉴定为工伤？

模块四　安全防护与安全标志

知识目标

1.了解施工现场常见个人安全防护用品及安全"三宝"。
2.熟悉安全色和安全标志的相关知识。
3.掌握个人安全防护用品的使用方法。

技能目标

1.能够运用安全标志进行现场安全管理。
2.会正确使用安全帽、安全带、安全网。

素养目标

1.弘扬"生命至上、安全第一"的思想，培养遵守规矩，恪守职业道德，遵纪守法，爱岗敬业，吃苦耐劳的职业精神。
2.提高从业人员的安全防范意识，秉承工匠精神。
3.提高学生的适岗能力和从业素质。

单元一　劳动防护用品概述

劳保用品概述

案例引入

据不完全统计，我国使用有毒有害物质的企业超过 1 600 万家，受到职业病危害的人数超过 2 亿。尘肺职业病患者和可疑尘肺病患者约有百万。全国每年报告的职业中毒和生产性农药中毒病人近 30 000 例，报告中毒死亡数约 1 500 例。

问题思考：施工过程中的各种影响因素会对从业人员带来很多的伤害，那么作业人员如何避免这些伤害，又该如何进行自我保护呢？

一、劳动防护用品的概念

劳动防护用品（简称 PPE）是指由生产经营单位为从业人员配备的，使其在劳动过程中免遭或者减轻事故伤害及职业危害的个人防护装备。如果在作业操作中，劳动者不按照要求配备劳动防护用品，就很有可能造成头部、脸部、脚部等不同程度的伤害。因此，在各项风险防范及控制措施中，PPE 是风险控制的最后一步。

二、劳动防护用品的分类

劳动防护用品可分为一般劳动防护用品和特种劳动防护用品。

（1）一般劳动防护用品。手套、口罩等属于一般劳动防护用品。

（2）特种劳动防护用品。如安全帽、防护眼镜等，必须取得特种劳动防护用品安全标志。特种劳动防护用品可分为头部防护用品、呼吸防护用品、眼（面）防护用品、听力防护用品、手部防护用品、足部防护用品、躯体防护用品、皮肤类防护用品和坠落防护用品九大类。

1）头部防护用品。头部存在被坠落或飞行中的物体、落入或撞上沉重的物体、电击或者被金属碎屑、化学物质的喷、溅、洒、滴这样的潜在危险，而导致脖子扭伤、脑震荡、头骨骨折、触电、眼睛、脸部烧伤等伤害。因此，在对头部有潜在危险的地方工作时应正确佩戴安全帽（图 4-1）。

图 4-1　正确佩戴安全帽

2）呼吸防护用品。呼吸系统存在吸入粉尘、烟、油雾和有毒有害气体等潜在危险，引发肺部疾病甚至中毒死亡，因此，在有毒有害物质的环境下工作，或在缺氧状态时，应正确佩戴呼吸防护用品（图 4-2）。

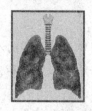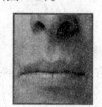

图 4-2　正确佩戴呼吸防护用品

3）眼（面）防护用品。眼部和面部存在飞行的或坠落的物体、金属碎屑、化学物质的喷、溅、洒、滴、强光、紫外线和红外线、弧光、微波、激光等辐射的潜在危险，从而造成眼睛受伤、视网膜损伤、白内障、电光眼等眼睛疾病。因此，在有飞尘（微粒）、熔化的金属、有腐蚀性的化学液体、气体或蒸汽、潜在的轻微有害放射物等环境工作时，需正确佩戴护目镜、防护面罩（图 4-3）。

图 4-3 正确佩戴护目镜、防护面罩

4）听力防护用品。听觉器官存在机械噪声、空气动力噪声、电磁噪声的潜在危险，从而导致耳痛、耳鸣、听力受损、眼疲劳、眼痛、眼花和视物流泪等眼损伤，心理压力变大，引发头晕、头痛、失眠等生理和心理疾病，因此，在工作日 8 小时暴露于等效声级大于等于 85 dB 时，应佩戴听力保护装备，如耳塞或耳罩（图 4-4）。

图 4-4 佩戴听力防护用品

5）手部、足部防护用品。手部、足部存在破损边缘的工具和机器机械伤害、使用钉、螺钉旋具、凿子等金属工具、接触腐蚀性或有毒化学物质、电源、极冷或极热的物体、移动沉重的机器设备或物体、坠落的重物、碰撞到尖硬的物体、静电等情况下的伤害，容易造成砸伤、刺伤、烧伤、烫伤、触电、滑倒等伤害。因此，在有静电或会造成手足部伤害的地方工作时，必须穿戴安全鞋和防护手套（图 4-5）。

图 4-5 穿戴手部、足部防护用品

6）躯体、皮肤类防护用品。工作服会存在静电、烫/冻伤、灼伤、腐蚀等伤害，从而造成人员伤亡，因此，进入易燃、易爆生产场所，应正确穿戴防静电服。进入其他场所，应按要求正确穿戴防护服（图 4-6）。

图 4-6 正确穿戴防护服

7）坠落防护用品。高处作业存在高处跌落的潜在危险，会引起重伤甚至死亡的严重后果。进行高处作业时，如不能安装恰当的坠落防护装置情况下，应正确使用个人坠落防护用品，如脚手架、安全带（图4-7）。

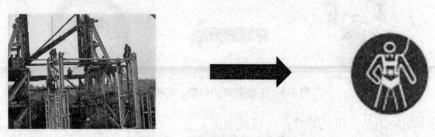

图4-7　正确使用坠落防护用品

三、劳动防护用品的使用

（1）生产经营单位应当建立健全有关劳动防护用品的管理制度。要加强劳动防护用品的购买、验收、保管、发放、更新、报废等环节的管理，监督并教育从业人员按照使用要求佩戴和使用。

（2）提供的防护用品必须符合国家标准或者行业标准。不得以货币或者其他物品替代劳动防护用品，也不得购买、使用超过使用期限或者质量低劣的产品，确保防护用品在紧急情况下能发挥其特有的效能。

（3）使用前首先做外观检查，以认定防护用品对有害因素防护效能的程度，外观有无缺陷或损坏，各部件组装是否严密，启动是否灵活等。

（4）严格按照《使用说明书》正确使用劳动防护用品。

（5）在性能范围内使用防护用品，不得超极限使用；不得使用未经国家指定、未经监测部门认可或经检测达不到标准要求的产品；不能随便代替，更不能以次充好。

四、劳动防护用品的管理

（1）在同一工作场所，存在多种职业病危害的情况下，配备的劳动防护用品要考虑兼容性；建立健全劳动防护用品的管理制度，如要从正规渠道采购劳动防护用品，并查验、保留劳动防护用品的检验报告或其他质量证明文件的原件（复印件），这也可以成为安监部门执法检查的依据；要对劳动者使用、维护、更换劳动防护用品进行培训，减少不正确佩戴造成的伤害；劳动防护用品的监管还将借助安全生产"黑名单"制度，进一步加强诚信管理，逐步实现动态监管。

（2）做好安全防护用品的日常监督：职业病危害岗位作业人员开展劳动防护用品使用和维护的培训；劳动防护用品在发放前应详细阅读并向员工宣讲使用和维护注意事项；建立劳动防护用品的领用和发放记录，并为劳动防护用品建立档案；建立劳动防护用品的操作指引，并在上岗前实施培训；车间显著位置设置的职业危害告知卡或指令类安全标志与员工佩戴的劳动防护用品具有一致性；督促员工做好工作启动前的安全检查，劳动防护用品应包含在内。

（3）日常维护：在使用之后应进行清洗，耳塞、耳罩等建议定期进行消毒。滤毒罐、防护口罩等，建议套袋保护。劳动防护用品应存放在指定位置，最好能专柜存放，具有通风、阴凉、干燥的条件。应建立本公司的劳动防护用品配置标准，确定使用周期。对员工进行随访，了解劳动防护用品的适宜性。

◎ 案例分析

《劳动法》第五十四条规定："用人单位必须为劳动者提供符合国家规定的劳动安全卫生条件和必要的劳动防护用品，对从事有职业危害作业的劳动者应当定期进行健康检查。"

▶【思政小课堂】

国家对从业人员的职业健康及劳动防护是非常重视的。从业人员应树立热爱生命、珍惜健康、遵守规定的思想意识；在工作中遵守规章制度、增强纪律意识。

知识拓展

请根据以下作业场所类别，选择正确的PPE（表4-1）。

表4-1 选择正确的PPE

序号	作业场所类别	必配备劳动防护用品	备注
1	易燃、易爆场所作业		
2	可燃性粉尘场所作业		
3	低压带电作业（小于等于1 200 V）		
4	高压带电作业（大于1 200 V）		
5	有毒、有害气体场所作业		
6	腐蚀性作业、酸碱作业		
7	粉尘场所作业		
8	噪声作业：大于85 dB及以上的作业		
9	强光作业：弧光、电弧焊气焊		
10	射线作业		
11	高处作业		
12	有碎屑飞溅作业，如破碎作业、打磨、高压流体清洗		
13	操作转动机械，如车床传动机械、传动带等		
14	有限空间作业		

单元二　安全帽

安全帽

案例引入

某建筑施工工地，一名戴着未系下颏带的安全帽的工人从起重机吊起的空心砖框下经过时，钢筋空心砖框将空心砖挤压破碎，其中一块空心砖碎块将这名工人的安全帽打翻掉落，另一块碎块砸中其头部。该工人经送医院抢救无效死亡。

问题思考： 请进行事故原因分析。

知识链接

一、安全帽的概念

安全帽是指防止冲击物伤害头部的防护用品。在施工现场常见的安全帽有蓝色、红色、黄色和白色。管理人员一般佩戴红色的安全帽；施工工人常佩戴黄色的安全帽；技术人员佩戴蓝色的安全帽；管理人员、甲方、监理人员佩戴白色的安全帽。

二、安全帽的组成

安全帽主要由帽壳、帽衬、下颏带三部分组成。

（1）帽壳。帽壳的作用主要是承受打击，使打击物品与头部隔开，起到很好的保护作用。

（2）帽衬。帽衬由顶戴、缓冲垫、吸汗带和帽箍组成。

1）顶戴：作用是保持帽壳的浮动，分散冲击力；

2）缓冲垫：作用是发生冲击时减少冲击力；

3）吸汗带：人们佩戴安全帽时额头部分比较容易出汗，吸汗带可以防止汗水流入眼睛影响工作；

4）帽箍：是可以根据头部大小来进行调节，使人们可以舒适地佩戴安全帽。

（3）下颏带。下颏带可以辅助佩戴安全帽时更加地稳定。

三、安全帽的分类

（1）按照帽壳的外部形状划分，可分为单顶筋、双顶筋、多顶筋、"V"字顶筋、"米"字顶筋、无顶筋和钢盔式安全帽，如图4-8所示。

（2）按照帽檐的尺寸划分，可分为大檐、中檐、小檐和卷檐安全帽，如图4-9所示。其中，大檐帽的帽檐尺寸为50～70 mm，中檐帽的帽檐尺寸为30～50 mm，小檐帽的帽檐尺寸为0～30 mm。

（3）按照作业场所划分，可分为一般作业类安全帽和特殊作业类安全帽。图4-8、

图4-9所示的安全帽都是一般作业类安全帽，图4-10就属于特殊作业类的安全帽。如图4-10（a）所示为组合式电焊面罩安全帽，电焊工在进行操作时起到一定的防护作用；如图4-10（b）所示的安全帽是在比较寒冷的地区所使用的防寒安全帽。

单顶筋　　　　　　　三顶筋　　　　　"V"字顶筋　　　　　钢盔式

图4-8　安全帽分类（按照帽壳的外部形状划分）

大檐安全帽　　　　中檐安全帽　　　　小檐安全帽　　　　卷边安全帽

图4-9　安全帽分类（按照帽檐尺寸划分）

（a）　　　　　　　　　　　　　　　　（b）

图4-10　特殊作业类安全帽

（a）组合式电焊面罩安全帽；（b）防寒安全帽

四、安全帽的基本尺寸

（1）垂直间距：按规定条件测量，其值应为 20～50 mm。

（2）水平间距：按规定条件测量，其值应为 5～20 mm。

（3）佩戴高度：按规定条件测量，其值应为 80～90 mm。

（4）帽舌长度：10～70 mm。

（5）帽壳内部长度：195～280 mm。

（6）通气孔面积：150～450 mm²。

五、安全帽的技术要求

（1）耐冲击、耐穿透、耐低温：安全帽分别在高温、低温和浸水三种环境下通过相应测试，应保持完好。

试验过程：用一个 5 kg 的钢锤从 1 m 高向下坠落，头模所受冲击力的最大值均不应超过 4 900 N（人体颈椎最大承受的冲击力就是 4 900 N）；再用 3 kg 的钢锤自 1 m 的高度坠落，钢锤不应与头部接触，且帽壳不得有碎片脱落，这样安全帽就通过了耐冲击、耐穿透、耐低温的测试。

（2）耐燃烧性能。试验过程：试验温度高达 1 100 ℃，融化的铜水已经烫得如同熔浆，为了保证安全，操作人员需戴上防护手套和防护面具，并将铜水缓慢地倒在安全帽上，一瞬间，安全帽就腾起了大火，而且火势越来越大，不断有黑烟冒出，而这时的安全帽只是被烧出了一个细长的口子，并没有太多的损坏，操作人员又经过第二次试验，即便如此，安全帽只是有轻微的烧伤，在安全帽的保护下，塑料模型居然连 1 100 ℃ 的铜水都不怕，耐燃烧性能要求火源在安全帽上要持续 10 s 的燃烧时间，撤掉火源后，若 5 s 内能够自灭，则认为安全帽的耐燃烧性能是合格的。

（3）电绝缘性能。通过在 1 200 V 的电流下，保持 1 min，泄露的电流不超过 1.2 mA 的情况下，安全帽的技术性能就是合格的。

（4）侧向刚性。试验过程：给安全帽的两侧施加不超过 43 kN 的压力，安全帽的变形不超过 40 mm，当压力撤销后，变形不超过 15 mm 的安全帽，就认为是合格的安全帽。

耐冲击、耐穿透、耐低温、耐燃烧性能、电绝缘性能、侧向刚性是对安全帽的基本技术性能的要求。

一顶合格的安全帽，除出厂时要做的各项技术检测试验外，还要从安全帽的标识上具备"四个必须"，即必须要有制造厂名称及商标、型号；必须要有制造年、月；必须要有生产厂家的许可证编号；必须要有检验合格标志。

六、安全帽的使用

（1）安全帽的使用年限：应从产品制造完成之日计算。该规定为强制的标准。

1）植物枝条编织帽不超过 2 年。

2）塑料帽、纸胶帽不超过 2.5 年。

3）玻璃钢（维纶钢）橡胶帽不超过 3.5 年。

总包单位负责统一购买合格的安全帽，并进行统一的发放与管理；禁止转包，分包单位不允许购买安全帽，这也就要求购买单位应以严谨务实的工作态度对安全帽的合格与否承担责任。

（2）安全帽使用前除确认是否合格外，还要确认其结构是否完整正常。要检查安全帽的外观是否有刻纹、碰伤痕迹，凹凸不平磨损，帽衬是否完整，帽衬的结构是否处于正常状态。人的头顶和帽体内顶部的空间垂直距离一般为 25 ～ 50 mm，不宜少于 32 mm。

（3）使用时，要正确佩戴安全帽。拿到安全帽先检查内衬的卡扣与帽壳连接是否牢固，第一步：戴到头上，根据自己的头围将帽箍调节至紧，调节范围至 55 ～ 65 cm，以感觉紧而舒适为准；第二步，检查自己头顶部中心与安全帽壳部中心是否一致，一致即可，如不一致可调节内衬悬挂位置，保持头顶部中心与安全帽壳部中心一致即可，戴到头上，这样可以最大限度地起保护作用；第三步，系紧下颏带，以感觉紧而不勒即可。

还需要强调的是，女员工进入厂区后应将长发盘起放于安全帽内。

（4）安全帽使用后应检查有没有龟裂、下凹、裂痕和磨损等情况，发现异常现象要立即更换，不准再继续使用。任何受过重击、有裂痕的安全帽，无论有无损坏现象，均应报废。

（5）安全帽使用注意事项：

1）使用者不能随意在安全帽上拆卸或添加附件，以免影响其原有的防护性能。

2）安全帽在使用过程中会逐渐损坏，因而需要经常进行外观检查。使用者不能随意调节帽衬的尺寸，这会直接影响安全帽的防护性能，落物冲击一旦发生，安全帽会因佩戴不牢脱出或因冲击后触顶直接伤害佩戴者。

3）不能私自在安全帽上打孔，不要随意碰撞安全帽，不要将安全帽当板凳坐，支撑重物，或盛装物品，以免影响其强度。

4）只要安全帽遭受过一次强力的撞击，就无法再次有效吸收外力，有时尽管外表上看不到任何损伤，但是内部已经遭到损伤，不能继续使用。

5）安全帽不能在有酸、碱或化学试剂污染的环境中存放，不能放置在高温、日晒或潮湿的场所中。

6）注意使用期限，到期的安全帽要进行检验，符合安全要求才能继续使用，否则必须更换。

七、各类安全帽的应用范围

（1）玻璃钢安全帽：主要用于冶金高温作业场所、油田钻井森林采伐、供电线路、高层建筑施工及寒冷地区施工。

（2）聚碳酸酯塑料安全帽：主要用于油田钻井、森林采伐、供电线路、建筑施工等作业使用。

（3）ABS塑料安全帽：主要用于采矿、机械工业等冲击强度高的室内常温作业场所佩戴。

（4）超高分子聚乙烯塑料安全帽：适用范围较广，如冶金化工、矿山、建筑、机械、电力、交通运输、林业和地质等作业的工种均可使用。

（5）改性聚丙烯塑料安全帽：主要用于冶金、建筑、森林、电力、矿山、井上、交通运输等作业的工种。

（6）胶质矿工安全帽：主要用于煤矿、井下、隧道、涵洞等场所的作业。佩戴时，不设下颏带。

（7）塑料矿工安全帽：产品性能除耐高温大于胶质矿工帽外，其他性能与胶质矿工帽基本相同。

（8）防寒安全帽：适用于我国寒冷地区冬季野外和露天作业人员使用，如矿山开采、地质钻探、林业采伐、建筑施工和港口装卸搬运等作用。

（9）纸胶安全帽：适用于户外作业防太阳辐射、风沙和雨淋。

（10）竹编安全帽：主要用于冶金、建筑、林业、矿山、码头、交通运输等作业的工种。

◎ 案例分析

事故原因分析：本案例中的工人虽佩戴安全帽，但未按佩戴标准与要求佩戴。

根据《建筑施工安全检查标准》（JGJ 59—2011）规定，施工人员进入施工现场要正确佩戴安全帽；《安全生产法》规定，"生产经营单位必须为从业人员提供符合国家标准或者行业标准的劳动防护用品，并监督、教育从业人员按照使用规则佩戴、使用"；《头部防护 安全帽》（GB 2811—2019）规定，每顶安全帽均要提供相关信息材料，警示："使用安全帽时应根据头围大小调节帽箍或下颌带，以保证佩戴牢固，不会意外偏移或滑落"。

▶【思政小课堂】

深入学习贯彻党的二十大精神及习近平总书记关于安全生产重要论述，坚持"人民至上、生命至上"发展理念，严守"发展决不能以牺牲人的生命安全为代价的红线"，推动形成人人讲安全、个个会应急的社会环境，筑牢安全生产的人民防线。

◀ 知识拓展 ▶

（1）请根据安全帽的佩戴方法，正确佩戴安全帽。布置任务：以小组为单位，每个学生佩戴安全帽，小组内成员互相检查其是否佩戴正确；每个小组各派一名代表佩戴安全帽，小组间互评，教师进行点评。

（2）请逐一说明图 4-11 中安全帽使用的错误做法。

(a) (b) (c)

图 4-11　安全帽使用的错误做法

(a) 错误 1；(b) 错误 2；(c) 错误 3

单元三　安全带

安全带

◎ 案例引入

某年 6 月 12 日上午，在某厂脱硝改造工作中，作业人员王某和周某站在空气预热器上部钢结构上进行起重挂钩作业，2人在挂钩时因失去平衡同时跌落。周某安全带挂在安全绳上，坠落后被悬挂在半空；王某未将安全带挂在安全绳上，从标高24 m坠落至5 m的吹灰管道上，经抢救无效死亡（图4-12）。

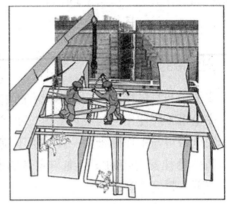

图 4-12　案例图

问题思考： 请进行事故原因分析。

⊙ **知识链接**

一、安全带的概念

安全带是指防止高处作业人员发生坠落后将作业人员安全悬挂的个体防护装备。安全带可分为围杆作业安全带、区域限制安全带和坠落悬挂安全带三种（图4-13～图4-15）。围杆作业安全带通过围绕在固定构造物上的绳或带将人体绑定在固定构造物附近，使作业人员的双手可以进行其他操作的安全带；区域限制安全带用以限制作业人员的活动范围，避免其到达可能发生坠落区域的安全带；坠落悬挂安全带是用于高处作业或登高人员发生坠落时，将作业人员安全悬挂的安全带。

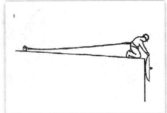

图 4-13　围杆作业安全带　　图 4-14　区域限制安全带　　图 4-15　坠落悬挂安全带

二、安全带的标记

安全带的标记由作业类别和产品性能两部分组成。

（1）作业类别：以字母W代表围杆作业安全带、以字母Q代表区域限制安全带、以字母 Z 代表坠落悬挂安全带；

（2）产品性能：以字母 Y 代表一般性能、以字母 J 代表抗静电性能、以字母 R 代表抗阻燃性能、以字母 F 代表抗腐蚀性能、以字母 T 代表适合特殊环境（各性能可组合）。

示例：围杆作业、一般安全带表示为"WY"；区域限制、抗静电、抗腐蚀安全带表示为"QJF"。

三、安全带的技术要求

（1）安全带与身体接触的一面不应有凸出物，结构应平滑。

（2）安全带不应使用回料或再生料，使用皮革不应有接缝。

（3）安全带可与工作服合为一体，但不应封闭在衬里，以便穿脱时检查和调整。

（4）坠落悬挂安全带的安全绳与主带的连接点应固定于佩戴者的后背、后腰或胸前，不应位于腋下、腰侧或腹部。

（5）旧产品应按规定的方法进行静态负荷测试，当主带或安全绳的破坏负荷低于 15 kN 时，该批安全带应报废或更换相应部件。

（6）围杆作业安全带、区域限制安全带、坠落悬挂安全带满足要求时可组合使用，各部件应相互浮动并有明显标志。

（7）坠落悬挂安全带应带有一个可以装下连接器及安全绳的口袋。

四、坠落悬挂安全带

（1）基本组成：坠落悬挂安全带又称为全身保护性安全带，它是由主带和安全绳两部分组成。主带包括肩带、胸带、腰带、腿带和挂环，主带上的挂环最终要和安全绳的挂钩相连，如图 4-16 所示。依照国家标准，主带的带宽需大于 40 mm，而安全绳直径要大于 16 mm，安全绳的长度限制在 1.5 ～ 2.0 m，使用 3 m 以上长绳应加缓冲器。只有符合这些要求的安全带才能用到高处作业施工中。

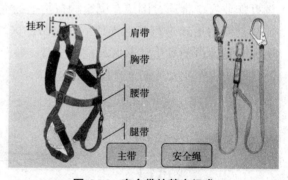

图 4-16　安全带的基本组成

（2）佩戴：安全带需要穿好肩带、腿带，扣好胸带、腰带，调整好松紧，扣好挂钩等步骤。简单归纳为一穿、二定、三挂钩。

1）提起安全带肩带，检查织带是否缠绕在一起，将腿带按顺序依次穿好，从身后将主带提起，肩带滑过手臂至双肩，保证所有织带没有缠结自由悬挂，肩带必须保持垂直不要靠近身体中心。

2）将胸带通过搭扣连接在一起，调整胸带松紧，将多余织带套入搭扣。

3）调整肩带和腿带的长短，将多余部分放入搭扣。采用同样的方法佩戴腰带，并将多余织带整齐放入搭扣，并将安全绳高挂于垂直稳定处（图 4-17）。

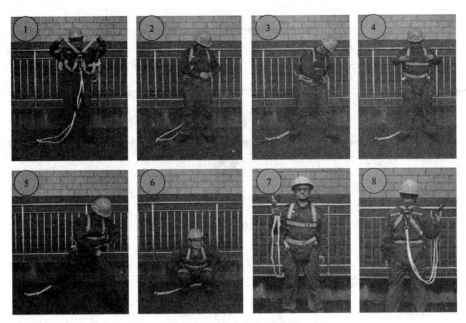

图 4-17 安全带佩戴步骤

4）扣好挂钩。穿戴完毕安全带后，扣好挂钩就非常重要了。挂钩在系扣时的要求如下：

①要挂在垂直固定处（图 4-18）。在开始工作前固定坠落保护产品时考虑摇摆危险是非常重要的。如果安全绳没有垂直地固定在工作场所上方，发生坠落时将使工人在空中出现摇摆，并可能撞到其他物体上或撞到地面造成伤害。也就是说，垂直固定为了避免挂钩斜挂时一旦坠落产生钟摆效应，导致工人头部和腿部受伤。所以，一定要挂在工作面垂直上方稳固处。高处作业如无固定挂处，应采用适当强度的钢丝绳或采取其他方法悬挂。禁止悬挂在移动或带尖锐棱角或不牢固的物件上。

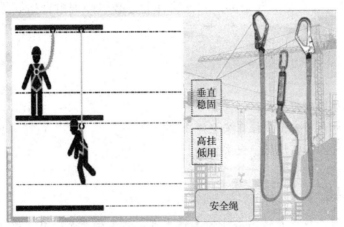

图 4-18 垂直稳固

②高挂低用（图 4-19）。将安全带悬挂在高处，工人在下面工作称为高挂低用，应从工人的坠落距离考虑。假设系绳长度为 2 m，工人身高为 1.8 m，在考虑缓冲距离的情况下，坠落后，稳定平面到挂点的距离是 6.55 m，如果挂点降低，将会延长工人的坠落高度，造成更大风险。因此，只有安全带高挂低用才能真正起到保护作业人员的效果，并不准将绳打结使用。

图 4-19　高挂低用

五、安全带的使用要求

（1）安全带在使用前应做好"三检"：一是要检查是否有断丝、裂纹；二是要检查锁死装置是否完好；三是要检查金属件是否有裂痕。

（2）施工现场搭架、支模等高处作业均应系安全带。

（3）安全带上的各种部件不得任意拆掉，使用 2 年以上应抽检一次。悬挂安全带应做冲击试验，以 100 kg 的物体做自由坠落试验；若不破坏，该批安全带可继续使用。定期或抽样试验用过的安全带，不准再继续使用。

（4）安全带应符合《坠落防护　安全带》（GB 6095—2021）标准并有合格证书，生产厂家经劳动部门批准，并做好定期检验。

（5）安全带不使用时，要妥善保护和保管，不得随处乱扔，存放在干燥、通风的仓库内。要经常检查安全带缝制部分和挂钩部分，必须详细检查捻线是否发生裂断和残损等。

案例分析

本案例事故原因分析如下：

（1）高处作业未将安全带挂在安全绳上；

（2）工作负责人不在现场，失去监护。

▶【思政小课堂】

安全管理人员应秉承严谨、务实的工作态度；施工生产无小事、纪律严明守规矩、安全第一要牢记。

知识拓展

（1）请根据安全带的佩戴方法，正确佩戴安全带。布置任务：以小组为单位，每个学生佩戴安全带，小组内成员互相检查其是否佩戴正确；每个小组各派一名代表佩戴安全带，小组间互评，教师进行点评。

（2）请说一说图4-20中谁的安全带挂错了？

图 4-20 安全带佩戴案例图

（3）某年2月20日上午，某厂安装主厂房屋面板。工作班成员张某、罗某、贺某等5人在施工中未按施工组织设计要求（铺设压型钢板1块后，应首先对压型钢板进行锚固，再翻板）进行，实际施工中既未固定第一张板，也未翻板。施工作业属临边高处作业，作业人员未系安全带，作业中采取平推方式向外安装钢板，在推动钢板过程中，压型钢板两端（张某、罗某、贺某在一端，另2名施工人员在另一端）用力不均，致使钢板一侧突然向外滑移，带动张某、罗某、贺某坠落至平台（落差19.4 m），造成3人死亡。

问题：请进行事故原因分析。

单元四　安全网

安全网

案例引入

问题思考：图4-21中安全网的使用是否正确？如不正确，主要问题是什么？

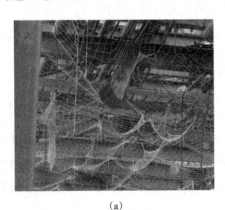

（a）

（b）

图 4-21 安全网案例图

一、安全网的概念

安全网是用来防止人、物坠落，或用来避免、减轻坠落及物击伤害的网具。安全网由网体、边绳、系绳和筋绳构成。网体由网绳编结而成，具有菱形或方形的网目；网体四周边缘上的网绳，称为边绳，如图 4-22 所示。安全网的尺寸由边绳的尺寸而定，把安全网固定在支撑物上的绳，称为系绳。另外，凡用于增加安全网强度的绳，统称为筋绳，如图 4-23 所示。

图 4-22　网体、边绳

图 4-23　系绳、筋绳

安全网是预防坠落伤害的一种劳动防护用具，适用范围极广，大多用于各种高处作业。高处作业坠落隐患，常发生在架子、屋顶、窗口、悬挂、深坑、深槽等处。坠落伤害程度，随坠落距离大小而异，轻则伤残，重则死亡。安全网防护原理：平网作用是挡住坠落的人和物，避免或减轻坠落及物击伤害；立网作用是防止人或物坠落。

安全网的特点是强度高、网体质量轻、隔热通风、透光防火、防尘降噪。

安全网的用途是用于各种建筑工地，特别是高层建筑可全封闭施工。安全网能有效地防止人身、物体的坠落伤害，防止电焊火花所引起的火灾，降低噪声和灰尘污染，达到文明施工、保护环境、美化城市的效果。

二、安全网的分类

安全网按功能划分，可分为安全平网、安全立网、密目式安全网。

（1）安全平网。安全平网是指安装平面不垂直于水平面，用来防止人、物坠落，或用来避免、减轻坠落及物击伤害的安全网。

（2）安全立网。安全立网是指安装平面垂直于水平面，用来防止人、物坠落，或用来避免、减轻坠落及物击伤害的安全网。

（3）密目式安全网。密目式安全网的网眼孔径不大于 12 mm，垂直于水平面安装，其是用于阻挡人员、视线、自然风、飞溅及失控小物体的网。其一般由网体、开眼环扣、边绳和附加系绳组成。密目式安全网又分为 A 级和 B 级密目式安全网。在有坠落风险的场所使用的是 A 级密目式安全网；在没有坠落风险或配合安全立网（护栏）完成坠落保护功能的是 B 级密目式安全网。

安全平网和安全立网的特点是网眼大，俗称大眼网，一般为 $30 \times 30 \sim 80 \times 80 \ mm^2$，一般采用维纶、锦纶、高强丝。密目式安全立网的特点是网目为 2 000 目 /100 cm² 以上，俗称密目网，它的主要生产原料是聚乙烯，是将原材料经预处理、配料后经过抽丝、整经、编织、剪裁、缝制钉扣等流程加工而成的。

三、安全网的分类标记

（1）平（立）网的分类标记由产品材料、产品分类及产品规格尺寸三部分组成。

1）产品分类以字母 P 代表平网、字母 L 代表立网；

2）产品规格尺寸以宽度 × 长度表示，单位为米；

3）阻燃型网应在分类标记后加注"阻燃"字样。

例 1：宽度为 3 m，长度为 6 m，材料为锦纶的平网表示为锦纶 B 3 × 6；

例 2：宽度为 1.5 m，长度为 6 m，材料为维纶的阻燃型立网表示为维纶 L-1.5 × 6 阻燃。

（2）密目网的分类标记由产品分类、产品规格尺寸和产品级别三部分组成。

1）产品分类以字母 ML 代表密目网；

2）产品规格尺寸以宽度 × 长度表示，单位为米；

3）产品级别分为 A 级和 B 级。

例：宽度为 1.8 m，长度为 10 m 的 A 级密目网表示为"ML-1.8 × 10 A 级"。

四、安全网的技术要求

安全网是涉及国家财产和人身安全的特种劳动防护用品。其产品质量必须经国家指定的监督检验部门检验合格并取得生产许可证后，方可生产。每批安全网出厂都必须有监督检验部门的检验报告。每张安全网应分别在不同位置附上国家监督部门检验合格证及企业自检合格证。同时，应有标牌，标牌上应有永久性标志。标志内容应包括生产企业名称、制造日期、批号、材料、规格、质量及生产许可证编号，见表 4-2、表 4-3。

表 4-2　密目式安全网的规格、外观、构造要求

项目名称		技术要求	
耐冲击性能	安全平网冲击高度 7 m	测试重物为表面光滑，直径为（500 ± 10）mm、质量为（100 ± 1）kg 的钢球，或底面直径（500 ± 10）mm、高度不超过 900 mm、质量为（120 ± 1）kg 的圆柱形沙包。自由落下，冲击点是安全网的几何中心	
	安全立网冲击高度 2 m		
断裂强力 /N	边绳	安全平网 ≥ 7 000 N	安全立网 ≥ 3 000 N
	筋绳	应符合相应的产品标准要求，安全平、立网 ≤ 3 000 N	
阻燃性能 /s		续燃时间和阴燃时间均不能超过 4 s（阻燃性安网）	

表 4-3　密目式安全网的安全性能、强度和其他要求

序号	项目名称	性能要求
1	断裂强度 × 断裂伸长 /（kN·mm）	≥ 49，低于 49 的试样允许有 1 片，最低值 ≥ 44
2	接缝部位抗拉强力 /kN	铜断裂强力

序号	项目名称	性能要求
3	梯形断裂强力 /N	≥对应方向断裂强力的 5%，最低值 ≥ 49
4	开眼环扣强力 /N	≥ 2.45 L（环扣间距，单位是 mm）
5	耐贯穿性能	1. 不发生穿透。 2. 试验后网体被切断的曲（折）线长度 > 60 mm，直线长度 > 100 mm
6	抗冲击性能	网边（或边绳）不允许断裂，网体断裂直线长度 ≤ 200 mm，曲（折）线长度 ≤ 150 mm
7	系绳断裂强力 /N	≥ 1 960
8	老化后断裂强力保留率	≥ 80%
9	阻燃性能（仅对阻燃型安全网）/s	续燃事件 ≤ 4，阻燃事件 ≤ 4
其他说明	1. 冲击试验的高度为 1.5 m，冲击试验使用的人型的质量和尺寸同安全平网和立网； 2. 贯穿性能试验的高度是 3 m，贯穿物的质量是（5 ± 0.02）kg，贯穿点是网体的中心，网面与水平平面呈 30°。	

五、安全网的使用要求

（1）高处作业部位的下方必须挂安全网。当建筑物高度超过 4 m 时，必须设置一道随墙体逐渐上升的安全网，以后每隔 4 m 再设置一道固定安全网，再外架、桥式架，上下对孔处都必须设置安全网。安全网的架设应里低外高，支出部分的高低差一般在 50 cm 左右；支撑杆件无断裂、弯曲；网内缘与墙面间隙要小于 15 cm；网最低点与下方物体表面距离要大于 3 m。

（2）使用前应检查安全网是否有腐蚀及损坏情况，施工中要保证安全网完整有效，支撑合理，受力均匀，网内不得有杂物，搭接要严密牢靠，不得有缝隙。搭设的安全网不得在施工期间拆移、损坏，必须到无高处作业时方可拆除。拆除安全网必须在有经验人员的严密监督下进行。因施工需要暂拆除已架设的安全网时，施工单位必须通知、征求搭设单位同意后方可拆除。施工结束必须立即按规定要求由施工单位恢复，并经搭设单位检查合格后，方可使用。

（3）安全平网在使用时，要满足负载高度、网的宽度、缓冲距离的搭设"三要素"。安装安全平网时不宜绷得过紧，应外高内低（外侧高出 50 m），网的负载高度在 5 m 以内时，网伸出建筑物宽度 2.5 m 以上；10 m 以内时网伸出建筑物宽度最小 3 m。第一道安全平网一般张挂在二层楼板面（3 ～ 4 m 高度），然后每隔 6 ～ 8 m 再挂一道活动安全网。多层或高层建筑除在二层设一道固定安全网外，每隔四层应再设一道固定安全网。

（4）安全立网的使用要求：安装平面应与水平面垂直，立网底部必须与脚手架全部封严；立网边绳、系绳断裂强力不低于 300 kgf（千克力）（绑扎丝要用 16 号以上钢丝，建议使用塑料绑扎带），网绳的断裂强力为 150 ～ 200 kgf，网目的边长不大 10 cm；挂设立网必须拉直、拉紧；网平面与支撑作业面的边沿处最大的间隙不得超过 15 cm。

（5）当安全网上有杂物时，应及时进行清理；安全网安装后，必须设专人检查验收，合格签字后方能使用；在网的上方实施焊接作业时，应采取防止焊接火花落在网上的有效措施；网的周围不要有长时间严重的酸、碱烟雾。

（6）安全网在使用时必须经常地检查，并有跟踪使用记录。对不符合要求的安全网应及时处理。安全网在不使用时，必须妥善地存放、保管，防止受潮发霉。

六、安全网的使用注意事项及保养

1. 安全网的使用注意事项

（1）使用时，应避免发生以下现象：

1）随便拆除安全网的构件；

2）人跳进或把物品投入安全网内；

3）大量焊接火星或其他火星落入安全网内；

4）在安全网内或下方堆积物品；

5）安全网周围有严重腐蚀性烟雾。

（2）对使用中的安全网，应进行定期或不定期的检查，并及时清理网中落下的杂物污染；当受到较大冲击时，应及时更换。

2. 安全网的安装注意事项

（1）安全网上的每根系绳都应与支架系结，四周边绳（边缘）应与支架贴紧。系结应符合打结方便、连接牢靠又容易解开、工作中受力后不会散脱的原则，有筋绳的安全网安装时还应把筋绳连接在支架上。

（2）安全平网网面不宜绷得过紧，当网面与作业高度小于 5 m 时，其伸出长度应大于 4 m；当网面与作业面高度差小于 5 m，其伸出长度应大于 3 m。安全平网与下方物体表面的最小距离应不小于 3 m，两层网间距不得超过 10 m。

（3）立网网面应与水平垂直，并与作业面边缘最大间隙不超过 10 cm。

（4）安装后的安全网应经专人检验后，方可使用。

3. 安全网的保养

（1）避免把网拖过粗糙的表面或锐边。

（2）严禁人依靠或将物品堆积压向安全网。

（3）避免人跳进或把物品投入网内。

（4）避免大量焊接火星或其他火星落入安全围网。

（5）避免围网周围有浓厚的酸、碱烟雾。

（6）必须经常清理安全网上的附着物，保持安全网工作表面清洁。

（7）当安全网受到化学品的污染或网体嵌入粗砂粒及其他可能引起磨损的异物时，应进行冲洗，洗后自然干燥。

（8）搭接处如有脱开轻微损伤，必须及时修补。

案例分析

本案例原因分析：图 4-21（a）中，安全网严重破损，不及时封闭；图 4-21（b）中，未及时清理安全网上的杂物。

安全管理人员应秉承严谨、专注的匠人精神、生命至上的责任意识；增强爱岗敬业、细致认真的劳动品质。

知识拓展

（1）学习《安全网》（GB 5725—2009）标准。

（2）调查施工现场"安全网"应用情况。

（3）根据所学"安全网"的相关知识，开展"安全网"的风险分析。

单元五 安全色与安全标志

安全标志

案例引入

为了使人们对周围存在的不安全因素、环境、设备引起注意，需要涂以醒目的安全色或安全标志，提高人们对不安全因素的警惕，避免发生事故。在施工现场的显著位置常常会看到不同颜色的标志牌。

问题思考：这些标志牌到底有什么含义，传递什么样的安全信息，根据这些标志牌，我们应该如何正确地规范行为？

知识链接

一、安全色

安全色就是传递安全信息含义的颜色。安全色要求醒目，容易识别，其作用在于迅速指示危险，或指示在安全方面有着重要意义的器材和设备的位置。安全色应该有统一的规定。国际标准化组织建议采用红色、黄色和绿色三种颜色作为安全色，并用蓝色作为辅助色，《安全色》（GB 2893—2008）规定红色、黄色、蓝色、绿色四种颜色为安全色。这四种颜色，分别代表不同的含义。

（1）红色：禁止、停止、危险、消防，用于各种禁止标志，如交通禁令标志、消防设备标志、机械的停止按钮、机械设备转动部件的裸露部位、仪表刻度盘上极限位置的刻度、各种危险信号旗等。例如，城市轨道交通列车受电弓的支架带电部分涂红色，表示高压危险禁止触摸。

（2）黄色：传递注意、警告的信息。例如，一些常用的警告标志的颜色，如警戒线、行车道中线、安全帽、城市轨道交通站台安全线等。

（3）蓝色：传递必须遵守规定的指令性信息，用于各种指令标志、指示性的导向标等。例如，必须佩戴个人防护用具；道路上指引车辆和行人行驶方向的指令等。需要注意的是，蓝色只有与几何图形同时使用时才表示指令。

（4）绿色：提示、安全状态、通过、允许、工作。例如，生产车间内的安全通道、城市轨道交通检修车间内的安全检修路显示安全状态；车辆和行人通过标志的颜色等。

二、安全标志

（1）安全标志的概念。安全标志是由安全色、几何图形和图形符号所构成的。它用来表达特定的安全信息的标记。

安全标志适用于工矿企业、建筑工地、厂内运输和其他有必要提醒人们注意安全的场所。使用安全标志，能够引起人们对不安全因素的注意，从而达到预防事故、保证安全的目的。但是，安全标志的使用只能起到提示、提醒的作用，它既不能代替安全操作规程，也不能代替其他的安全防护措施。

（2）安全标志的分类。安全标志可分为禁止标志、警告标志、指令标志和提示标志四大类。

1）禁止标志。禁止标志（图4-24）是不准或制止人们的某些行动。它的几何图形是带斜杠的圆环，其中圆环与斜杠相连，用红色；圆形符号用黑色，背景用白色。

图4-24　禁止标志

2）警告标志。警告标志（图4-25）是警告人们可能发生的危险。它的几何图形是黑色的正三角形、黑色符号和黄色背景。

图4-25　警告标志

3）指令标志。指令标志（图4-26）必须遵守、强制或者限制人的行为。它的几何图形是圆形、蓝色背景和白色图形符号。

4）提示标志。提示标志（图4-27）是示意目标的方向。它的几何图形是方形，绿色、红色背景，白色图形符号及文字。

图 4-26　指令标志

图 4-27　提示标志

5）文字辅助标志。文字辅助标志的基本形式是矩形边框。有横写和竖写两种形式，如图 4-28、图 4-29 所示。横写时，文字辅助标志写在标志的下方，可以与标志连接在一起，也可以分开。禁止标志、指令标志为白色字；警告标志为黑色字。禁止标志、指令标志衬底色为标志的颜色，警告标志衬底色为白色。竖写时，文字辅助标志写在标志杆的上部。禁止标志、警告标志、指令标志、提示标志均为白色衬底，黑色字。标志杆下部色带的颜色应和标志的颜色一致。

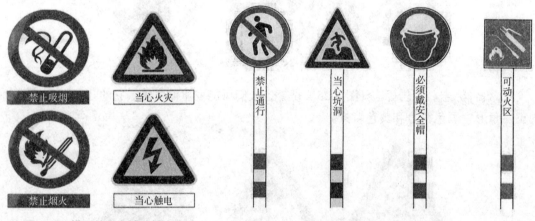

图 4-28　横写的文字辅助标志　　　　　图 4-29　竖写的文字辅助标志

（3）安全标志的设置高度。安全标志的设置高度，应尽量与人眼的视线高度相一致。悬挂式和柱式的环境信息标志的下缘距离地面的高度不宜小于 2 m；局部信息标志的设置高度应视具体情况确定。

（4）安全标志的使用要求。

1）安全标志应设置在与安全有关的醒目地方，并使人们看见后，有足够的时间注意它所表示的内容。

2）安全标志不应设置在门、窗、架等可移动的物体上，以免安全标志随母体物体一起移动，影响认读。安全标志前不得放置妨碍认读的障碍物。

3）安全标志的平面与视线夹角应接近90°，观察者位于最大观察距离时，最小夹角不得小于75°，如图4-30所示。

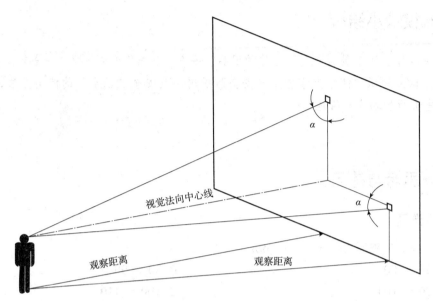

图4-30　标志牌平面与视线夹角 α 不小于 75°

4）安全标志应设置在明亮的环境中。

5）多个安全标志在一起设置时，应按警告、禁止、指令、提示类型的顺序，先左后右、先上后下地排列。

◎ **案例分析**

安全色和安全标志是国家规定的两个传递安全信息的标准。尽管安全色和安全标志是一种被动的、防御性的安全警告装置，并不能消除、控制危险，不能取代其他防范安全生产事故的各种措施，但它们形象而醒目地向人们提供了禁止、警告、指令、提示等安全信息，对于预防安全生产事故的发生具有重要作用。

▶▶【思政小课堂】

《安全生产法》第三十五条规定："生产经营单位应当在有较大危险因素的生产经营场所和有关设施、设备上，设置明显的安全警示标志。"

只有认识安全标志，才能够提醒自己，帮助他人。从业人员应提高安全防范意识，遵守规矩，恪守职业道德，遵纪守法，爱岗敬业。

知识拓展

在教室分组进行，教师给出安全标示（或者根据学生拍下的生活中常见的安全标示照片），学生通过对安全标示的辨认，从而加深对安全色与安全标示的理解。充分利用网络资源收集施工现场常见的安全标志并绘制安全标志的设置位置。

►模块小结

本模块学习了施工现场个人安全防护用品、安全"三宝"（安全帽、安全带、安全网）、安全标志等相关知识，使学生掌握个人安全防护用品及安全"三宝"的使用方法，熟练运用安全标志进行现场安全管理。

►思考与练习

一、单选题

1. 安全帽的佩戴高度是（　　）mm。
   A. 70～80 　　　　　　　　　　　　B. 80～90
   C. 90～100 　　　　　　　　　　　 D. 100～110

2. 安全帽内衬的垂直间距不大于（　　）mm。
   A. 30 　　　　　 B. 40 　　　　　 C. 50 　　　　　 D. 60

3. 安全帽的阻燃性能要求续燃时间为（　　）s。
   A. 5 　　　　　　 B. 6 　　　　　　 C. 8 　　　　　 D. 10

4. 安全帽佩戴错误的是（　　）。
   A. 佩戴安全帽前应将帽后调整带按自己头型调整到适合的位置，然后将帽带系牢
   B. 不要把安全帽歪戴，也不要把帽檐戴在脑后方
   C. 安全帽的下颌带必须扣在颌下，并系牢，松紧要适度
   D. 为了方便，戴安全帽时不必系紧下颌系带

5. 施工现场的安全监督管理人员应佩戴（　　）色的安全帽。
   A. 白 　　　　　 B. 红 　　　　　 C. 蓝 　　　　　 D. 黄

6. （　　）含义是示意目标的方向。
   A. 禁止标志 　　　B. 警告标志 　　　C. 指令标志 　　　D. 提示标志

7. 安全帽上防止汗水流入眼睛而影响工作的结构称为（　　）。
   A. 顶戴 　　　　　 B. 缓冲垫 　　　　 C. 吸汗带 　　　　 D. 帽箍

8. 佩戴安全帽时，人的头顶和帽体内顶部的空间垂直距离，一般应保持在25～50 mm，不宜少于（　　）mm。
   A. 32 　　　　　 B. 35 　　　　　 C. 40 　　　　　 D. 50

9. 耳塞是最常用的一种个体防护用具，隔声效果可达（　　）dB左右。
   A. 20 　　　　　 B. 30 　　　　　 C. 35 　　　　　 D. 40

10. 禁止标志的几何图形是带斜杠的圆环，其中圆环与斜杠相连，用（　　　）。

　　A. 白色　　　　　　　B. 黑色　　　　　　　C. 红色　　　　　　　D. 蓝色

11. 根据安全标志与使用导则的规定，多个安全标志在一起设置时，应按（　　　）类型的顺序。

　　A. 警告、禁止、指令、提示　　　　　　　B. 禁止、警告、指令、提示

　　C. 警告、禁止、提示、指令　　　　　　　D. 警告、指令、禁止、提示

12. 警告标志的几何图形是（　　　）。

　　A. 带斜杠的圆环　　B. 黑色的正三角形　C. 圆形　　　　　　D. 方形

13. 文字辅助标志的基本形式是（　　　）边框。

　　A. 矩形　　　　　　B. 方形　　　　　　　C. 圆形　　　　　　D. 菱形

二、多选题

1. 安全帽的基本技术性能有（　　　）。

　　A. 冲击吸收性能　　B. 耐穿刺性能　　　　C. 下颌带的强度　　D. 防晒性能

2. 安全帽的永久性标志有（　　　）。

　　A. 制造厂名称、商标、型号　　　　　　　B. 制造年、月

　　C. 检验合格标志　　　　　　　　　　　　D. 许可证编号

3. 下列说法正确的有（　　　）。

　　A. 不能随意对安全帽进行拆卸或添加附件，以免影响其原有的防护性能

　　B. 安全帽在使用过程中会逐渐损坏，所以要经常进行外观检查

　　C. 安全帽不用时，须放置在干燥通风的地方，远离热源，不要受日光的直射

　　D. 安全帽受过一次强力的撞击后，只要外表上看不到任何损伤，就能继续使用

4. 安全三宝中的"三宝"具体是指（　　　）。

　　A. 安全帽　　　　　B. 安全手册　　　　　C. 安全带　　　　　D. 安全网

5. 下列描述的安全帽使用方法错误的是（　　　）。

　　A. 拆卸帽衬　　　　　　　　　　　　　　B. 帽壳上打孔

　　C. 安全帽当凳子坐　　　　　　　　　　　D. 室内作业可以不佩戴安全帽

6. 安全帽不能在（　　　）环境中和场所中存放，以免其老化变质。

　　A. 酸、碱或化学试剂污染　　　　　　　　B. 高温

　　C. 日晒　　　　　　　　　　　　　　　　D. 潮湿

7. 安全带在使用前应做好的检查工作是（　　　）。

　　A. 检查是否有断丝　　　　　　　　　　　B. 检查是否有裂纹

　　C. 检查锁死装置是否完好　　　　　　　　D. 检查金属件是否有裂痕

8. 呼吸系统存在吸入（　　　）等潜在危险，引发肺部疾病甚至中毒死亡。

　　A. 粉尘　　　　　　B. 烟　　　　　　　　C. 油雾　　　　　　D. 有毒有害气体

9. 劳动防护用品包括（　　　）。

　　A. 听力防护用品　　　　　　　　　　　　B. 手部防护用品

　　C. 足部防护用品　　　　　　　　　　　　D. 皮肤类防护用品

三、判断题

1. 使用完的安全带要妥善保护和保管，不得随处乱扔。　　　　　　　　（　　）

2. 手套、口罩属于特殊劳动防护用品。　　　　　　　　　　　　　　　（　　）

3. 安全帽按作业场所分类有一般作业类和特殊作业类安全帽。　　　　　（　　）

4. 女员工可以披着头发佩戴安全帽。　　　　　　　　　　　　　　　　（　　）

5. 任何受过重击、有裂痕的安全帽，如果无损坏现象，可以继续使用。　（　　）

6. 安全带的使用中应注意垂直固定是为了避免挂钩斜挂时一旦坠落产生钟摆效应，工人头部和腿部受伤。　　　　　　　　　　　　　　　　　　　　　　（　　）

7. 通过围绕在固定构造物上的绳或带将人体绑定在固定构造物附近，使作业人员的双手可以进行其他操作的安全带称为区域限制安全带。　　　　　　　　　　（　　）

8. 密目式安全网又分为 A 级密目式安全网和 B 级密目式安全网。在有坠落风险的场所使用的是 A 级密目式安全网，在没有坠落风险或配合安全立网（护栏）完成坠落保护功能的是 B 级密目式安全网。　　　　　　　　　　　　　　　　　　　（　　）

9. 安全平网和立网的材料、结构、尺寸、外观、质量要求应符合《安全网》(GB 5725—2009）的要求。　　　　　　　　　　　　　　　　　　　　　　　　　（　　）

10. 头部存在被坠落或飞行中的物体、落入或撞上沉重的物体、电击或者被金属碎屑、化学物质的喷、溅、洒、滴这样的潜在危险。　　　　　　　　　　　　（　　）

11. 已领用的劳动防护用品由使用者自行管理。　　　　　　　　　　　（　　）

12. 工作场所毒物的浓度超标幅度低于 10 倍时，要使用全面罩式防毒面具。（　　）

四、简答题

1. 安全帽在使用前应注意哪些事项？

2. 使用安全带时为什么要注意"高挂低用"？

3. 在实际工作中，正确使用安全网应注意哪些问题？

4. 劳动防护用品主要有哪些？

5. 红色、黄色、蓝色、绿色四种安全色分别表示的含义是什么？

模块五　脚手架工程施工安全

单元一　脚手架的分类和基本术语

脚手架认知

◎ 案例引入

在南方某市大酒店外墙装修改造工程中，外立面石材幕墙为 1 600 m²，共 13 层。×月×日 8：10 左右，起重机吊起最后一批石料至脚手架顶层作业面时，脚手架因荷载过重突然坍塌，多名正在作业的装修工人被埋压，最终导致一名工人摔至人行道当场死亡，另一名工人被埋压在坍塌的脚手架下当场死亡。事故现场如图 5-1 所示。

问题思考：脚手架由哪些构造组成？该事故发生的原因是什么？

图5-1　工程事故现场

◎ 知识链接

一、脚手架的作用和分类

1. 脚手架的作用

脚手架是建筑施工中一项不可缺少的空中作业工具。按照建筑施工的具体要求，脚手架为高处作业工具提供材料存放或操作的条件，用于施工过程中搭建安全防护措施，或用于模板、吊装工程和设备安装工程的支撑架，以及搭设其他构架设施。其主要作用如下：

（1）能够使建筑工人在高处不同部位进行操作。

（2）能够堆放及运输一定数量的建筑材料。

（3）确保建筑工人在进行高处操作时的安全。

2. 脚手架的分类

（1）按用途划分。

1）操作（作业）脚手架：又分为结构作业脚手架（俗称"砌筑脚手架"）和装修作业脚手架，可分别简称为结构脚手架和装修脚手架。其架面施工荷载标准值分别规定为 $3\ kN/m^2$ 和 $2\ kN/m^2$。

2）防护用脚手架：是指只用作安全防护的脚手架，包括各种护栏架和棚架。其架面施工（搭设）荷载标准值可按 $1\ kN/m^2$ 计算。

3）承重、支撑用脚手架：是指用于材料的运输、存放、支撑及其他承载用途的脚手架，如收料平台、安装支撑架和模板支撑架等。其架面施工荷载按实际使用值计算。

（2）按构架方式划分。

1）杆件组合式脚手架：俗称多立杆式脚手架，简称杆组式脚手架。

2）框架组合式脚手架：简称框组式脚手架，即由简单的平面框架（如门架）与连接、撑拉杆件组合而成的脚手架，如门式钢管脚手架、梯式钢管脚手架和其他各种框式构件组装鹰架等。

3）格构件组合式脚手架：即由桁架梁和格构柱组合而成的脚手架，如桥式脚手架包括提升（降）式和沿齿条爬升（降）式两种。

4）台架：具有一定高度和操作平面的平台架，多为定型产品，其本身具有稳定的空间结构。它可单独使用或立拼增高与水平连接扩大，并常带有移动装置。

（3）按设置形式划分。

1）单排脚手架：只有一排立杆的脚手架，其横向水平杆的另一端搁置在墙体结构上。其平面如图 5-2 所示。

2）双排脚手架：具有两排立杆的脚手架。其平面如图 5-3 所示。

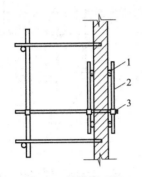 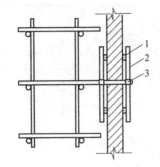

图 5-2　单排脚手架　　　　　　　图 5-3　双排脚手架

1—垫木；2—短钢管；3—直角扣件　　1—垫木；2—短钢管；3—直角扣件

3）多排脚手架：是指具有三排以上立杆的脚手架。

4）满堂脚手架：是指按施工作业范围满设的、两个方向各有三排以上立杆的脚手架，如图 5-4 所示。

5）满高脚手架：是指按墙体或施工作业最大高度，由地面起满高度设置的脚手架。

6）交圈（周边）脚手架：是指沿建筑物或作业范围周边设置并相互交圈连接的脚手架。

7）特形脚手架：是指具有特殊平面和空间造型的脚手架，如用于烟囱、水塔、冷却塔及其他平面为圆形、环形、"外方内圆"形、多边形和上扩、上缩等特殊形式的建筑施工脚手架。

（4）按支固方式划分。

1）落地式脚手架：是指搭设（支座）在地面、楼面、屋面或其他平台结构之上的脚手架，如图 5-5 所示。

图 5-4　满堂脚手架　　　　　　　图 5-5　落地式脚手架

2）悬挑脚手架（简称挑脚手架）：是指采用悬挑方式支固的脚手架，如图 5-6 所示。其挑支方式又有以下三种，如图 5-7 所示。

①架设于专用悬挑梁上。

②架设于专用悬挑三角桁架上。

③架设于由撑拉杆件组合的支挑结构上。其支挑结构有斜撑式、斜拉式、拉撑式和顶固式等多种。

图 5-6　悬挑脚手架

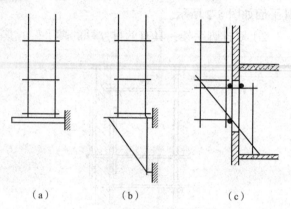

（a）　　　　　（b）　　　　　（c）

图 5-7　悬挑脚手架的挑支方式

（a）悬挑梁；（b）悬挑三角桁架；（c）杆件支挑结构

3）悬吊脚手架（简称吊脚手架）：是指悬吊在悬挑梁或工程结构之下的脚手架。当采用篮式作业架时，称为吊篮，如图 5-8 所示。

4）附着升降脚手架（简称爬架）：是指附着在工程结构、依靠自身提升设备实现升降的悬空脚手架，如图 5-9 所示。

5）水平移动脚手架：是指带行走装置的脚手架（段）或操作平台架，如图 5-10 所示。

图 5-8　吊篮

图 5-9　爬架

图 5-10　水平移动脚手架

（5）按脚手架平杆、立杆的连接方式划分。

1）扣接式脚手架：是指使用扣件箍紧连接的脚手架，即依靠拧紧扣件螺栓所产生的摩擦力承担连接作用的脚手架，如图 5-11 所示。

2）承插式脚手架：是指在平杆与立杆之间采用承插连接的脚手架，常见的有碗扣式脚手架和盘扣式脚手架，如图 5-12 所示。

另外，还按脚手架的材料可分为竹脚手架、木脚手架、钢管或金属脚手架；按搭设位置可分为外脚手架和里脚手架；按使用对象或场合可分为高层建筑脚手架、烟囱脚手架、水塔脚手架及外脚手架、里脚手架。还有定型与非定型、单功能与多功能之分，但是均非严格的界限。

图 5-11　扣接式脚手架

（a）　　　　　　　　　　　　　　（b）

图 5-12　承插式脚手架

（a）碗扣式脚手架；（b）盘扣式脚手架

二、脚手架工程的基本术语

（1）脚手架：为建筑施工而搭设的上料、堆料与施工作业用的临时结构架。

（2）单排脚手架（单排架）：只有一排立杆，横向水平杆的一端搁置在墙体上的脚手架。

（3）双排脚手架（双排架）：由内外两排立杆和水平杆等构成的脚手架。

（4）满堂脚手架：在纵、横方向，由不少于三排立杆并与水平杆、水平剪刀撑、竖向剪刀撑、扣件等构成的脚手架。

（5）结构脚手架：用于砌筑和结构工程施工作业的脚手架。

（6）装修脚手架：用于装修工程施工作业的脚手架。

（7）敞开式脚手架：仅设有作业层栏杆和挡脚板无其他遮挡设施的脚手架。

（8）局部封闭脚手架：遮挡面积小于 30% 的脚手架。

（9）半封闭脚手架：遮挡面积占 30% ～ 70% 的脚手架。

（10）全封闭脚手架：沿脚手架外侧全长和全高封闭的脚手架。

（11）模板支架：用于支撑模板的、采用脚手架材料搭设的架子。

（12）开口型脚手架：沿建筑周边非交圈设置的脚手架。

（13）封圈型脚手架：沿建筑周边交圈设置的脚手架。

（14）扣件：采用螺栓紧固的扣接连接件。

（15）直角扣件：用于垂直交叉杆件间连接的扣件。

（16）旋转扣件：用于平行或斜交杆件间连接的扣件。

（17）对接扣件：用于杆件对接连接的扣件。

（18）防滑扣件：根据抗滑要求增设的非连接用途扣件。

（19）底座：设于立杆底部的垫座。

（20）固定底座：不能调节支垫高度的底座。

（21）可调底座：能够调节支垫高度的底座。

（22）垫板：设于底座下的支承板。

（23）立杆：脚手架中垂直于水平面的竖向杆件。

（24）外立杆：双排脚手架中离开墙体一侧的立杆，或单排架立杆。

（25）内立杆：双排脚手架中贴近墙体一侧的立杆。

（26）角杆：位于脚手架转角处的立杆。

（27）双管立杆：两根并列紧靠的立杆。

（28）主立杆：双管立杆中直接承受顶部荷载的立杆。

（29）副立杆：双管立杆中分担主立杆荷载的立杆。

（30）水平杆：脚手架中的水平杆件。沿脚手架纵向设置的水平杆为纵向水平杆；延脚手架横向设置的水平杆为横向水平杆。

（31）扫地杆：贴近地面，连接立杆根部的水平杆。其包括纵向扫地杆、横向扫地杆。

（32）连墙件：将脚手架架体与建筑物主体构件连接，能够传递拉力和压力的构件。

（33）刚性连墙件：采用钢管、扣件或预埋件组成的连墙件。

（34）柔性连墙件：采用钢筋作拉筋构成的连墙件。

（35）连墙件间距：脚手架相邻连墙件之间的距离。

（36）连墙件竖距：上、下相邻连墙件之间的垂直距离。

（37）连墙件横距：左、右相邻连墙件之间的垂直距离。

（38）横向斜撑：与双排脚手架内、外立杆或水平杆斜交呈之字形的斜杆。

（39）剪刀撑：在脚手架外侧面成对设置的交叉斜杆。

（40）抛撑：用于脚手架侧面支撑，与脚手架外侧面斜交的杆件。

（41）脚手架高度：自立杆底座下皮至架顶栏杆上皮之间的垂直距离。

（42）脚手架长度：脚手架纵向两端立杆外皮之间的水平距离。

（43）脚手架宽度：双排脚手架横向两侧立杆外皮之间的水平距离；单排脚手架为外立杆外皮至墙面的距离。

（44）立杆步距（步）：上下水平杆轴线之间的距离。

（45）立杆间距：脚手架相邻立杆之间的轴线距离。

（46）立杆纵距（跨）：脚手架立杆的纵向间距。

（47）立杆横距：脚手架立杆的横向间距。单排脚手架为外立杆轴线至墙面的距离。

（48）主节点：立杆、纵向水平杆、横向水平杆三杆紧靠的扣接点。

（49）作业层：上人作业的脚手架铺板层。

◎ **案例分析**

通过调查，造成本案例事故的主要原因如下：

（1）连墙件设置不足或被拆除。

（2）主节点未按规定设置小横杆或缺少扣件连接。

（3）材质差及放置物料过多。

▶【思政小课堂】

　　脚手架坍塌事故占建筑较大事故的 30% ～ 50%，面对如此严重的安全事故，脚手架就是工人的生命架，而生命无价，需要我们用专业的知识去预防、去控制，用心去守护生命，从而打造一个安全的施工现场。

知识拓展

　　学习脚手架的构造组成，确定图 5-13 所示扣件式脚手架中各构件的名称。

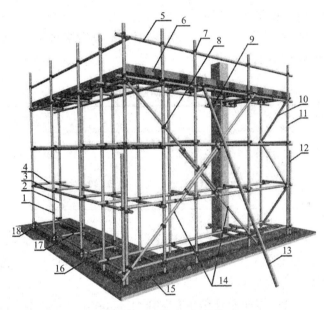

图 5-13　扣件式脚手架的结构

单元二　脚手架对其构配件的要求

脚手架构配件
要求

案例引入

　　某年 2 月 13 日上午，在一幢六层楼的住宅工程上，两名工人抬砖从龙门起重机吊盘上走出，进入卸料通道时，由于抬杆从一名工人肩上滑落，两人所抬的一摞砖（共 76 块约 192 kg）突然落在出料通道架板上，这瞬间的重力冲击，首先致使左侧支撑架管直角扣件断裂，紧接着又使右侧支撑架管直角扣件扭断，卸料通道垮塌，两人随同红砖、架板从

18.9 m 处坠落。

问题思考：脚手架的构配件质量有哪些要求？发生事故的原因是什么？

🔘**知识链接**

脚手架的杆件、构件、连接件、其他配件和脚手板必须符合以下质量要求，不合格者禁止使用。

一、对脚手架杆件的要求

（1）脚手架钢管应采用现行国家标准《直缝电焊钢管》（GB/T 13793—2016）或《低压流体输送用焊接钢管》（GB/T 3091—2015）中规定的 3 号普通钢管，其质量应符合现行国家标准《碳素结构钢》（GB/T 700—2006）中 Q235-A 级钢的规定或《低合金高强度结构钢》（GB/T 1591—2018）中 Q345 级钢的规定。

（2）脚手架钢管的尺寸应按表 5-1 的规定采用。每根钢管的最大质量不应大于 25 kg，宜采用 48.3 mm × 3.6 mm 的钢管。

表 5-1　脚手架钢管的尺寸　　　　　　　　　　　　　　　　　mm

截面尺寸		最大长度	
外径 d	壁厚 t	横向水平杆	其他杆
48	3.5	2 200	6 500
51	3.0		

（3）钢管的尺寸和表面质量应符合下列规定：

1）钢管的端部切口应平整。禁止使用有明显变形、裂纹和严重锈蚀的钢管。使用普通焊管时，应内外涂刷防锈层并定期复涂以保持其完好。

2）新、旧钢管的尺寸、表面质量和外形应分别符合构配件检查与验收要求。

3）钢管上严禁打孔。

二、对脚手架连接件的要求

（1）脚手架连接件应使用与钢管管径相配合的、符合现行国家标准的可锻铸铁扣件，其材质应符合现行国家标准《钢管脚手架扣件》（GB/T 15831—2023）的规定。

（2）使用铸钢和合金钢扣件时，其性能应符合相应可锻铸铁扣件的规定指标要求。严禁使用加工不合格、锈蚀和有裂纹的扣件。

（3）脚手架采用的扣件，在螺栓拧紧扭力矩达 65 N·m 时，不得发生破坏。

三、对脚手板的要求

（1）脚手板可采用钢、木、竹材料制作，每块质量不宜大于 30 kg。

（2）各种定型冲压钢脚手板、焊接钢脚手板、钢框镶板脚手板及自行加工的各种形式金属脚手板，自重均不宜超过 0.3 kN，性能应符合设计使用要求，且表面应具有防滑、防积水构造。

（3）木脚手板应采用杉木或松木制作，其材质应符合现行国家标准《木结构设计标准》（GB 50005—2017）中Ⅱ级材质的规定。竹串脚手板采用 3 000 mm × 200 mm × 50 mm，木脚手板采用 4 000 mm × 200 mm × 50 mm 的杉木、红松木等一等材，两端宜用镀锌钢丝箍绕2 圈。

（4）竹脚手板宜采用由毛竹或楠竹制作的竹串片板、竹笆板。使用大块铺面板材（如胶合板、竹笆板等）时，应进行设计和验算，确保满足承载和防滑要求。

四、对连墙件的要求 3

连墙件的材质应符合现行国家标准《碳素结构钢》（GB/T 700—2006）中 Q235-A 级钢的规定。

◎ 案例分析

事故原因分析：通过对通道支撑架左右两侧断裂扣件的仔细检查，从外观上看直角扣件锈蚀，局部已产生锈痕，产品标牌模糊不清，难以辨别。为准确有效地收集现场第一手资料，经勘查现场的有关人员共同选定一个与断裂扣件同一型号的扣件，作为扣件质量检查样本。

检查是根据《建筑施工扣件式钢管脚手架安全技术规范》（JGJ 130—2011）中"常用配件与材料、人员的自重的标准"以简明快捷的方法进行。样本扣件（直角型）自重检验结果如下：破损的扣件自重与样本自重相同。从以上自重结果来看，根据《建筑施工扣件式钢管脚手架安全技术规范》（JGJ 130—2011），样本（含破损的扣件）单个自重比标准自重轻了 24.24%，自重轻了即说明扣件盖板壁厚减少不符合规范要求，不能抵抗通道脚手板传递下来的垂直坚固剪切外力，致使扣件盖板根部被剪断，通道支撑架解体，这是事故发生的直接原因。

▶【思政小课堂】

脚手架材料安全可靠是脚手架工程安全的基本保障，不能为了节省成本，偷工减料，以次充好，使用有质量问题的材料，只能给工程安全留下隐患。安全事故也警示管理者要时刻牢记"安全第一""保安全就是保效益"的理念，以人为本，只有在安全生产的前提下，企业的效益才能得到保障。

◎ 知识拓展

（1）观察图 5-14 所示脚手架工程，判断其隐患点，并给出正确做法。

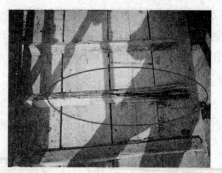

图 5-14　脚手架现场 1

（2）观察图 5-15 所示脚手架工程，判断其隐患点，并给出正确做法。

图 5-15　脚手架现场 2

（3）观察图 5-16 所示脚手架工程，判断其工作内容；查询资料，给出其检测标准要求。

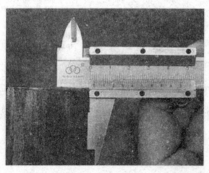

图 5-16　脚手架现场 3

单元三　脚手架的构造要求

脚手架构造要求

 案例引入

2017 年 12 月 15 日，某工业园第四栋宿舍楼翻新装修工程（工期为 30 d，造价为 280 万元），工地发生一起外墙落地式脚手架坍塌事故，造成 2 人死亡。事故共造成的直接经济损

失约为人民币 235 万元。

问题思考：不起眼的小工程，却带来了大损失，问题通常出在了哪里？

◎ 知识链接

一、常用脚手架设计尺寸

在基本风压等于或小于 0.35 kN/m² 的地区，对于仅有栏杆和挡脚板的敞开式脚手架，当每个连墙点覆盖的面积不大于 30 m²，构造符合相关规范对连墙件的规定时，常用敞开式单、双排脚手架结构的设计尺寸，宜按表 5-2、表 5-3 的规定采用。

表 5-2 常用敞开式双排脚手架的设计尺寸

连墙件设置	立杆横距 l_b/m	步距 h/m	下列荷载时的立杆纵距 l_a				脚手架允许搭设高度 [H]
			2+0.35 kN/m²	2+2×0.35 kN/m²	3+0.35 kN/m²	3+2+2+0.35 kN/m²	
二步三跨	1.05	1.50	2.0	1.5	1.5	1.5	50
		1.80	1.8	1.5	1.5	1.5	32
	1.30	1.50	1.8	1.5	1.5	1.5	50
		1.80	1.8	1.2	1.5	1.2	30
	1.55	1.50	1.8	1.5	1.5	1.5	38
		1.80	1.8	1.2	1.5	1.2	22
三步三跨	1.05	1.50	2.0	1.5	1.5	1.5	43
		1.80	1.8	1.2	1.5	1.2	24
	1.30	1.50	1.8	1.5	1.5	1.2	30
		1.80	1.8	1.2	1.5	1.2	17

注：1. 表中所示 2+2+2×0.35 kN/m²，包括下列荷载：2+2 kN/m² 是二层装修作业层施工荷载标准值；2×0.35 kN/m² 包括二层作业层脚手板自重荷载标准值，另两层脚手板是根据《建筑施工扣件式钢管脚手架安全技术规范》(JGJ 130—2011) 第 7.3.12 条的规定确定。

2. 作业层横向水平杆间距，应按不大于 l_a/2 设置。

表 5-3 常用敞开式单排脚手架的设计尺寸

连墙件设置	立杆横距 l_b/m	步距 h/m	下列荷载时的立杆纵距 l_a		脚手架允许搭设高 [H]
			2+2×0.35 kN/m²	3+2×0.35 kN/m²	
二步三跨	1.20	1.20 ~ 1.35	2.0	1.8	24
		1.80	2.0	1.8	24
三步三跨	1.40	1.20 ~ 1.35	1.8	1.5	24
		1.80	1.8	1.5	24

注：同表 5-2。

二、对纵向水平杆、横向水平杆、脚手板的构造要求

1. 纵向水平杆的构造要求

（1）纵向水平杆应设置在立杆内侧，其长度不宜小于3跨。

（2）纵向水平杆接长应采用对接扣件连接或搭接，并应符合下列规定：

1）两根相邻纵向水平杆的接头不应设置在同步或同跨内；不同步或不同跨两个相邻接头在水平方向错开的距离不应小于500 mm；各接头中心至最近主节点的距离不宜大于纵距的1/3，如图5-17所示。

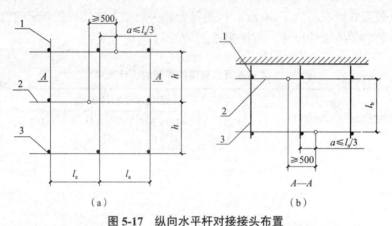

图5-17　纵向水平杆对接接头布置
（a）接头不在同步内（立面）；（b）接头不在同跨内（平面）
1—立杆；2—纵向水平杆；3—横向水平杆

2）搭接长度不应小于1 m，应等间距设置3个旋转扣件固定；端部扣件盖板边缘至搭接纵向水平杆杆端的距离不应小于100 mm。

3）当使用冲压钢脚手板、木脚手板、竹串片脚手板时，纵向水平杆应作为横向水平杆的支座，用直角扣件固定在立杆上；当使用竹笆脚手板时，纵向水平杆应采用直角扣件固定在横向水平杆上，并应等间距设置，间距不应大于400 mm，如图5-18所示。

2. 横向水平杆的构造要求

（1）作业层上非主节点处的横向不平杆，宜根据支承脚手板的需要等间距设置，最大间距不应大于纵距的1/2。

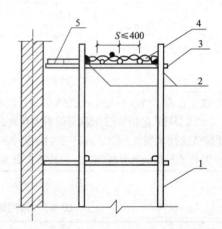

图5-18　铺竹笆脚手板时纵向水平杆的构造
1—立杆；2—纵向水平杆；3—横向水平杆；
4—竹笆脚手板；5—其他脚手板

（2）当使用冲压钢脚手板、木脚手板、竹串片脚手板时，双排脚手架的横向水平杆两端均应采用直角扣件固定在纵向水平杆上；单排脚手架的横向水平杆的一端应采用直角扣件固定在纵向水平杆上，另一端应插入墙内，插入长度不应小于180 mm。

（3）当使用竹笆脚手板时，双排脚手架的横向水平杆两端应采用直角扣件固定在立杆上；单排脚手架的横向水平杆的一端应采用直角扣件固定在立杆上，另一端应插入墙内，

插入长度不应小于 180 mm。

3. 脚手板的设置要求

（1）作业层脚手板应铺满、铺稳。

（2）冲压钢脚手板、木脚手板、竹串片脚手板等，应设置在三根横向水平杆上。当脚手板长度小于 2 m 时，可采用两根横向水平杆支承，但应将脚手板两端与其可靠固定，严防倾翻。脚手板的铺设应采用对接平铺或搭接铺设。脚手板对接平铺时，接头处应设置两根横向水平杆，脚手板外伸长度应取 130 ～ 150 mm，两块脚手板外伸长度的和不应大于 300 mm，如图 5-19（a）所示；脚手板搭接铺设时，接头必须支撑在横向水平杆上，搭接长度应大于 200 mm，其伸出横向水平杆的长度不应小于 100 mm，如图 5-19（b）所示。

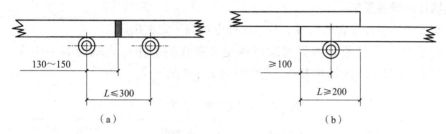

图 5-19　脚手板对接、搭接构造

（a）脚手板对接；（b）脚手板搭接

（3）竹笆脚手板应按其主竹筋垂直于纵向水平杆方向铺设，且应对接平铺，四个角应采用直径为 1.2 mm 的镀锌钢丝固定在纵向水平杆上。

（4）作业层端部脚手板探头长度应取 150 mm，其脚手板的两端均应固定于支承杆件上。

4. 立杆的设置要求

（1）每根立杆底部且设置底座或垫板。

（2）脚手架必须设置纵、横向扫地杆。纵向扫地杆应采用直角扣件固定在距钢管底端不大于 200 mm 处的立杆上；横向扫地杆应采用直角扣件固定在紧靠纵向扫地杆下方的立杆上。

（3）当脚手架立杆基础不在同一高度上时，必须将高处的纵向扫地杆向低处延长两跨与立杆固定，高低差不应大于 1 m。靠边坡上方的立杆轴线到边坡的距离不应小于 500 mm，如图 5-20 所示。

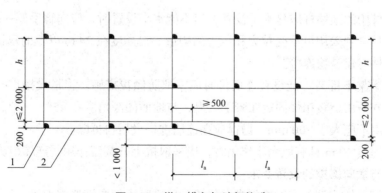

图 5-20　纵、横向扫地杆构造

1—横向扫地杆；2—纵向扫地杆

（4）单排、双排脚手架底层步距不应大于 2 m。

（5）单排、双排与满堂脚手架立杆接长除顶层顶步外，其余各层各步接头必须采用对接扣件连接。脚手架立杆的对接、搭接应符合下列规定：

1）当立杆采用对接接长时，立杆的对接扣件应交错布置，两根相邻立杆的接头不应设置在同步内，同步内隔一根立杆的两个相隔接头在高度方向错开的距离不宜小于 500 mm；各接头中心至主节点的距离不宜大于步距的 1/3。

2）当立杆采用搭接接长时，搭接长度不应小于 1 m，并应采用不少于 2 个旋转扣件固定。端部扣件盖板的边缘至杆端距离不应小于 100 mm。

（6）脚手架立杆顶端栏杆宜高出女儿墙上端 1 m，宜高出檐口上端 1.5 m。

5. 连墙件的设置要求

（1）脚手架连墙件设置的位置、数量应按专项施工方案确定。

（2）脚手架连墙件数量的设置除应满足《建筑施工扣件式钢管脚手架安全技术规范》（JGJ 130—2011）的计算要求外，还应符合表 5-4 的规定。

表 5-4　连墙件布置最大间距

搭设方法	高度	竖向间距	水平间距	每根连墙件覆盖面积 /m²
双排落地	≤ 50 m	$3h$	$3l_a$	≤ 40
双排悬挑	> 50 m	$2h$	$3l_a$	≤ 27
单排	≤ 24 m	$3h$	$3l_a$	≤ 40

注：h——步距；l_a——纵距。

（3）连墙件的布置应符合下列规定：

1）应靠近主节点设置，偏离主节点的距离不应大于 300 mm。

2）应从底层第一步纵向水平杆处开始设置，当该处设置有困难时，应采用其他可靠措施固定。

3）应优先采用菱形布置，也可采用方形、矩形布置。

（4）开口型脚手架的两端必须设置连墙件，连墙件的垂直间距不应大于建筑物的层高，并且不应大于 4 m。

（5）连墙件中的连墙杆应呈水平设置，当不能水平设置时，应向脚手架一端下斜连接。

（6）连墙件必须采用可承受拉力和压力的构造。对高度在 24 m 以上的双排脚手架，应采用刚性连墙件与建筑物连接。

（7）当脚手架下部暂不能设置连墙件时应采取防倾覆措施。当搭设抛撑时，抛撑应采用通长杆件，并采用旋转扣件固定在脚手架上，与地面的倾角应在 45°～60°；连接点中心至主节点的距离不应大于 300 mm。抛撑应在连墙件搭设后再拆除。

（8）架高超过 40 m 且有风涡流作用时，应采取抗上升翻流作用的连墙措施。

6. 剪刀撑与横向斜撑的设置要求

（1）双排脚手架应设置剪刀撑与横向斜撑，单排脚手架应设置剪刀撑。

（2）单排、双排脚手架剪刀撑的设置应符合下列规定：

1）每道剪刀撑跨越立杆的根数宜按表 5-5 的规定确定。每道剪刀撑宽度不应小于 4 跨，且不应小于 6 m，斜杆与地面的倾角宜在 45°～60°。

表 5-5　剪刀撑跨越立杆的最多根数

剪刀撑斜杆与地面的倾角 α	45°	50°	60°
剪刀撑跨越立杆的最多根数 n	7	6	5

2）剪刀撑斜杆的接长应采用搭接或对接，搭接应符合《建筑施工扣件式钢管脚手架安全技术规范》（JGJ 130—2011）的规定。

3）剪刀撑斜杆应采用旋转扣件固定在与之相交的横向水平杆的伸出端或立杆上，旋转扣件中心线至主节点的距离不应大于 150 mm。

（3）高度在 24 m 及以上的双排脚手架应在外侧全立面连续设置剪刀撑；高度在 24 m 以下的单排、双排脚手架，均必须在外侧两端、转角及中间间隔不超过 15 m 的立面上，各设置一道剪刀撑，并应由底至顶连续设置（图 5-21）。

（4）双排脚手架横向斜撑的设置应符合下列规定：

1）横向斜撑应在同一节间，由底层至顶层呈之字形连续布置，斜撑的固定应符合相关规定。

2）高度在 24 m 以下的封闭型双排脚手架可不设置横向斜撑，高度在 24 m 以上的封闭型脚手架，除拐角应设置横向斜撑外，中间应每隔 6 跨设置一道。

（5）开口型双排脚手架的两端均必须设置横向斜撑。

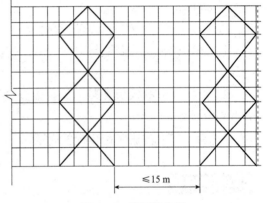

图 5-21　剪刀撑布置

7. 斜道的设置要求

（1）人行并兼作材料运输的斜道的形式宜按下列要求确定：

1）高度不大于 6 m 的脚手架，宜采用一字形斜道。

2）高度大于 6 m 的脚手架，宜采用之字形斜道。

（2）斜道的构造应符合下列规定：

1）斜道应附着外脚手架或建筑物设置。

2）运料斜道宽度不宜小于 1.5 m，坡度宜采用 1∶6，人行斜道宽度不应小于 1 m，坡度不应大于 1∶3。

3）拐弯处应设置平台，其宽度不应小于斜道宽度。

4）斜道两侧及平台外围均应设置栏杆及挡脚板。栏杆高度应为 1.2 m，挡脚板高度不应小于 180 mm。

5）运料斜道两端、平台外围和端部均应按《建筑施工扣件式钢管脚手架安全技术规范》（JGJ 130—2011）的规定设置连墙件；每两步应加设水平斜杆；应按《建筑施工扣件式钢管脚手架安全技术规范》（JGJ 130—2011）的规定设置剪刀撑和横向斜撑。

（3）斜道脚手板构造应符合下列规定：

1）脚手板横铺时，应在横向水平杆下增设纵向支托杆，纵向支托杆间距不应大于500 mm。

2）脚手板顺铺时，接头宜采用搭接；下面的板头应压住上面的板头，板头的凸棱处宜采用三角木填顺。

3）人行斜道和运料斜道的脚手板上应每隔250～300 mm设置一根防滑木条，木条厚度应为20～30 mm。

8. 模板支架的设置要求

（1）模板支架立杆的构造应符合下列规定：

1）模板支架立杆的构造应符合《建筑施工扣件式钢管脚手架安全技术规范》（JGJ 130—2011）的规定。

2）支架立杆应竖直设置，2 m高度的垂直允许偏差为15 mm。

3）设支架立杆根部的可调底座，当其伸出长度超过300 mm时，应采用可靠措施固定。

4）当梁模板支架立杆采用单根立杆时，立杆除应设置在梁模板中心线外，其偏心距不应大于25 mm。

（2）满堂模板支架的支撑设置应符合下列规定：

1）满堂模板支架四边与中间每隔四排支架立杆应设置一道纵向剪刀撑，由底至顶连续设置。

2）高于4 m的模板支架，其两端与中间每隔4排立杆从顶层开始向下每隔2步设置一道水平剪刀撑。

3）剪刀撑的构造应符合相关规定。

◎ **案例分析**

经过调查，涉及脚手架构造要求的原因如下：

涉事坍塌脚手架为落地式钢管脚手架，脚手架搭建工程中施工队均未制订专项施工方案，整个架体未见剪刀撑，外架与建筑物之间未见连墙件（连墙杆）、局部立杆接头在同一平面内，不符合《建筑施工扣件式钢管脚手架安全技术规范》（JGJ 130—2011）第6.3.6条："当立杆采用对接接长时，立杆的对接扣件应交错布置，两根相邻立杆的接头不应设置在同步内"；第6.4.1条："脚手架连墙件设置的位置、数量应按专项施工方案确定"；第6.4.2条："脚手架连墙件数量的设置除应满足本规范的计算要求外，还应符合表5-4的规定"；第6.6.1条："双排脚手架应设置剪刀撑与横向斜撑，单排脚手架应设置剪刀撑"的规定。

坍塌脚手架原先设置有一定数量连墙件，连墙杆遭违规拆除，事故发生后现场未见连墙杆，施工现场管理混乱。

▶ **【思政小课堂】**

对于脚手架搭设，规则就是安全，安全就是生命的保障。尤其是小工程，由于对安全管理的忽视，最后带来不必要的安全事故，危害个人的生命财产安全，对企业的效益造成损失。

（1）观察图 5-22 所示脚手架工程，判断其隐患点，并给出正确做法。

图 5-22　脚手架工程图片 1

（2）观察图 5-23 所示脚手架工程，判断其隐患点，并给出正确做法。

图 5-23　脚手架工程图片 2

（3）观察图 5-24 所示脚手架工程，判断其隐患点，并给出正确做法。

图 5-24　脚手架工程图片 3

单元四　脚手架构架和设置要求的一般规定

脚手架构架规定

◎ 案例引入

2017年5月3日14∶44，某市新区房地产开发项目发生一起脚手架坍塌造成3人死亡、5人受伤的较大事故。直接经济损失295万元。经过调查得知，项目在该市新区独秀路南侧设有5件抗滑桩，桩身为3 m×2.5 m的方桩，地下嵌固段长19 m，地上悬臂段长19 m。西侧的2件抗滑桩地下嵌固段已浇筑桩身混凝土。由于桩身悬臂段高达19 m，抗滑桩施工班组搭设了施工脚手架，长为10 m、宽为4.8 m、高为16 m。在脚手架上吊挂起重滑车用于吊装钢筋。

问题思考：脚手架的设置有哪些要求？此安全事故的发生可能是由哪些原因造成的？

◎ 知识链接

脚手架的构架设计应充分考虑工程的使用要求、各种实施条件和因素，并应符合以下各项规定。

1. 构架尺寸规定

（1）双排结构脚手架和装修脚手架的立杆纵距和平杆步距应≤2.0 m。

（2）作业层距地（楼）面高度≥2.0 m的脚手架，作业层铺板的宽度不应小于：外脚手架为750 mm，里脚手架为500 mm。铺板边缘与墙面的间隙应≤300 mm、与挡脚板的间隙应≤100 mm。当边侧脚手板不贴靠立杆时，应予可靠固定。

2. 连墙点设置规定

当架高≥6 m时，必须设置均匀分布的连墙点。其设置应符合以下规定。

（1）门式钢管脚手架：当架高≤20 m时，不小于50 m² 设置一个连墙点，且连墙点的竖向间距应≤6 m；当架高＞20 m时，不小于30 m² 设置一个连墙点，且连墙点的竖向间距应≤4 m。

（2）其他落地（或底支托）式脚手架：当架高≤20 m时，不小于40 m² 设置一个连墙点，且连墙点的竖向间距应≤6 m；当架高＞20 m时，不小于30 m² 设置一个连墙点，且连墙点的竖向间距应≤4 m。

（3）脚手架上部未设置连墙点的自由高度不得大于6 m。

（4）当设计位置及其附近不能装设连墙件时，应采取其他可行的刚性拉结措施予以弥补。

3. 整体性拉结杆件设置规定

脚手架应根据确保整体稳定和抵抗侧力作用的要求，按以下规定设置剪刀撑或其他有相应作用的整体性拉结杆件。

（1）周边交圈设置的单、双排木、竹脚手架和扣件式钢管脚手架，当架高为6～25 m时，应于外侧面的两端和其间按≤15 m的中心距并自下而上连续设置剪刀撑；当架高＞25 m时，应于外侧面满设剪刀撑。

（2）周边交圈设置的碗扣式钢管脚手架，当架高为 9 ~ 25 m 时，应按不小于其外侧面框格总数的 1/5 设置斜杆；当架高 > 25 m 时，按不小于外侧面框格总数的 1/3 设置斜杆。

（3）门式钢管脚手架的两个侧面均应满设交叉支撑。当架高 ≤ 45 m 时，水平框架允许间隔一层设置；当架高 > 45 m 时，每层均满设水平框架。另外，当架高 ≥ 20 m 时，还应每隔 6 层加设一道双面水平加强杆，并与相应的连墙件层同高。

（4）一字形单、双排脚手架按上述相应要求增加 50% 的设置。

（5）满堂脚手架应按构架稳定要求设置适量的竖向和水平整体拉结杆件。

（6）剪刀撑的斜杆与水平面的交角宜在 45° ~ 60°，水平投影宽度应不小于 2 跨或 4 m 和不大于 4 跨或 8 m。斜杆应与脚手架基本构架杆件加以可靠连接，且斜杆相邻连接点之间杆段的长细比不得大于 60。

（7）在脚手架立杆底端之上 100 ~ 300 m 处一律设置纵向和横向扫地杆，并与立杆连接牢固。

4. 杆件连接构造规定

脚手架的杆件连接构造应符合以下规定。

（1）多立杆式脚手架左、右相邻立杆和上、下相邻平杆的接头应相互错开并置于不同的构架框格内。

（2）搭接杆件接头长度：扣件式钢管脚手架应 ≥ 10.8 m；搭接部分的结扎应不少于两道，且结扎点间距应 ≤ 0.6 m。

（3）杆件在结扎处的端头伸出长度应不小于 0.1 m。

5. 安全防（围）护规定

脚手架必须按以下规定设置安全防护措施，以确保架上作业和作业影响区域内的安全。

（1）作业层距地（楼）面高度 ≥ 2.5 m 时，在其外侧边缘必须设置挡护高度 ≥ 1.1 m 的栏杆和挡脚板，且栏杆间的净空高度应 ≤ 0.5 m。

（2）临街脚手架，架高 ≥ 25 m 的外脚手架及在脚手架高空落物影响范围内同时进行其他施工作业或有行人通过的脚手架，应视需要采用外立面全封闭、半封闭及搭设通道防护棚等适合的防护措施。封闭围护材料应采用密目安全网、塑料编织布、竹笆或其他板材。

（3）架高在 9 ~ 25 m 的外脚手架，除执行规定（1）外，可视需要加设安全立网维护。

（4）挑脚手架、吊篮和悬挂脚手架的外侧面应按防护需要采用立网围护或执行规定（2）。

（5）遇有下列情况时，应按以下要求加设安全网。

1）架高 ≥ 9 m，未作外侧面封闭、半封闭或立网封护的脚手架，应按以下规定设置首层安全（平）网和层间（平）网：

①首层安全（平）网应距地面 4 m 设置，悬出宽度应 ≥ 3.0 m。

②层间（平）网自首层网每隔 3 层设置一道，悬出高度应 ≥ 3.0 m。

2）外墙施工作业采用栏杆或立网围护的吊篮，架设高度 ≤ 6.0 m 的挑脚手架、挂脚手架和附墙升降脚手架时，应于其下 4 ~ 6 m 起设置两道相隔的 3.0 m 的随层安全网，其距外墙面的支架宽度应≥3.0 m。

（6）上下脚手架的梯道、坡道、栈桥、斜梯、爬梯等均应设置扶手、栏杆或其他安全防（围）护措施并清除通道中的障碍，确保人员上下的安全。

采用定型的脚手架产品时，其安全防护配件的配备和设置应符合以上要求；当无相应安全防护配件时，应按上述要求增配和设置。

6. 搭设高度限制和卸载规定

脚手架的搭设高度一般不应超过表5-6规定的限值。当需要搭设超过表5-6规定高度的脚手架时，可采取下述方式及其相应的规定解决。

（1）在架高 20 m 以下采用双立杆和在架高 30 m 以上采用部分卸载措施。

（2）架高 50 m 以上采用分段全部卸载措施。

（3）采用挑、挂、吊形式或附着升降脚手架。

表 5-6　脚手架搭设高度的限值

序次	类别	形式	高度限值 /m	备注
1	木脚手架	单排	30	架高≥30 m 时，立杆纵距≤1.5 m
		双排	60	
2	竹脚手架	单排	25	—
		双排	50	
3	扣件式钢管脚手架	单排	20	—
		双排	50	
4	碗扣式钢管脚手架	单排	20	架高≥30 m 时，立杆纵距≤1.5 m
		双排	60	
5	门式钢管脚手架	轻载	60	施工总荷载≤3 kN/m²
		普通	45	施工总荷载≤5 kN/m²

7. 脚手架的计算规定

建筑施工脚手架，凡有以下情况之一者，必须进行计算或进行 1 : 1 实架段的荷载试验，验算或检验合格后，方可进行搭设和使用。

（1）架高≥20 m，且相应脚手架安全技术规范没有给出不必计算的构架尺寸规定。

（2）实际使用的施工荷载值和作业层数大于以下规定：

1）结构脚手架施工荷载的标准值取 3 kN/m²，允许不超过 2 层同时作业。

2）装修脚手架施工荷载的标准值取 2 kN/m²，允许不超过 3 层同时作业。

（3）全部或局部脚手架的形式、尺寸、荷载或受力状态有显著变化。

（4）作支撑和承重用途的脚手架。

（5）吊篮、悬吊脚手架、挑脚手架和挂脚手架。

（6）特种脚手架。

（7）尚未制定规范的新型脚手架。

（8）其他无可靠安全依据搭设的脚手架。

8. 单排脚手架的设置规定

（1）单排脚手架不得用于以下砌体工程中：

1）墙厚小于 180 mm 的砌体。

2）土坯墙、空斗砖墙、轻质墙体、有轻质保温层的复合墙和靠脚手架一侧的实体厚度小于 180 mm 的空心墙。

3）砌筑砂浆强度等级小于 M1.0 的墙体。

（2）在墙体的以下部位不得设置脚手架：

1）梁和梁垫下及其左右各 240 mm 范围内。

2）宽度小于 480 mm 的砖柱和窗间墙。

3）墙体转角处每边各 360 mm 范围内。

4）施工图上规定不允许留设洞眼的部位。

（3）在墙体的以下部位不得设置尺寸大于 60 mm×60 mm 的脚手架：

1）砖过梁以上与梁端成 60° 角的三角形范围内。

2）宽度小于 620 mm 的窗间墙。

3）墙体转角处每边各 620 mm 范围内。

9. 使用其他杆配件进行加强的规定

一般情况下，禁止不同材料和连接方式的脚手架杆配件混用。当所用脚手架杆件的构架能力不能满足施工需要和确保安全，而必须采用其他脚手架杆配件或其他杆件予以加强时，应遵守下列规定：

（1）混用的加强杆件，当其规格和连接方式不同时，均不得取代原脚手架基本构架结构的杆配件。

（2）混用的加强杆件必须以可靠的连接方式与原脚手架的杆件连接。

（3）大面积采取混用加强立杆时，混用立杆应与原架立杆均匀错开，自基地向上连续搭设，先使用同种类平杆和斜杆形成整体构架，并与原脚手架杆件可靠连接，确保起到分担荷载和加强原架整体稳定性的作用。

（4）混用低合金钢和碳钢钢管杆件时，应经过严格的设计和计算，且不得在搭设中设错。

◎ 案例分析

事故发生后，该市人民政府高度重视，派出工作组指导地方做好应急救援、事故调查及善后处理工作。通过调查，脚手架倒塌的直接原因如下：

（1）违反《建筑施工扣件式钢管脚手架安全技术规范》（JGJ 130—2011）强制性条文规定，未安排专业架子工搭设脚手架。跨距严重超标（达 3.6 m）；未设扫地杆；未设拉结点。扣件未经检查挑选，采用有裂缝的劣质扣件，且扣件螺栓未拧紧。

（2）违反《建筑施工扣件式钢管脚手架安全技术规范》（JGJ 130—2011）强制性条文规定，在脚手架上悬挂起重滑车吊装钢筋。

（3）违反《建筑施工扣件式钢管脚手架安全技术规范》（JGJ 130—2011）规定，当脚手架高宽比大于2时，未设钢丝绳张拉固定措施，未设纵横向垂直剪刀撑、水平剪刀撑；未设垫板；未铺设脚手板；未设防护措施。

（4）抗滑桩钢筋笼高度达19m未采取临时固定措施。在箍筋绑扎到10m时，盲目地将主筋接长至19m，使钢筋笼产生较大自由摆动，倚靠在脚手架上。

▶【思政小课堂】

"安全第一，预防为主"，预防的主要手段之一就是遵规守纪，严格按照规范要求施工。防患于未然，需要的是管理人员具有高度的责任心和一丝不苟的严谨态度，才能做好项目安全管理工作，为个人与企业的发展发挥积极作用。

知识拓展

（1）观察图5-25所示工程中脚手架的搭设情况，判断其隐患点，并给出正确做法。

图5-25 脚手架搭设1

（2）观察图5-26所示工程中脚手架的搭设情况，判断其隐患点，并给出正确做法。

图5-26 脚手架搭设2

（3）观察图5-27所示工程中脚手架的搭设情况，判断其隐患点，并给出正确做法。

图 5-27　脚手架搭设 3

（4）观察图 5-28 所示工程中脚手架的搭设情况，判断其隐患点，并给出正确做法。

图 5-28　脚手架搭设 4

单元五　脚手架搭设、使用和拆除的一般规定

案例引入

　　某年，某市玄武路与未央路十字东北侧的大厦在建 30 层高楼，正在该楼东侧外墙作业的附着式脚手架 20 ～ 23 层突然坠落，致使正在做外墙装饰的 12 名工人被压埋，当场造成 7 人死亡，5 人受伤，均为颅脑重型损伤，胸部、腹部多处骨折；在救治过程中有 3 名伤员因伤势过重，抢救无效死亡，这次事故共造成 10 人死亡、2 人受伤，整个坍塌过程不到 5 s，如图 5-29 所示。

图 5-29　工程事故现场

问题思考：脚手架的搭设、使用及拆除有哪些规定？此事故的发生有哪些原因？

◉ 知识链接

1. 脚手架的搭设规定

（1）搭设场地应平整、夯实并设置排水措施。

（2）立于土地面之上的立杆底部应加设宽度≥200 m、厚度≥50 mm 的垫木、垫板或其他刚性垫块，每根立杆的支垫面积应符合设计要求且不得小于 0.15 m²。

（3）底端埋入土中的木立杆，其埋置深度不得小于 500 mm，且应在坑底加垫后填土夯实。使用期较长时，埋入部分应做防腐处理。

（4）在搭设之前，必须对进场的脚手架杆配件进行严格的检查，禁止使用规格和质量不合格的杆配件。

（5）脚手架的搭设作业，必须在统一指挥下，严格按照以下规定程序进行：

1）按施工设计放线、铺垫板、设置底座或标定立杆位置。

2）周边脚手架应从一个角部开始并向两边延伸交圈搭设；"一"字形脚手架应从一端开始并向另一端延伸搭设。

3）应按定位依次竖起立杆，将立杆与纵、横向扫地杆连接固定，然后装设第 1 步的纵向和横向平杆，随校正立杆垂直之后予以固定并按此要求继续向上搭设。

4）在设置第一排连墙件前，"一"字形脚手架应设置必要数量的抛撑；以确保构架稳定和架上作业人员的安全。边长≥20 m 的周边脚手架，也应适量设置抛撑。

5）剪刀撑、斜杆等整体拉结杆件和连墙件应随搭升的架子一起及时设置。

（6）脚手架处于顶层连墙点之上的自由高度不得大于 6 m。当作业层高出其下连墙件 2 步或 4 m 以上且其上尚无连墙件时，应采取适当的临时撑拉措施。

（7）脚手板或其他作业层铺板的铺设应符合以下规定：

1）脚手板或其他铺板应铺平铺稳，必要时应予绑扎固定。

2）脚手板采用对接平铺时，在对接处，与其下两侧支承横杆的距离应控制在 100～200 mm；采用挂扣式定型脚手板时，其两端挂扣必须可靠地接触支承横杆并与其扣紧。

3）脚手板采用搭设铺放时，其搭接长度不得小于 200 mm，且应在搭接段的中部设有支承横杆。铺板严禁出现端头超出支承横杆 250 mm 以上未做固定的探头板。

4）长脚手板采用纵向铺设时，其下支承横杆的间距不得大于：竹串片脚手板为0.75 m；木脚手板为1.0 m；冲压钢脚手板和钢框组合脚手板为1.5 m（挂扣式定型脚手板除外）。纵铺脚手板应按以下规定部位与其下支承横杆绑扎固定：脚手架的两端和拐角处；沿板长方向每隔15～20 m；坡道的两端；其他可能发生滑动和翘起的部位。

5）采用以下板材铺设架面时，其下支承杆件的间距不得大于：竹笆板为400 mm，七夹板为500 mm。

（8）当脚手架下部采用双立杆时，主立杆应沿其竖轴线搭设到顶，辅立杆与主立杆之间的中心距不得大于200 mm，且主辅立杆必须与相交的全部平杆进行可靠连接。

（9）用于支托挑、吊、挂脚手架的悬挑梁架必须与支承结构可靠连接。其悬臂端应有适当的架设起拱量，同一层各挑梁、架上表面之间的水平误差应不大于20 mm，且应视需要在其间设置整体拉结构件，以保持整体稳定。

（10）装设连墙件或其他撑拉杆件时，应注意掌握撑拉的松紧程度，避免引起杆件和架体的显著变形。

（11）工人在架上进行搭设作业时，作业面上宜铺设必要数量的脚手板并予临时固定。工人必须佩戴安全帽和佩挂安全带。不得单人进行装设较重杆配件和其他易发生失衡、脱手、碰撞、滑跌等不安全的作业。

（12）在搭设中不得随意改变构架设计、减少杆配件设置和对立杆纵距做 ≥ 100 mm 的构架尺寸放大。确有实际情况，需要对构架做调整和改变时，应提交或请示技术主管人员解决。

2. 脚手架搭设质量的检查验收规定

（1）脚手架的验收标准规定。

1）构架结构符合前述的规定和设计要求，个别部位的尺寸变化应在允许的调整范围之内。

2）节点的连接可靠。其中扣件的拧紧程度应控制在扭力矩达到40～60 N·m；碗扣应盖扣牢固（将上碗扣拧紧）；8号钢丝十字交叉扎点应拧1.5～2圈后箍紧，不得有明显扭伤，且钢丝在扎点外露的长度应 ≥ 80 mm。

3）钢脚手架立杆的垂直度偏差应 ≤ 1/300，且应同时控制其最大垂直偏差值：当架高 ≤ 20 m 时为不大于50 mm；当架高 > 20 m 时为不大于75 mm。

4）纵向钢平杆的水平偏差应 ≤ 1/250，且全架长的水平偏差值应不大于50 mm。木、竹脚手架的搭接平杆按全长的上皮走向线（各杆上皮线的折中位置）检查，其水平偏差应控制在2倍钢平杆的允许范围内。

5）作业层铺板、安全防护措施等均应符合前述要求。

（2）脚手架的验收和日常检查按以下规定进行，检查合格后，方允许投入使用或继续使用：

1）搭设完毕后。

2）连续使用达到6个月。

3）施工中途停止使用超过15 d，在重新使用之前。

4）在遭受暴风、大雨、大雪、地震等强力因素作用之后。

5）在使用过程中，发现有显著的变形、沉降、拆除杆件和拉结及安全隐患存在的情况时。

3. 脚手架的使用规定

（1）作业层每 1 m² 架面上实际的施工荷载（人员、材料和机具质量）不得超过以下的规定值或施工设计值。

施工荷载（作业层上人员、器具、材料的质量）的标准值，结构脚手架采取 3 kN/m²；装修脚手架采取 2 kN/m²；吊篮、桥式脚手架等工具式脚手架按实际值取用，但不得低于 1 kN/m²。

（2）在架板上堆放的标准砖不得多于单排立码 3 层；砂浆和容器总重不得大于 1.5 kN；施工设备单重不得大于 1 kN，使用人力在架上搬运和安装的构件的自重不得大于 2.5 kN。

（3）在架面上设置的材料应码放整齐稳固，不得影响施工操作和人员通行。按通行手推车要求搭设的脚手架应确保车道畅通。严禁上架人员在架面上奔跑、退行或倒退拉车。

（4）作业人员在架上的最大作业高度应以可进行正常操作为度，禁止在架板上加垫器物或单块脚手板以增加操作高度。

（5）在作业中，禁止随意拆除脚手架的基本构架杆件、整体性杆件、连接紧固件和连墙件。确因操作要求需要临时拆除时，必须经主管人员同意，采取相应弥补措施，并在作业完毕后，及时予以恢复。

（6）工人在架上作业中，应注意自我安全保护和他人的安全，避免发生碰撞、闪失和落物。严禁在架上嬉闹和坐在栏杆上等不安全处休息。

（7）人员上下脚手架必须走设置安全防护的出入通（梯）道，严禁攀缘脚手架上下。

（8）每班工人上架作业时，应先行检查有无影响安全作业的问题存在，在排除和解决后方许开始作业。在作业中发现有不安全的情况和迹象时，应立即停止作业进行检查，解决以后才能恢复正常作业；发现有异常和危险情况时，应立即通知所有架上人员撤离。

（9）在每步架的作业完成之后，必须将架上剩余材料物品移至上（下）步架或室内；每日收工前应清理架面，将架面上的材料物品堆放整齐，垃圾清运出去；在作业期间，应及时清理落入安全网内的材料和物品。在任何情况下，严禁自架上向下抛掷材料物品和倾倒垃圾。

4. 脚手架的拆除规定

脚手架的拆除作业应按确定的拆除程序进行。连墙件应在位于其上的全部可拆杆件都拆除之后才能拆除。在拆除过程中，凡已松开连接的杆配件应及时拆除运走，避免误扶和误靠已松脱连接的杆件。拆下的杆配件应以安全的方式运出和吊下，严禁向下抛掷。在拆除过程中，应做好配合、协调动作，禁止单人进行拆除较重杆件等危险性的作业。

5. 模板支撑架和特种脚手架的规定

（1）模板支撑架。使用脚手架杆配件搭设模板支撑架和其他重载架时，应遵守以下规定：

1）使用门式钢管脚手架构配件搭设模板支撑架和其他重载架时，数值 ≥ 5 kN 集中荷载的作用点应避开门架横梁中部 1/3 架宽范围，或采用加设斜撑、双榀门架重叠交错布置等可靠措施。

2）使用扣件式和碗扣式钢管脚手架杆配件搭设模板支撑架和其他重载架时，作用于跨中的集中荷载应不大于以下规定值：相应于 0.9 m、1.2 m、1.5 m 和 1.8 m 跨度的允许值分别为 4.5 kN、3.5 kN、2.5 kN 和 2 kN。

3）支撑架的构架必须按确保整体稳定的要求设置整体性拉结杆件和其他撑拉、连墙措施，并根据不同的构架、荷载情况和控制变形的要求，给横杆件以适当的起拱量。

4）支撑架高度的调节宜采用可调底座或可调顶托解决。当采用搭接立杆时，其旋转扣件应按总抗滑承载力不小于 2 倍设计荷载设置，且不得少于两道。

5）配合垂直运输设施设置的多层转运平台架应按实际使用荷载设计，严格控制立杆间距，并单独构架和设置连墙、撑拉措施，禁止与脚手架的杆件共用。

6）当模板支撑架和其他重载架设置上人作业面时，应按前述规定设置安全防护。

（2）特种脚手架。凡不能按一般要求搭设的高耸、大悬挑、曲线形和提升等特种脚手架，应遵守下列规定。

1）特种脚手架只有在满足以下各项规定要求时，才能按所需的高度和形式进行搭设：

①按确保承载可靠和使用安全的要求经过严格的设计计算，在设计时必须考虑风荷载的作用。

②有确保达到构架要求质量的可靠措施。

③脚手架的基础或支撑结构物必须具有足够的承受能力。

④有严格确保安全使用的实施措施和规定。

2）在特种脚手架中用于挂扣、张紧、固定、升降的机具和专用加工件，必须完好无损和无故障，且应有适量的备用品，在使用前和使用中应加强检查，以确保其工作安全可靠。

6. 脚手架对基础的要求

良好的脚手架底座和基础、地基，对于脚手架的安全极为重要，在搭设脚手架时，必须加设底座、垫木（板）或基础并做好对地基的处理。

（1）一般要求。

1）脚手架地基应平整夯实。

2）脚手架的钢立柱不能直接立于土地面上，应加设底座和垫板（或垫木），垫板（木）厚度不小于 50 mm。

3）遇有坑槽时，立杆应下到槽底或在槽上加设底梁（一般可用枕木或型钢梁）。

4）脚手架地基应有可靠的排水措施，防止积水浸泡地基。

5）脚手架旁有开挖的沟槽时，应控制外立杆与沟槽边的距离：当架高在 30 m 以内时，不小于 1.5 m；当架高为 30～50 m 时，不小于 20 m；当架高在 50 m 以上时，不小于 2.5 m。当不能满足上述距离时，应核算土坡承受脚手架的能力，不足时可加设挡土墙或其他可靠支护，避免槽壁坍塌危及脚手架安全。

6）位于通道处的脚手架底部垫木（板）应低于其两侧地面，并在其上加设盖板；避免扰动。

（2）一般做法。

1）30 m 以下的脚手架，其内立杆大多处在基坑回填土之上。回填土必须严格分层夯实。垫木宜采用长 2.0～2.5 m、宽不小于 200 mm、厚 50～60 mm 的木板，垂直于墙面放置（也可以用长 4.0 m 左右平行于墙放置），在脚手架外侧挖一浅排水沟排除雨水，如图 5-30 所示。

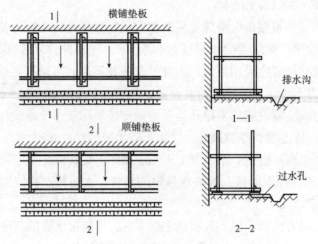

图 5-30　普通脚手架基底作法

2）架高超过 30 m 的高层脚手架的基础做法如下：

①采用道木支垫；

②在地基上加铺 20 cm 厚道砟后铺设混凝土预制块或硅酸盐砌块，在其上沿纵向铺放 12～16 号槽钢，将脚手架立杆坐于槽钢上。

若脚手架地基为回填土，应按规定分层夯实，达到密实度要求，并自地面以下 1 m 深改作三七灰土。

高层脚手架基底做法如图 5-31 所示。

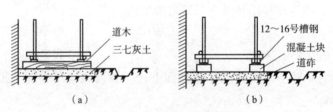

图 5-31　高层脚手架基底做法
（a）垫道木；（b）垫槽钢

◎ **案例分析**

经过调查，本案例造成事故的主要原因是作业人员违规、违章作业。

（1）按照规定，附着式脚手架在准备下降时，应先悬挂电葫芦，然后撤离架体上的人员，最后拆除定位承力构件，方可进行下降。在这次事故中，作业人员在没有先悬挂电葫芦、撤离架体上人员的情况下，进行脚手架下降作业，导致坠落，是造成这次事故的主要原因。

（2）按照附着式脚手架操作相关规定，脚手架在进行升降时必须清场，施工范围内不准站人。而在这次事故中，脚手架在下降时施工范围内站有 12 名工人。

◢【思政小课堂】

无知加大意必危险，防护加警惕保安全。脚手架在拆除过程中极易发生安全事故，只有重视过程，遵规守纪，才能保障安全与效益。

知识拓展

（1）观察图5-32所示工程中脚手架的使用情况，判断其隐患点，并给出正确做法。

图 5-32　脚手架使用情况 1

（2）观察图5-33所示工程中脚手架的使用情况，判断其隐患点，并给出正确做法。

图 5-33　脚手架使用情况 2

（3）观察图5-34所示工程中脚手架的使用情况，判断其隐患点，并给出正确做法。

图 5-34　脚手架使用情况 3

模块小结

本模块主要学习了脚手架的概念、分类、组成，脚手架的材料要求，脚手架搭设、拆除要求及脚手架安全隐患分析。通过学习，让学生了解脚手架的重要性，熟悉脚手架的构造，掌握正确使用脚手架的方法，从而防范脚手架安全事故的发生，降低安全事故风险，保障安全生产。

思考与练习

一、单选题

1. 脚手架中垂直于水平面的竖向杆件叫作（   ）。

    A. 立杆   B. 扫地杆   C. 横杆   D. 水平杆

2. 连接脚手架内、外立杆或水平杆斜交呈之字形的斜杆叫作（   ）。

    A. 剪刀撑   B. 横向斜撑   C. 抛撑   D. 连墙件

3. 扣件式脚手架，横向扫地杆必须采用直角扣件固定在（   ）。

    A. 纵向扫地杆上   B. 立杆上

    C. 纵向扫地杆下方的立杆上   D. 纵向扫地杆上方的立杆上

4. 高度在（   ）m 以上的，在架体外侧连续设置剪刀撑。

    A. 24   B. 12   C. 20   D. 10

5. 横向水平杆伸出扣件边缘的距离不应小于（   ）mm。

    A. 100   B. 200   C. 300   D. 400

6. 剪刀撑宽度不应小于 4 跨，且不应小于 6 m。宽度小于 4 跨或 6 m，应设置（   ）。

    A. 剪刀撑   B. 横撑   C. 抛撑   D. 斜撑

7. 扣件式脚手架中，用于垂直交叉杆件间的连接的扣件是（   ）。

    A. 连接扣件   B. 旋转扣件   C. 对接扣件   D. 直角扣件

8. 扣件式脚手架中，用于斜交交叉杆件间的连接的扣件是（   ）。

    A. 连接扣件   B. 旋转扣件   C. 对接扣件   D. 直角扣件

二、多选题

1. 按照支撑部位与支撑方式分类，脚手架可分为（   ）等。

    A. 落地式脚手架   B. 悬挑式脚手架

    C. 附着式脚手架   D. 挂式脚手架

    E. 钢管脚手架

2. 扣件式脚手架的扣件有（   ）三种。

    A. 连接扣件   B. 旋转扣件   C. 对接扣件   D. 直角扣件

    E. 螺栓

3. 下列关于脚手架拆除的说法正确的有（　　　）。

  A. 先搭后拆、后搭先拆　　　　　　　　　B. 先搭先拆、后搭后拆

  C. 由下至上的拆除　　　　　　　　　　　D. 由上至下的拆除

  E. 连墙件可以一次拆除后再拆脚手架

4. 在脚手架使用过程中，下列情况必须禁止的有（　　　）。

  A. 脚手架外侧攀爬上架

  B. 午休时在脚手架上睡觉

  C. 在脚手架上向下扔垃圾

  D. 架体面上放置的材料，不得影响施工操作和人员通行

  E. 作业人员在架上的最大作业高度应以可进行正常操作为度

5. 按照构造形式分类，脚手架可分为（　　　）等。

  A. 扣件式脚手架　　　B. 碗扣式脚手架　　　C. 盘扣式脚手架　　　D. 门式脚手架

  E. 防护脚手架

6. 以下属于扣件式脚手架的构件的有（　　　）。

  A. 插盘　　　　　　　B. 扣件　　　　　　　C. 脚手板　　　　　　D. 杆件

  E. 碗扣

7. 《安全生产法》明确规定，我国的安全生产管理工作，必须坚持（　　　）的原则。

  A. 安全第一　　　　　B. 预防为主　　　　　C. 综合治理　　　　　D. 效益为主

  E. 生命至上

8. 在脚手架使用期间，严禁拆除的杆件有（　　　）。

  A. 主节点处的纵向水平杆　　　　　　　　B. 主节点处的横向水平杆

  C. 纵向扫地杆　　　　　　　　　　　　　D. 横向扫地杆

  E. 连墙件

9. 斜道的构造应符合（　　　）规定。

  A. 斜道宜附着外脚手架或建筑物设置

  B. 运料斜道宽度不宜小于1.5 m，坡度宜采用1:6，人行斜道宽度不宜小于1 m，坡度宜采用1:3

  C. 拐弯处应设置平台，其宽度不应小于斜道宽度

  D. 斜道两侧及平台外围均应设置栏杆及挡脚板。栏杆高度应为1.2 m，挡脚板高度不应小于180 mm

  E. 运料斜道两侧、平台外围和端部均应连墙件、剪刀撑和横向斜撑

三、简答题

1. 脚手架的作用有哪些?

2. 脚手架常见的隐患类型有哪些?

3. 脚手架拆除有哪些注意事项?

模块六　高处作业安全

单元一　高处作业

高处作业概述

案例引入

《安全生产法》明确规定，我国的安全生产管理工作，必须坚持"安全第一、预防为主、综合治理"的基本方针。因此，安全生产是企业发展的重要保障，是企业生产经营过程中，贯彻的重要理念。

高发的伤亡事故已使建筑业成为高危产业，物体打击、机械伤害、坍塌、起重伤害、高处坠落、触电等，都威胁着作业人员的生命安全。其中，因高处坠落发生的伤亡事故，占到总伤亡人数的 50% 左右，已成为施工安全的第一大杀手。

问题思考：试分析图 6-1 中的安全事故发生的原因。

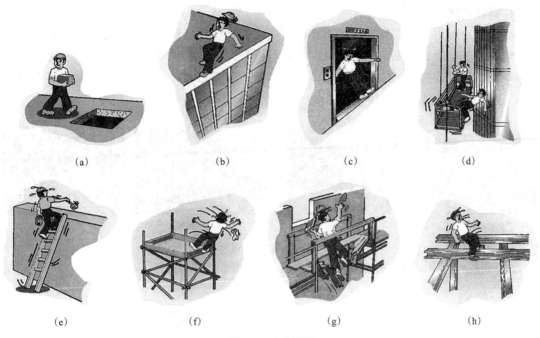

图 6-1　安全事故

⊙ 知识链接

一、高处作业的概念

按照国家标准《高处作业分级》（GB/T 3608—2008）的规定：凡在坠落高度基准面 2 m 以上（含 2 m）的可能坠落的高处所进行的作业，都视为高处作业。通俗地说，高度在 2 m 以上的施工作业就可称为高处作业。

二、高处作业的等级划分

（1）2 m ≤ h ≤ 5 m，称为一级高处作业。其可能坠落半径为 3 m。

（2）5 m < h ≤ 15 m，称为二级高处作业。其可能坠落半径为 4 m。

（3）15 m < h ≤ 30 m，称为三级高处作业。其可能坠落半径为 5 m。

（4）h > 30 m 以上，称为特级高处作业。其可能坠落半径为 6 m。

（5）在特殊情况下的高处作业，称为特殊高处作业。其可分为异温高处作业、强风高处作业、雪天高处作业、雨天高处作业、夜间高处作业、悬空高处作业、带电高处作业、高强度高处作业等。

三、高处作业的类型

高处作业的类型可分为临边作业、洞口作业、攀登作业、悬空作业、交叉作业、平台作业。

1. 临边作业

临边作业是指在施工现场中，工作面边沿无围护设施或围护设施高度低于80 cm时的高处作业。基坑周边，无防护的阳台、料台与挑平台；无防护楼层、楼面周边；无防护的楼梯口和梯段口；井架、施工电梯和脚手架等的通道两侧面；各种垂直运输卸料平台的周边等，这些作业都属于临边作业（图6-2）。

图6-2　临边作业

（a）基坑周边；（b）阳台周边；（c）楼面周边；（d）楼梯口周边

2. 洞口作业

孔、洞口旁边的高处作业（图6-3）包括施工现场及通道旁，深度在2 m及2 m以上的桩孔、沟槽与管道孔洞等边沿作业。建筑物的楼梯口、电梯口及设备安装预留洞口等，以及一些施工需要预留的上料口、通道口、施工口等，凡是在25 cm以上，洞口若没有防护时，就有造成作业人员从高处坠落的危险；或者不慎将物体从这些洞口坠落时，还可能造成下面的人员发生物体打击事故。

图6-3　洞口作业

（a）楼梯口；（b）电梯口；（c）预留洞口；（d）门窗口

3. 攀登作业

攀登作业是指借助建筑结构或脚手架上的登高设施，或采用梯子，或其他登高设施，在攀登条件下进行的高处作业。在建筑物周围搭拆脚手架、张挂安全网、装拆塔机、龙门架、井字架、施工电梯、桩架，登高安装钢结构构件等，这些都属于攀登作业。进行攀登作业时，作业人员由于没有作业平台，只能攀登在可借助的架子上作业，要借助一只手攀，一只脚勾，或者用腰绳来保持平衡，身体重心垂线不通过脚下，作业难度大，危险性大，若有不慎就可能坠落（图6-4）。

4. 悬空作业

悬空作业是指在周边临空状态下进行的高处作业。其特点是在操作者无立足点或无牢靠立足点条件下进行高处作业。建筑施工中的构件吊装，利用吊篮进行外装修，悬挑或悬空梁板、雨篷等特殊部位支拆模板、扎筋、浇筑混凝土等项作业，都属于悬空作业，由于是在不稳定的条件下施工作业，危险性较大（图6-5）。

图6-4 攀登作业

（a）搭设脚手架；（b）搭设塔式起重机；（c）安装钢结构

图6-5 悬空作业

5. 交叉作业

交叉作业是指在施工现场的上下不同层次，于空间贯通状态下同时进行的高处作业。现场施工上部搭设脚手架、吊运物料，地面上的人员搬运材料、制作钢筋；或外墙装修作业，下面打底抹灰、上面进行面层装饰等，都是施工现场的交叉作业。在交叉作业中，若高处作业不慎坠落物料、失手掉下工具或吊运物体散落，都可能砸到下面的作业人员，发生物体打击伤亡事故（图6-6）。

图6-6 交叉作业

6. 平台作业

平台作业是指施工现场为设备安装或装修工程使用，而搭设的可移动式操作平台，主要供人员操作或堆放材料。移动平台的要求是当移动式平台的高度超过2 m时应在四周绑护；移动式脚轮与平台的结合处应牢固，立柱地段与地面的距离不能超过 80 mm（图 6-7）。

图 6-7 平台作业

四、高处作业的一般施工安全规定

（1）在高处作业施工前，应逐级进行安全技术教育及交底，落实所有安全技术措施和个人防护用品，未经落实时，不得进行施工。

（2）高处作业中的安全标志、工具、仪表、电气设施和各种设备，必须在施工前加以检查，确认其完好，方能投入使用。

（3）从事高处作业的人员必须定期进行身体检查，诊断患有心脏病、贫血、高血压、癫痫病、恐高症及其他不适宜高处作业的疾病时，不得从事高处作业。

（4）悬空、攀登高处作业及搭设高处安全设施的人员必须按照国家有关规定经过专门的安全作业培训，并取得特种作业操作资格证书后，方可上岗作业。

（5）高处作业人员应头戴安全帽，身穿紧口工作服，脚穿防滑鞋，系安全带。

（6）高处作业场所有坠落可能的物体，应一律先行撤除或予以固定。所用物件均应堆放平稳，不妨碍通行和装卸。

（7）遇有六级以上强风、浓雾和大雨等恶劣天气，不得进行露天悬空与攀登高处作业。

（8）所有安全防护设施和安全标志等，任何人都不得损坏或擅自移动和拆除。

（9）施工中对高处作业的安全技术设施发现有缺陷和隐患时，必须立即报告，及时解决。危及人身安全时，必须立即停止作业。

五、高处作业的基本安全技术措施

（1）凡是临边作业，都要在临边处设置防护栏杆，一般上杆离站立面高度为 1.0 ～ 1.2 m，下杆离站立面高度为 0.5 ～ 0.6 m；防护栏杆必须自上而下用安全网封闭。

（2）对于洞口作业，可根据具体情况采取设置防护栏杆、加盖板、张挂安全网与装栅门等措施。

（3）进行攀登作业时，作业人员要从规定的具有安全保护措施的通道上下，不能在阳台之间等非规定通道进行攀登，也不得利用起重机车臂架等施工设备进行攀登。

（4）进行悬空作业时，要设有牢靠的作业立足处，并视具体情况设置防护栏杆，搭设脚手架、操作平台，使用马凳，张挂安全网或其他安全措施；作业所用索具、脚手板、吊篮、吊笼、平台等设备，均需采用合格产品。

（5）进行交叉作业时，注意不得在上下同一垂直方向上操作，下层作业的位置必须处于依上层高度确定的可能坠落范围之外。

不符合以上条件时，必须设置安全防护层。

（6）结构施工自二层起，凡人员进出的通道口（包括井架、施工电梯的进出口），均设置安全防护棚。高度超过24 m时，防护棚应设置双层；进行高处作业之前，应进行安全防护设施的检查。检查合格后，方可进行高处作业。

高处作业行为"八要点"：

（1）高处临边来作业，必须系好安全带，切忌冒险无措施。

（2）高挂低用安全带，登高梯台要检查，切忌未检不牢靠。

（3）专人监护要设置，根据需要设警示，切忌行人乱穿行。

（4）高处作业工器具，要用带绳来传递，切忌上下来抛掷。

（5）轻型顶棚来作业，操作铺设脚手板，切忌直接来行走。

（6）大雨大雪和大雾，六级强风要停业，切忌作业天气劣。

（7）垂直交叉经常有，安全确认有办法，切忌防护未设置。

（8）直梯使用有倾角，上梯有人来扶梯，切忌两人同时上。

案例分析

事故原因如下。

图6-1（a）：没有及时覆盖洞口；图6-1（b）：楼边没有设置防护栏杆；图6-1（c）：电梯口未设置防护栏杆；图6-1（d）：吊篮未设置栏杆；图6-1（e）：梯子不稳固；图6-1（f）：工作平面未设置栏杆；图6-1（g）：工作平面不稳固；图6-1（h）：没有佩戴安全带。

【思政小课堂】

高处作业安全事故伤害程度大、死亡率高、所涉及的行业和作业领域较多。因此，防止发生高处坠落事故，应做好作业现场的科学管理，明确岗位职责，熟悉作业方法，严格执行安全操作规程和劳动纪律，加强日常检查。

知识拓展

案例一

某年某月某日下午，一名女工所属班组正在10层楼面砌筑墙体，15：30左右，她发觉自早上开始一直停机维修的4号井字架已经恢复使用，想起了下午上班前曾委托机手将一桶开水运上10楼供班组饮用。于是，她走向井字架，打开外门，站在卸料平台向下张望，看见盛着开水的吊篮正在往上升。当吊篮经过10楼时，她把身体探进架内忙着拿开水，正以较高速度上升的吊篮的边缘刚好碰到其下颌，致使其身体失去平衡，而从吊篮与卸料平台之间的空隙坠落井底，经送医院抢救无效死亡。

问题：该事故发生的原因有哪些?

案例二

某年4月28日19：00左右，某船务黄海工程部某队3名施工人员在外租黄海工程部场地三跨80 t龙门起重机底部对吊运摆放在托架顶部DN0060船646分段进行摘钩作业时，在摘除最后一处吊点时，支持工段一名起重机司机操作钩头起升带动前期摘除的另一根索具发生急速旋转后将配合摘钩操作的2名施工人员扫打发生坠落（坠落高度4 m），经送往医院救治：其中1名工人抢救无效死亡；另1名工人头部损伤。

问题：该事故发生的原因有哪些?

案例三

某年2月29日上午9时许，××县第二建筑有限公司××××庄第三期工程18栋的从业人员在进行施工作业。当时，施工单位现场专职安全员吴某在第三期工程26栋进行安全检查，××××房地产开发有限公司安全员刘某刚从18栋巡视检查至26栋施工工地，木工杨某在18栋中间单元的3楼阳台装Ⓑ轴交⑲轴柱三的模板，他站在3楼阳台平面的竹架凳（高约为1.5 m）上进行模板作业的位置离3楼阳台外沿约1.2 m，阳台外沿至1楼地面垂直高度约8.8 m，阳台临边与脚手架之间有80 cm的空间，杨某在佩戴安全帽不规范和没有佩戴安全带的情况下，从竹架凳上准备下来时身体失去了重心，导致他从脚手架与外墙临边空隙之间坠落至1楼的架空层顶面，当时他没有系好安全帽帽带，安全帽在坠落的过程中掉在了2楼的阳台横梁上，杨某失去了安全帽的保护直接坠落至1楼架空层顶的水泥平面上。

事故发生后，施工现场的项目负责人陈某和周边的从业人员及监理公司的现场监理员白某都赶到了事发现场。项目部材料保管员戚某马上拨打了120急救电话，大约10分钟后，急救车赶到现场，之后将杨某送往××县中医院，经县中医院医生建议与家属同意，杨某被送往岳阳市第一人民医院抢救。经过了3个小时手术，岳阳市第一人民医院告知杨某家属，病情危重，出院后杨某随时可能死亡，家属商议后要求办理出院，出院后杨某死亡。

问题：该事故发生的原因有哪些?

单元二　高处作业安全管理

高处作业安全
管理

 案例引入

某年7月10日，在浙江省某建设总公司承接的某街坊工地上，1号房外墙粉刷工黄某根据带班人李某的要求粉刷井架东、西两侧的阳台隔墙。14：15左右，黄某完成西侧阳台隔墙粉刷任务后，双手拿着粉刷工具，从脚手架上准备由西侧跨越井架过道的钢管隔离防

护栏杆，然后穿过井架运料通道，进入东侧脚手架继续粉刷东侧阳台隔墙。但当他走到脚手架开口处时，因脚手架缺少底笆，右脚踩在架子的钢管上一滑，导致身体倾斜失去重心，人从脚手架外侧上下两道防护栏杆中间坠落下去，碰到6层井架拉杆后，坠落在井架防护棚上。坠落高度为28.6 m，安全帽飞落至地面。事故发生后，工地职工立即将黄某送往医院。经抢救无效，黄某于15：15死亡。

问题思考： 请进行事故原因分析，预防及控制措施有哪些？

◎ 知识链接

一、高处作业安全管理内容

高处作业安全管理包括高处作业施工人员做好出入厂区申请；需要对施工人员开展安全培训；检查施工人员安全防护；检查施工安全保护措施；必须持有特殊工种操作上岗证；施工现场警示标志配备是否完备；做好安全检查及记录；一旦发现施工现场违章应拍照、发出安全整改通知；每周按时召开施工安全例会；做好施工现场"十个不准"等方面的管理内容。

（1）施工人员出入厂区申请、高处作业审批。高处作业必须办理《高处安全作业证》，由施工单位提出申请并办理《高处安全作业证》，制订可行、可靠的安全防护措施，并确定作业指挥人员和安全负责人。安全员应赴现场检查、确认安全措施已落实后，方可批准安全作业。另外，施工人员还应正确填写出入厂区申请表。

（2）施工人员安全培训。《安全生产管理条例》规定：作业人员进入新的岗位或者新的施工现场前，应当接受安全生产教育培训。未经教育培训或者教育培训考核不合格的人员，不得上岗作业。培训的目的是让作业人员知道，身边存在的危险源及危险环境，从而加强防范。提高作业人员的安全防范意识，避免安全事故的发生。提高作业人员安全隐患的识别能力和对安全保护措施的重视度。使作业人员了解发生异常事故时的处理流程。

（3）检查施工人员的安全防护及保护措施。据有关部门统计，坠落物伤人事故中，15%是因为安全帽使用不当造成的。所以，应当正确佩戴安全帽。安全带是高处作业工人预防坠落伤亡事故的防护用具，必须检查高处作业人员是否穿戴安全带。检查安全带有没有出现断裂或损坏。检查挂钩是否完好。为保证高处作业人员在移动过程中始终有安全保证，要求在系好安全带的同时，必须挂在安全绳上。高处作业进行攀爬时，安全带必须挂在垂直的安全绳上，同时采用导向式防坠器，否则必须采用双钩安全带。安全绳长度尽可能短，以减小坠落的高度，高度越小冲击力越小，伤害就越小，必须检查长度，当发生坠落时作业人员不能碰击基准面或物体。一条安全绳不能两人同时使用。施工人员禁止穿拖鞋、凉鞋，高处作业必须穿防滑鞋；禁止穿背心、赤膊施工。在高处临边作业施工时必须设置高度≥1 m以上的安全护栏。高处混凝土人工浇筑斗车运送通道两侧，必须设置安全护栏。

（4）特殊工种操作上岗证确认。要求施工单位负责人提供特殊作业人员操作证，进行拍照或复印备案，同时检查证件有效期；特殊作业人员上岗证由施工方自行办理胸卡佩戴；

每日检查特殊作业岗位是否佩戴胸卡，并与其本人一致。

（5）施工现场警示标志配备是否完备。每个项目根据不同施工内容选择相对应的标志，将选择的警示标志放在施工方案及技术协议中。施工前，标志必须悬挂在对应的作业现场。

（6）做好施工现场安全措施检查及记录。

（7）做好临时作业审批、动火作业审批。凡需申请安装临时用电的项目必须填写审批表；凡在库房、化学品库、油库、发电机房、液化石油气库、金属焊接与切割作业场所等，有引发周围物体燃烧危险的"易燃易爆消防重点区域"，必须填写动火审批表。

（8）一旦发现施工现场违章应拍照、发出安全整改通知。施工现场检查发现的问题，通过书面函件形式发放给施工单位进行整改；现场发现违章操作行为要按照安全协议的条款给予处罚。

（9）施工单位应贯彻周例会制度。每周召开施工例会，首先进入施工工地，检查安全、质量、进度、劳动组织；开会讨论现状存在的问题、对策及完成时间，并形成会议记录。

（10）高处作业"十个不准"如下：

1）患有登高禁忌证者，如患有高血压、心脏病、贫血、癫痫等的工人不准登高作业；

2）无人监护不准登高作业；

3）没有戴安全帽、未系安全带、不扎紧裤管，不准登高作业；

4）作业现场有六级以上大风及暴雨、雷电、大雪、大雾时不准登高作业；

5）脚手架、跳板不牢不准登高作业；

6）梯子无防滑措施、未穿防滑鞋，不准登高作业；

7）不准攀爬井架、龙门架、脚手架，不能乘坐非载人的垂直运输设备登高作业；

8）携带笨重物件不准登高作业；

9）高压线旁无遮拦不准登高作业；

10）未确认攀登物是否带电不准登高作业；光线不足不准登高作业。

二、高处作业基本规定

（1）建筑施工中凡涉及临边与洞口作业、攀登与悬空作业、操作平台、交叉作业及安全网搭设的，应在施工组织设计或施工方案中制订高处作业安全技术措施。

（2）高处作业施工前，应按类别对安全防护设施进行检查、验收，经验收合格后方可进行作业，并应做验收记录。验收可分层或分阶段进行。

（3）高处作业施工前，应对作业人员进行安全技术交底，并应记录；应对初次作业人员进行培训。

（4）应根据要求将各类安全警示标志悬挂于施工现场各相应部位，夜间应设置红灯警示。高处作业施工前，应检查高处作业的安全标志、工具、仪表、电气设施和设备，确认其完好后，方可进行施工。

（5）高处作业人员应根据作业的实际情况配备相应的安全防护用品，并应按规定正确佩戴和使用相应的安全防护用品、用具。

（6）对施工作业现场可能坠落的物料，应及时拆除或采取固定措施。高处作业所用的物料应堆放平稳，不得妨碍通行和装卸。工具应随手放入工具袋；作业中的走道、通道板和登高用具，应随时清理干净；拆卸下的物料、余料和废料应及时清理运走，不得随意放置或向下丢弃。传递物料时不得抛掷。

（7）高处作业应按现行国家标准《建筑施工高处作业安全技术规范》（JGJ 80—2016）的规定，采取防火措施。

（8）在雨、霜、雾、雪等天气进行高处作业时，应采取防滑、防冻和防雷措施，并应及时清除作业面上的水、冰、雪、霜。雨、雪天气后，应对高处作业安全设施进行检查，当发现有松动、变形、损坏或脱落等现象时，应立即修理完善，维修合格后方可使用。

（9）对需临时拆除或变动的安全防护设施，应采取可靠措施，作业后应立即恢复。

（10）安全防护设施验收应包括下列主要内容：

1）防护栏杆的设置与搭设。

2）攀登与悬空作业的用具与设施搭设。

3）操作平台及平台防护设施的搭设。

4）防护棚的搭设。

5）安全网的设置。

6）安全防护设施、设备的性能与质量、所用的材料、配件的规格。

7）设施的节点构造，材料配件的规格、材质及其与建筑物的固定、连接状况。

（11）安全防护设施验收资料应包括下列主要内容：

1）施工组织设计中的安全技术措施或施工方案。

2）安全防护用品用具、材料和设备产品合格证明。

3）安全防护设施验收记录。

4）预埋件隐蔽验收记录。

5）安全防护设施变更记录。

（12）应有专人对各类安全防护设施进行检查和维修保养，发现隐患应及时采取整改措施。

（13）安全防护设施宜采用定型化、工具化设施，防护栏应为黑黄或红白相间的条纹标示，盖件应为黄色或红色标示。

案例分析

事故原因分析如下。

（1）直接原因：外墙粉刷工黄某在完成西侧粉刷任务后去东侧作业时，应走室内安全通道，不应该贪图方便，违章从脚手架通道跨越防护栏杆，缺乏自我保护意识。事故发生地点的脚手架缺少 1.1 m 的底笆、1 m 宽的密目安全网及挡脚板，不符合安全要求。

（2）间接原因：项目部对安全生产管理不够重视，脚手架及安全网等验收草率，安全检查制度执行不力，整改措施不到位。项目部对职工安全宣传教育不重视，安全交底存在死角，导致职工安全意识淡薄，对类似跨越防护栏杆的违章行为杜绝不力。

（3）主要原因：安全设施存在事故隐患及违章作业是造成本次事故的主要原因。

预防及控制措施如下。

（1）项目部召开安全生产教育会议。吸取事故教训，举一反三，杜绝违章作业，预防同类事故重复发生。

（2）公司对项目部、项目部对施工班组加强安全教育力度，提高职工安全意识，增强职工自我保护能力。

（3）教育部对所有井架、脚手架、四口、五临边，电器设备、施工机械安全标志等项目内容进行一次全面检查整改，并对整改情况进行复查，确保万无一失。

▶【思政小课堂】

高处作业在施工作业中是难以避免的，只能通过技术手段与安全管理来控制风险的发生。安全工作要遵纪守法、一丝不苟、严谨认真、杜绝疏忽大意。从业人员应建立"安全第一、预防为主""关注安全、关爱生命"的职业情感；培养遵章守纪的责任意识。

知识拓展

建筑工程的高处作业防护的安全检查，应以《建筑施工安全检查标准》（JGJ 59—2011）完成"高处作业防护检查评分表"（表6-1）。

表6-1 高处作业防护检查评分表

序号	检查项目	扣分标准	应得分数	扣减分数	实得分数
1	安全帽				
2	安全网				
3	安全带				
4	临边防护				
5	洞口防护				
6	通道口防护				
7	攀登作业				
8	悬空作业				
9	移动式操作平台				
10	悬挑式物料钢平台				
	检查项目合计				

▷模块小结

本模块学习了高处作业的概念、等级划分及作业类型；高处作业一般施工安全规定，安全管理内容，高处作业基本规定。通过对本模块的学习，掌握高处作业安全操作基本知识及注意事项，规范高处作业行为，预防事故的发生。

一、单选题

1. $h > 30\,m$ 称为（　　）高处作业。

 A. 一级   B. 二级   C. 三级   D. 特级

2. 施工现场中，工作面边沿无围护设施或围护设施高度低于 $80\,cm$ 时的高处作业称为（　　）。

 A. 临边作业   B. 洞口作业   C. 攀登作业   D. 悬空作业

3. 按照国家标准《高处作业分级》（GB/T 3608—2008）规定：凡在坠落高度基准面（　　）m 以上的可能坠落的高处所进行的作业，视为高处作业。

 A. 2   B. 4   C. 5   D. 10

4. $2\,m \leqslant h \leqslant 5\,m$，称为（　　）高处作业。

 A. 一级   B. 二级   C. 三级   D. 特级

5. 当遇有（　　）级及以上强风、浓雾、沙尘暴等恶劣气候，不得进行露天攀登与悬空高处作业。

 A. 4   B. 5   C. 6   D. 7

二、多选题

1. 以下不准从事登高作业的人员有（　　）。

 A. 贫血患者   B. 癫痫患者   C. 感冒患者   D. 深度近视者

 E. 高血压患者

2. 关于高处作业"十个不准"描述，下列正确的有（　　）。

 A. 无人监护不准登高   B. 脚手架、跳板不牢不准登高

 C. 梯子无防滑措施、未穿防滑鞋，不准登高   D. 携带笨重物件不准登高

 E. 高压线旁一律不准登高

3. 安全防护设施验收资料应包括（　　）。

 A. 施工组织设计中的安全技术措施或施工方案

 B. 安全防护用品用具、材料和设备产品合格证明

 C. 安全防护设施验收记录

 D. 预埋件隐蔽验收记录

 E. 安全防护设施变更记录

三、简答题

1. 常见的高处作业有哪些？

2. 高处作业的危险源有哪些？

3. 高处作业人员应该做好哪些防护？

模块七　工程机械与机具施工安全

1. 了解土石方机械、混凝土及钢筋机械、起重机械和小型施工机具的分类、性能与特点。
2. 熟悉各种机械设备在施工操作中存在的安全隐患。
3. 掌握土石方机械操作的安全规程和注意事项。
4. 掌握混凝土及钢筋机械操作的安全规程和注意事项。
5. 掌握起重机械操作的安全规程和注意事项。
6. 掌握小型施工机具操作的安全规程和注意事项。

技能目标

1. 能够正确操作各类工程机械和施工机具。
2. 能够根据现场实际情况预判施工作业中存在的安全隐患。
3. 发生事故时能够分析事故发生的原因，并制订相应的处理措施。

素养目标

1. 培养安全意识、经济意识和责任意识，明确安全责任的重大。
2. 增强规则意识，敬畏规则，遵守规则，才能有效降低风险的发生。
3. 树立正确的人生观和价值观，走上社会后，时刻保持清醒的头脑，不被不良的思想和行为影响。
4. 培养团结协作和沟通交流的能力。
5. 培养吃苦耐劳的职业精神。

单元一　土石方机械施工安全

土石方机械
施工安全管理

案例引入

2020年9月6日，某项目经理部在进行路基填方作业收工时，发生了一起压路机倾翻事故，导致1人死亡。8月22日，该项目开始对一处深沟（沟深为45 m，需填土方50 000 m³）进行路基填方施工。当日，项目总工程师在现场对现场负责人兼压路机驾驶员王某做了施工任务和施工方法的安排与布置，即深沟填方采用机械施工。先用推土机开一条便道连接沟底和地面，再由一台推土机用钢丝绳拖拽一台装载机、一台压路机经该便道下到沟底。施工方法是由推土机向沟下推土，压路机、装载机在沟下作业。项目领导曾口头交代机械送下去以后，不准再开上来，加油加水、机械故障维修都在沟底进行。机械将随着大沟的填方上升，直到填平到位，自然升至地面（其间，人员步行上下班）。

9月6日18：30现场收工，与王某配合作业的装载机驾驶员张某向王某请示交代完工作后步行回驻地之后，王某却私自驾驶压路机回驻地。当爬到距沟底40多米（还没到地面时），压路机失去动力，开始下滑，当下滑至距沟底28 m拐弯处发生侧翻，王某被变形的驾驶室与方向盘卡住胸部，当现场步行回驻地的张某发现时，王某的脸已被憋得红紫肿胀。因没有立即拯救其出来的办法，只能眼睁睁地看着王某死去，其间大约经历了5分钟。

问题思考：

1. 驾驶员王某是否按照安全操作规程进行机械操作？

2. 事故发生的原因中有没有管理方面的因素？

知识链接

一、推土机施工安全

（一）推土机简介

推土机（图7-1）是土方工程施工的一种主要机械，按行走方式可分为履带式和轮胎式两种。履带式推土机附着牵引力大，接地比压小（0.04～0.13 kPa），爬坡能力强，但行驶速度低；轮胎式推土机行驶速度较高，机动灵活，作业循环时间短，运输转移方便，但牵引力小，适用于需要经常变换工地和野外工作的情况。

（二）推土机的选用

在施工中，选择推土机主要考虑以下四方面的因素。

1. 土方工程量

当土方量大且集中时，应选用大型推土机；当土方量小且分散时，应选用中、小型推土机；当土质条件允许时，应选用轮胎式推土机。

图7-1 推土机

2. 土的性质

一般推土机均适合Ⅰ级、Ⅱ级土施工或Ⅲ级、Ⅳ级土预松后施工。若土质较为密实坚硬或是冬期冻土，应选择重型推土机或带松土器的推土机。若土质为潮湿软泥，最好选用宽履带的湿地推土机。

3. 施工条件

修筑半挖半填的傍山坡道，可选用角铲式推土机；在水下作业，可选用深水下推土机；在市区施工，应选用能够满足当地环保部门要求的低噪声推土机。

4. 作业条件

根据施工作业的多种要求，为减少投入机械台数和扩大机械作业范围，最好选择多功能推土机。

对推土机选型时，还必须考虑经济型，即单位成本最低。单位土方成本取决于机械使用费和机械生产率。在选择机型时，结合施工现场情况，根据有关参数及经验资料，按台班费用定额，计算单方成本，经过分析比较，选择生产率高、单方成本低的合适机型。

（三）推土机的安全使用

（1）进行保养或加油时，发动机必须关闭，推土铲及松土器必须放下，制动锁杆要处于锁住位置。

（2）除驾驶室外，机上其他地方禁止乘人；行驶中任何人不得上下推土机。

（3）推土机上下坡时，其坡度不得大于30°，在横坡上作业，其横坡坡度不得大于10°。在斜坡上不得改变速度，不得横向或对角线行驶。下坡时，宜采用后退下行，严禁空挡滑行或高速行驶，必要时，可放下刀片辅助制动。避免在斜坡上转弯掉头。

（4）在坡地工作时，若发动机熄火，应立即将推土机制动，用三角木将推土机履带楔紧后，将离合器杆置于脱开位置，变速杆置于空挡位置，方可启动发动机，以防推土机溜坡。

（5）在危险或视线受限的地方，一定要下机检视，确认能安全作业后方能继续工作，严禁推土机在倾斜的状态爬过障碍物，爬过障碍物时不得脱开一个离合器。

（6）在陡坡、高坎上作业时，必须由专人指挥，严禁铲刀超出边坡的边缘。松土完成后应先换成倒车挡后再提铲倒车。

（7）在垂直边坡的沟槽作业，其沟槽深度，对大型推土机不得超过2 m，对小型推土机不得超过1.5 m，推土机刀片不得推坡壁上高于机身的孤石或大石块。

（8）多台推土机在同一作业面作业时，前后两机相距不应小于8 m，左右相距应大于1.5 m。两台或两台以上推土机并排推土时，两台推土机刀片之间应保持20～30 cm间距。推土机前进前必须以相同速度直线行驶；后退时，应分先后，防止相互碰撞。

（9）清除高过机体的建筑物、残墙断壁、树木和电线杆时，应提高着力点，防止其上部反向倒下，同时，应根据电线杆的结构、埋入深度和土质情况，使其周围保持一定的安全土堆，电压超过380 V的高压线，其保留土堆的大小应征得电业部门专业人士的同意。

（10）在爆破现场作业时，爆破前，必须把推土机开到安全地带。进入现场，操纵人员必须了解有无哑炮等情况，确认安全后，方可将推土机开入现场。

（11）履带式推土机不得长距离行驶，不准在沥青路面上行驶。通过交叉路口时，应注意来往行人和车辆。

（12）倒车时，应特别注意块石或其他障碍物，防止碰坏油底壳。

二、铲运机施工安全

（一）铲运机简介

铲运机主要用于大规模土方工程中，如铁路、公路、农田水利、机场、港口等工程，是一种理想的生产效率高、经济效益好的土方施工运输机械，可依次连续完成铲土、装土、运土、铺卸和整平五个工序。由于铲运机集铲、运、卸、铺、平整于一体，因而在土方工程的施工中其比推土机、装载机、挖掘机、自卸汽车联合作业具有更高的效率与经济性，如图7-2所示。

图7-2 自行式铲运机

铲运机的经济作业距离一般在100～2 500 m，最大运距可以达到几千米。在合理的运距内一个台班完成的土方量，相当于1台斗容量为1 m³的挖掘机配以4辆载重10 t的自卸车共同完成的土方量。自行式铲运机的工作速度可以达到40 km/h以上，充分显示铲运机在中长距离作业中具有很高的生产效率和良好的经济效益。

铲运机可以用来直接完成Ⅱ级以下软土体的铲挖，对Ⅲ级以上较硬的土应对其进行预先疏松后的铲挖。铲运机还可以对土进行铺御平整作业，将土逐层填铺到填方的地点，并对土进行一定的平整与压实。

铲运机主要根据斗容量大小、卸载方式、装载方式、行走方式、动力传递及操纵方式的不同进行分类，详见表7-1。

表7-1 铲运机的分类

分类方式	类型			
按斗容量大小分	小型 < 5 m³	中型 5 ～ 15 m³	大型 15 ～ 30 m³	特大型 > 30 m³
按卸载方式分	自由式	半强制式	强制式	—
按装载方式分	普通式	升运式	—	—
按行走方式分	轮胎式	履带式	—	—
按动力传递分	机械	液力机械	电力	液压
按操纵方式分	机械	液压	—	—

（二）铲运机的选用

铲运机的选用主要取决于运距、物料特性、道路状况等因素。其中，经济适用运距及作业的阻力是选用铲运机的主要依据。

1. 按运距选用

按运距选用是选用铲运机的基本依据，在100～2 500 m的运距范围内，土方工程的最佳装运设备是铲运机，一般是斗容量小、运距短，而斗容量大则运距大。目前，美国REYNOLDS公司生产的多个型号铲运机，最佳运距达500 m或更长。

2. 按铲运的物料特性选用

一般铲运机适用于Ⅱ级以下土质中使用，若遇Ⅲ、Ⅳ级土质时，应对其进行预先翻松。

铲运机最适宜在含水率为 25% 以下的松散砂土和黏性土中施工，而不适合在干燥的粉砂土和潮湿的黏土中施工，更不适合在潮湿地带、沼泽地带及岩石类地区作业。

3. 按施工地形选用

利用下坡铲装和运输可以提高铲运机的生产率，最佳坡度为 7°～8°。纵向运土路应平整，坡度不应小于 1∶10～1∶12。

大面积平整场地，铲平大土堆及填挖管道沟槽和装运河道土方等工程最为适用。

4. 按机种选用

主要依据土质、运距、坡度和道路条件选用铲运机的机种。目前在国外，升运式铲运机得到广泛应用，因为升运式铲运机可在不用助铲机顶推下，装满铲斗；功率负荷在作业时的变化幅度小，仅为 15%，而普通铲运机需要 40% 左右，双发动机升运式铲运机能克服较大的工作阻力，其装运物料的范围较宽，并能在较大的坡度上作业。

（三）铲运机安全操作规程

（1）操作人员应经过专门的培训，了解本机性能、构造及维护保养方法，并能熟练掌握操作技能和规程，经考试合格取证后方可上岗工作。

（2）铲运机作业时，不应急转弯进行铲土，以免损坏铲运机刀片。

（3）铲运机正在作业时，不准以手触摸该机的回转部件，在铲斗的前后斗门未撑牢、垫实、插住前，不得从事保养检修等工作。

（4）操作人员要离开设备时，应将铲斗放到地面，将操纵杆放在空挡位置，关闭发动机。

（5）在新填的土堤上作业时，至少应离斜坡边缘 1 m 以上，下坡时不得以空挡滑行。

（6）铲运机在边缘倒土时，离坡边至少不得小于 30 cm，斗底提升不得高过 20 cm。

（7）铲运机在崎岖的道路上行驶转弯时，为防止机身倾倒，铲斗不得提得太高。在检修保养铲斗时，应用防滑垫垫实铲斗。

（8）在铲运机运行中，严禁任何人上下机械、传递物件，拖把上、机架上、铲斗内均不得有人坐立。

（9）清除铲斗内积土时，应先将斗门顶牢。

三、挖掘机施工安全

（一）挖掘机概述

1. 简介

挖掘机又称挖掘机械，是用铲斗挖掘高于或低于承机面的物料，并装入运输车辆或卸至堆料场的土石方机械。挖掘的物料主要是土壤、煤、泥沙及经过预松后的土壤和岩石。从近几年工程机械的发展来看，挖掘机的发展相对较快，是施工中最主要的工程机械之一。

常见的挖掘机结构包括动力装置、工作装置、回转机构、操纵机构、传动机构、行走机构和辅助设施等。常用的挖掘机包括正铲挖掘机［图 7-3（a）］和反铲挖掘机［图 7-3（b）］。

（a）　　　　　　　　　　　（b）

图 7-3　挖掘机
（a）正铲挖掘机；（b）反铲挖掘机

2. 分类

挖掘机的分类见表 7-2。

表 7-2　挖掘机的分类

分类方式	类型	特性
驱动方式	内燃机驱动挖掘机	—
	电力驱动挖掘机	主要应用在高原缺氧与地下矿井和其他易燃易爆的场所
行走方式	履带式挖掘机	—
	轮式挖掘机	—
传动方式	液式挖掘机	—
	机械挖掘机	主要用在大型矿山上
铲斗	正铲挖掘机	多用于挖掘地表以上的物料
	反铲挖掘机	多用于挖掘地表以下的物料
铲斗容积大小	轻型（$0.25 \sim 0.35\ m^3$）	—
	中型（$0.35 \sim 1.5\ m^3$）	—
	重型（大于 $1.5\ m^3$）	—

3. 工作装置

工作装置是直接完成挖掘任务的装置。它由动臂、斗杆、铲斗三部分铰接而成。动臂起落、斗杆伸缩和铲斗转动都用往复式双作用液压缸控制。为了适应各种不同施工作业的需要，挖掘机可以装配多种工作装置，如挖掘、起重、装载、平整、夹钳、推土、冲击锤等多种作业机具。

回转与行走装置是液压挖掘机的机体，转台上部设有动力装置和传动系统。发动机是挖掘机的动力源，大多采用柴油发动机，在用电方便的场地也可以改用电动机作为动力源。

传动机构通过液压泵将发动机的动力传递给液压马达、液压缸等执行元件，推动工作装置动作，从而完成各种作业。

（二）挖掘机的选用

挖掘机的选型和使用是路基土石方施工生产的重要环节。其选型要依据施工环境和施工现场的配套车辆进行正确选择。

1. 依据施工环境而定

施工环境决定了挖掘机作业效率的高低，因此，要依据施工环境的不同选用不同型号、不同配置的挖掘机，避免出现浪费现象。

（1）疏松、低密度的土壤、砂石，大作业量、有限定工期。可选用型号较大的大功率、大斗容的挖掘机进行挖掘、装载作业，最大限度发挥挖掘机的作业效率，如 20 t 级 1.2 m³、30 t 级 1.6 m³、40 t 级 2.2 m³ 的挖掘机。

（2）疏松、低密度的土壤、砂石，间歇性施工、出租性质。可选用中小型的挖掘机，大大节省施工成本，如 20 t 级 0.85 m³、0.93 m³、1.1 m³ 的挖掘机。

（3）坚硬的土壤、风化石、沙（土）夹石、冻土、爆炸/粉碎的山石。要选用挖掘力大，斗容略小的挖掘机，以克服恶劣环境对挖掘机的影响，节约施工成本，如 20 t 级 09 m³、30 t 级 1.2 m³、40 t 级 1.6 m³ 的挖掘机。

（4）特殊环境条件下。如高原（3 000 m 以上）、高温（45 ℃ 以上）、高湿、酸碱盐、极度寒冷（−10 ℃ 以下）将采用相应的对策克服环境对设备的影响，满足施工要求。

2. 依据施工现场的配套车辆而定

一般情况下，挖掘机在施工作业中都是与运输车辆配套使用，依据作业量大小、运输距离、车辆运力来选用相应型号的挖掘机是非常必要的。

（1）作业量大、运输较近、运输车辆足够。要选用多台较大型号的挖掘机，充分发挥其作业效率，如 20 t 级 1.2 m³、30 t 级 1.6 m³、40 t 级 2.2 m³ 的挖掘机。

（2）作业量大、运输距离较远、运输车辆不充足。要选用多台中等型号的挖掘机，使之与运输能力相适应，以节约施工成本，如 20 t 级 1.1 m³、1.2 m³ 的挖掘机，或少量 30 t 级的挖掘机加上多台 20 t 级的挖掘机联合作业。

3. 挖掘机在施工中的使用技巧

（1）挖掘岩石。使用铲斗挖掘岩石会对机器造成较大破坏，应尽量避免；必须挖掘时，应根据岩石的裂纹方向来调整机体的位置，使铲斗能够顺利铲入，进行挖掘；把斗齿插入岩石裂缝中，用斗杆和铲斗的挖掘力进行挖掘（应留心斗齿的滑脱）；未被碎裂的岩石，应先破碎再使用铲斗挖掘。

（2）平整作业。进行平面修整时应将机器平放地面，防止机体摇动，要把握动臂与斗杆的动作协调性，控制两者的速度对于平面修整至关重要。

（3）装载作业。机体应处于水平稳定位置，否则回转卸载难以准确控制，从而延长作业循环时间；机体与卡车要保持适当距离，防止在做 180° 回转时配重与卡车相碰；尽量进行左回转装载，这样做视野开阔、作业效率高，同时要正确掌握旋转角度，以减少用于回转的时间；卡车位置应比挖掘机低，以缩短动臂提升时间，且视线良好；装载时先装砂土、碎石，再放置大石块，可以减少对车厢的撞击。

（4）松软地带或水中作业。在软土地带作业时，应了解土壤松实程度，并注意限制铲斗的挖掘范围，防止滑坡、塌方等事故发生及车体沉陷。

在水中作业时，应注意车体允许的水深范围（水面应在托链轮中心以下）；如果水平面较高，回转支承内部将因水的进入导致润滑不良，发动机风扇叶片受水击打导致折损，电器线路元件由于水的侵入发生短路或断路。

（5）吊装作业。作用液压挖掘机进行吊装操作时，应仔细观察吊装现场周围状况，使用高强度的吊钩和钢丝绳，吊装时要尽量使用专用的吊装装置；作业方式应选择微操作模式，动作要缓慢平衡；吊绳长短应适当，防止吊物摆动幅度大；要正确调整铲斗位置，防止钢线绳滑脱；施工人员尽量不要靠近吊装物，防止因操作不当发生事故。

（6）行走操作。挖掘机行走时，应尽量收起工作装置并靠近机体，以保持稳定性；把终传动放在后面以保护终传动。尽量避免驶过树桩和岩石等障碍物，防止履带扭曲；若必须驶过障碍物时，应确保履带中心在障碍物上。过土墩时，要始终用工作装置支撑住底盘，以防止车体剧烈晃动甚至倾翻。应避免长时间停在陡坡上怠速运转发动机，否则会因油位的改变而导致润滑不良。

机器长距离行走，会使支重轮及终传动内部因长时间回转产生高温，润滑油黏度下降和润滑不良。因此，应经常停机冷却降温，这样能够延长下部机体的寿命。

禁止靠行走的驱动力进行挖土作业，过大的负荷会导致终传动、履带等下车部件的早期磨损或损坏。

上坡行走时，驱动轮应在后，以增加触地履带的附着力。下坡行走时，驱动轮应在前，使上部履带绷紧，防止停车时车体在重力作用下向前滑移而引起事故。

在斜坡上行走时，工作装置应置于前方，确保安全；停车后，把铲斗轻轻地插入地面，并在履带下放上挡块。在陡坡上转弯时，应将速度放慢，左转时向后转动左履带，右转时向后转动右履带，这样可以降低在斜坡上转弯时的危险。

（7）破碎作业。首先要将锤头垂直放在待破碎的物体上。开始破碎作业时，抬起前部车体大约 5 cm，破碎时，破碎头要一直压在破碎物上，物体被破碎后应立即停止操作。破碎时，由于振动会使锤头逐渐改变方向，应随时调整，使锤头方向始终垂直于破碎物体表面。当锤头打不进破碎物时，应改变破碎位置；在同一个地方持续破碎不要超过1分钟，否则不仅会损坏锤头，而且油温会异常升高；对于坚硬的物体，应从边缘开始逐渐向中心破碎。严禁边回转边破碎、锤头插入后扭转液压锤和将液压锤当凿子使用。

（8）注意事项。

1）液压缸内部装有缓冲装置，能够在靠近行程末端逐渐释放背压；如果在到达行程末端后受到冲击荷载，活塞将直接碰到缸头或缸底，容易造成事故，因此到行程末端时应尽量留有余隙。

2）利用回转动作进行推土作业将引起铲斗和工作装置的不正常受力，造成扭曲或焊缝其至销轴折断，应尽量避免此种操作。

3）利用机体质量进行挖掘会造成回转支承不正常受力状态，同时会对底盘产生较强的振动和冲击，对液压缸或液压管路产生较大的破坏。

4）在装卸岩石等较重物料时，应靠近卡车车厢底部卸料，或先装载泥土，然后装载岩石，禁止高空卸载，以减小对卡车的撞击破坏。

履带陷入泥中较深时，在铲斗下垫一块木板，利用铲斗的底端支起履带，然后在履带下垫上木板，将机器驶出。

合理选用和使用挖掘机，加强细节管理，才能提高机器的使用率和完好率，更好地为施工服务。

（三）挖掘机安全操作注意事项

1. 作业前准备的安全注意事项

（1）仔细阅读挖掘机相关的使用说明，熟悉所驾驶车辆的使用和保养状况。

（2）详细了解施工现场任务情况，检查挖掘机停机处土壤坚实性和平稳性。在挖掘基坑、沟槽时，检查路堑和沟槽边坡稳定性。

（3）严禁任何人员在作业区内停留，工作场地应便于自卸车出入。

（4）检查挖掘机液压系统、发动机、传动装置、制动装置、回转装置，以及仪器、仪表，在经试运转并确认正常后才可以工作。

2. 作业与行驶中的安全注意事项

（1）操作开始前应发出信号。

（2）作业时，要注意选择和创造合理的工作面，严禁掏洞挖掘；严禁将挖掘机布置在两个挖掘面内同时作业；严禁在电线等高空架设物下作业。

（3）作业时，禁止随便调节发动机、调速器及液压系统、电器系统；禁止使用铲斗击碎或用回转机械方式破碎坚固物体；禁止用铲斗杆或铲斗油缸顶起挖掘机；禁止用挖掘机动臂拖拉位于侧面重物；禁止工作装置以突然下降的方式进行挖掘。

（4）挖掘机应在汽车停稳后再进行装料，卸料时，在不碰及汽车任何部位的情况下，铲斗应尽量放低，并禁止铲斗从驾驶室上越过。

（5）液压挖掘机正常工作时，液压油温应在 50 ~ 80 ℃。机械使用前，若低于 20 ℃时，要进行预热运转；达到或超过 80 ℃时，应停机散热。

3. 作业后的安全注意事项

（1）挖掘机行走时，应有专人指挥，且与高压线距离不得少于 5 m。禁止倒退行走。

（2）在下坡行走时应低速、匀速行驶，禁止滑行和变速。

（3）挖掘机停放位置和行走路线应与路面、沟渠、基坑保持安全距离。

（4）挖掘机在斜坡停车，铲斗必须放到地面，所有操作杆置于中位。

（5）工作结束后，应将机身转正，将铲斗放到地面，并将所有操作杆置于空挡位置。各部位制动器制动，关好机械门窗后，操作人员方可离开。

四、压实机械施工安全

（一）压路机概述

1. 简介

压路机是指利用机械力使土壤、碎石等松散物料密实，提高其承载能力的机械。压路机在工程机械中属于道路设备的范畴，广泛用于公路、铁路、机场跑道、大坝、体育场等大型工程项目的填方压实作业，可以碾压沙性、半黏性及黏性土壤、路基稳定土及沥青混凝土路面层等。各种常见类型压路机如图 7-4 所示。

（a）　　　　　　　　　　（b）　　　　　　　　　　（c）

图 7-4　各种常见类型压路机

（a）光轮压路机；（b）轮胎压路机；（c）羊足碾压路机

2. 分类及特点

压路机按照其工作原理可分为静作用碾压式、振动式、冲击式和复合式压路机。

（1）静作用碾压式压路机利用碾轮重力作用，使被压土壤和碎石层产生永久形变而密实。根据碾轮不同可分为光面碾、槽纹碾、羊足碾和轮胎碾等。

（2）振动式压路机利用机械的激振力使物料在振动中重新排列而变得密实。振动式压路机具有振动频率高、能耗低、压实效果好的特点，对于黏性低的松散物料效果较好。

（3）冲击式压路机是利用机械的冲击力压实物料。其特点是夯实厚度大，适用于狭小面积及基坑的夯实。

（4）复合式压路机采用碾压与振动复合、碾压与冲击复合等形式。

3. 碾压技巧

压实作业的基本原则：慢压—快压；轻压—重压；静压—振压。

（1）无论是上坡碾压还是下坡碾压，压路机的驱动轮均应在后面。这样做具有如下优点：上坡时，后面的驱动轮可以承受坡道及机器自身所提供的驱动力，同时前轮对路面进行初步压实，以承受驱动轮所产生的较大的剪切力；下坡时，压路机自重所产生的冲击力是依靠驱动轮的制动来抵消的，只有经前轮碾压后的混合料才有支承后驱动轮产生剪切力的能力。

（2）上坡碾压时，压路机起步、停止和加速都要平稳，避免速度过高或过低。下坡碾压时，应避免突然变速和制动。

（3）在坡度很陡的情况下进行下坡碾压时，应先使用轻型压路机进行预压，而后再用重型压路机或振动压路机进行压实。

（4）在对沥青混合料进行碾压时，无论是上坡还是下坡，沥青混合料底下一层必须清洁干燥，而且一定要喷洒沥青结合层，以避免混合料在碾压时滑移。上坡碾压前，应使混合料冷却到规定的低限温度，而后进行静力预压，待混合料温度降到下限（120 ℃）时，才采用振动压实。

（二）压路机的选用

选择压路机时，应考虑机械的工作特性和使用场合。静碾压路机是依靠自身质量，在相对的铺层厚度上以线荷载、碾压次数和压实速度体现其压实能力的，压实厚度不超过25 cm，碾压速度为 $2 \sim 4$ km/h，需要碾压 $8 \sim 10$ 遍才可以达到要求。而振动压路机由于激振力较大，压实厚度可达 $50 \sim 60$ cm，某些 20 t 级以上重型振动压路机的压实厚度甚至可以超过 1 m，在碾压速度为 $4 \sim 6$ km/h 的情况下，碾压 $4 \sim 6$ 遍就可达到标准要求的密实度，施工效率是静碾压路机的 $2 \sim 3$ 倍。为了有效提高施工进度，一些高寒时间较长、施工季节较短的地区应考虑选择振动压路机；而在山区公路或山体土壤疏松的工作场地，振动压路机产生的激振力容易造成山体塌方、滑坡，发生施工事故，宜选用静碾压路机。夯击压实机械是利用夯具多次下落时的冲击作用将材料压实，包括夯锤、夯板及夯实机。夯具对地表产生的冲击力比静压力大得多，并可传至较深处，压实效果也好，适用于各种性质的土质。

路基压实工作大多是由碾压机械（各种路碾）来完成的，夯实机械常用于路碾无法压实的地方。一般来说，重型压实机械压实能力（自重、线压力、落距、振幅和频率等）大、压实效果好、生产率高、单位压实功小，费用也低；但容易引起土体破坏或对邻近结构物产生危害。因而，压实机械常要配套使用，才能保证工程的质量和充分发挥机械的效力。表7-3 列出了各种压实机械的使用场合，以供选配参考。

表 7-3　各种压实机械的使用场合

机械名称	土的类别			适合使用的条件
	巨粒土	粗粒土	细粒土	
$2 \sim 8$ t 两轮光面压路机	A	A	A	用于预压整平
$12 \sim 18$ t 三轮光面压路机	B	A	A	常用于路基上层
$25 \sim 50$ t 轮胎碾	A	A	A	压实要求高时最宜使用
羊足（凸块、条式）碾	C	C 或 B	A	粉质、黏土质砂可用
振动路碾	A	A	B	压实要求高时最宜使用，巨粒石宜用 12 t 以上的重碾
振动凸块碾	A	A	A	最宜用于含水率较高的细粒土
手扶式振动压路机	C	A	A	用于狭窄地点
振动平板夯	B 或 C	A	B	用于狭窄地点，机械质量 0.8 t 以上的可用于巨粒上
手扶式振动夯	B	A	A	用于狭窄地点

注：1. 表中符号 A 代表适用，B 代表无适当机械时可用，C 代表不适用；
　　2. 土的类别按《公路土工试验规程》（JTG 3430—2020）的规定划分，其中巨粒石块在内；
　　3. 自行式路碾（压路机）宜用于一般路堤和路床换填等的压实，并按直线式运行；
　　4. 羊足（凸块、条式）碾应与光面压路机配合使用。

（三）压路机安全操作规程

（1）作业时，压路机应先起步后才能起振，内燃机应先置于中速，然后再调至高速。

（2）变速与换向时应先停机，变速时应降低内燃机转速。

（3）严禁压路机在坚实的地面上进行振动。

（4）碾压松软路基时，应先在不振动的情况下碾压 $1 \sim 2$ 遍，然后再振动碾压。

（5）碾压时，振动频率应保持一致。对可调频率的振动压路机，应先调整好振动频率后再作业，不得在没有起振的情况下调整振动频率。

（6）换向离合器、起振离合器和制动器的调整，应在主离合器脱开后进行。

（7）上、下坡时，不得使用快速挡。在急转弯时，包括铰接式振动压路机在小转弯绕圈碾压时，严禁使用快速挡。

（8）压路机在高速行驶时不得接合振动。

（9）停机时应先停振，然后将换向机构置于中间位置，变速器置于空挡，最后拉起手制动操纵杆，内燃机怠速运转数分钟后熄火。

（10）其他作业要求应符合静压压路机的规定。

◎ 案例分析

事故主要原因如下。

1. 技术方面

（1）压路机检修保养不及时，技术性能不符合标准。

（2）上下沟的便道坡度过大，不符合规定。

（3）操作人员违反操作规程驾驶压路机爬陡坡，正是由于这个原因使压路机负荷过大，液压驱动马达供油管路破裂，导致压路机失去动力下滑。

2. 管理方面

（1）项目部没有机械管理制度和压路机操作人员的安全操作规程，对机械设备管理不严格。

（2）缺少专门的管理人员进行现场指挥和监管。

（3）项目经理在明知深沟填土施工危险性大的情况下，不做专门的安全施工方案，安全管理措施笼统且未形成有效文件。

▶ 【思政小课堂】

敬畏规则

在建筑施工中，土方施工机械体积大，视线盲区多，一不注意就会酿成重大安全事故。因此，机械操作中要严格执行操作规程，树立规则意识，时刻将安全规则放在操作的第一位。只有让机械操作深植于规则的沃土，才能结出安全施工的硕果！

知识拓展

世界上最大的挖掘机——特雷克斯 RH400

特雷克斯公司是一家全球性多元化的设备制造商，专门为建筑、基础设施、挖掘、采矿、货运、精炼及公用事业等行业提供可靠的客户解决方案。

特雷克斯 RH400 挖掘机是世界上最大的挖掘机，整机质量为 1 008 t，在当时全世界仅有 6 台，第 1 台于 1997 年制造，经过改进的第 6 台 RH400 在 2002 年推出，其中第 5 台为电驱动型，柴油机版使用了两台 Cummins QSK60-C 柴油机（16缸，涡轮增压），油箱容量为 16 000 L，这 6 台中有 5 台在美国、1 台在加拿大的矿山使用。

RH400 采用电力驱动动力系统，以节约成本，它装有两台 1 800 kW 的异步电动机。这种模块化的动力装置已在其兄弟型号 RH340 上成功应用——总的输出功率为 3 600 kW（4 898 马力），铲斗荷载能力为 90 t，操作人员的视线高度为 8.8 m，它能在最多 4 个工作循环内装满目前世界上最大的矿用卡车。

单元二　混凝土及钢筋机械施工安全

混凝土及钢筋机械施工安全管理

案例引入

在某建筑公司承包的动力中心及主厂房工程工地上，动力中心厂房正在进行抹灰施工，现场使用一台 JGZ350 型混凝土搅拌机用来拌制抹灰砂浆。9：30 左右，由于从搅拌机出料口到动力中心厂房西北侧现场抹灰施工点约有 200 m 的距离，两台翻斗车进行水平运输，加上抹灰工人较多，造成砂浆供应不上，工人在现场停工待料。身为抹灰工长的文某非常着急，到砂浆搅拌机边督促拌料。因文某本人安全意识淡薄，趁搅拌机操作工去备料而不在搅拌机旁，其私自违章开启搅拌机，且在搅拌机运行过程中，将头伸进料口边查看搅拌机内的情况，被正在爬升的料斗夹到其头部后，人跌落在料斗下，料斗下落后又压在文某的胸部，造成头部大量出血。事故发生后，现场负责人立即将文某紧急送往医院，经抢救无效，文某于当日 10 时左右死亡。

问题思考：

1. 导致事故发生的直接原因是什么？

2. 导致事故发生的间接原因是什么？

知识链接

一、混凝土拌和设备施工安全

（一）混凝土拌和设备简介

混凝土搅拌机是指把水泥、砂石骨料和水混合并拌制成混凝土混合料的机械。其主要由拌筒、加料和卸料机构、供水系统、原动机、传动机构、机架和支承装置等组成。

混凝土搅拌机按照工作性质划分，可分为周期性工作搅拌机和连续性工作搅拌机；按照搅拌原理划分，可分为自落式搅拌机和强制式搅拌机，如图 7-5 所示；按照搅拌筒

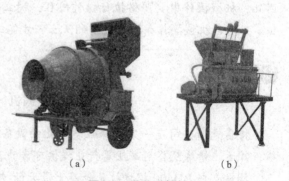

（a）　　　　　　　　　　（b）

图 7-5　混凝土搅拌机
（a）自落式搅拌机；（b）强制式搅拌机

形状划分，可分为鼓筒式搅拌机、锥式搅拌机和圆盘式搅拌机等。

自落式搅拌机有较长的历史，拌筒内壁上有径向布置的搅拌叶片。工作时，拌筒绕其水平轴线回转，加入拌筒内的物料，被叶片提升至一定高度后，借自重下落，这样周而复始的运动，达到均匀搅拌的效果。自落式搅拌机的结构简单，一般以搅拌塑性混凝土为主。

强制式搅拌机可分为涡桨式和行星式两种。19世纪70年代后，随着轻骨料的应用，出现了圆槽卧轴式强制搅拌机，它又可分为单卧轴式和双卧轴式两种，兼有自落和强制两种搅拌特点。其搅拌叶片的线速度小，耐磨性好和耗能少，发展较快。强制式搅拌机拌筒内的转轴臂架上装有搅拌叶片，加入拌筒内的物料，在搅拌叶片的强力搅动下，形成交叉的物流。这种搅拌方式远比自落式搅拌方式强烈，主要适用于搅拌干硬性混凝土。

（二）混凝土拌和设备的安全操作规程

（1）固定式搅拌机应安装在牢固的台座上。当长期固定时，应埋置地脚螺栓；在短期使用时，应在机座上铺设木枕并找平放稳。

（2）固定式搅拌机的操纵台，应使操作人员能看到各部工作情况。电动搅拌机的操纵台，应垫上橡胶板或干燥木板。

（3）移动式搅拌机的停放位置应选择平整坚实的场地，周围应有良好的排水沟渠。就位后，应放下支腿将机架顶起达到水平位置，使轮胎离地。当使用期较长时，应将轮胎卸下妥善保管，轮轴端部用油布包扎好，并用枕木将机架垫起。

（4）对需设置上料斗地坑的搅拌机，其坑口周围应垫高夯实，应防止地面水流入坑内。上料轨道架的底端支承面应夯实或铺砖，轨道架的后面应采用木料加以支承，应防止作业时轨道变形。

（5）料斗放到最低位置时，在料斗与地面之间，应加一层缓冲垫木。

（6）作业前重点检查项目应符合下列要求：

1）电源电压升降幅度不超过额定值的5%。

2）电动机和电器元件的接线牢固，保护接零或接地电阻符合规定。

3）各传动机构、工作装置、制动器等均紧固可靠，开式齿轮、皮带轮等均有防护罩。

4）齿轮箱的油质、油量符合规定。

（7）作业前，应先启动搅拌机空载运转。应确认搅拌筒或叶片旋转方向与筒体上箭头所示方向一致。对反转出料的搅拌机，应使搅拌筒正、反转运转数分钟，并应无冲击抖动现象和异常噪声。

（8）作业前，应进行料斗提升试验，应观察并确认离合器、制动器灵活可靠。

（9）应检查并校正供水系统的指示水量与实际水量的一致性；当误差超过2%时，应检查管路的漏水点，或应校正节流阀。

（10）应检查骨料规格并与搅拌机性能相符，超出许可范围的不得使用。

（11）搅拌机启动后，应使搅拌筒达到正常转速后进行上料。上料时应及时加水，每次加入的拌合料不得超过搅拌机的额定容量并应减少物料黏罐现象，加料的次序应为石子—水泥—沙子—水泥—石子。

（12）进料时，严禁将头或手伸入料斗与机架之间。运转中，严禁用手或工具伸入搅拌筒内扒料、出料。

（13）搅拌机作业中，当料斗升起时，严禁任何人在料斗下停留或通过；当需要在料斗下检修或清理料坑时，应将料斗提升后用铁链或插销锁住。

（14）向搅拌筒内加料应在运转中进行，添加新料应先将搅拌筒内原有的混凝土全部卸出后方可进行。

（15）作业中，应观察机械运转情况，当有异常或轴承温度过高等现象时，应停机检查；当需检修时，应将搅拌筒内的混凝土清除干净，然后再进行检修。

（16）加入强制式搅拌机的骨料最大粒径不得超过允许值，并应防止卡料。每次搅拌时，加入搅拌筒的物料不应超过规定的进料容量。

（17）强制式搅拌机的搅拌叶片与搅拌筒底及侧壁的间隙，应经常检查并确认符合规定。当间隙超过标准时，应及时调整。当搅拌叶片磨损超过标准时，应及时修补或更换。

（18）作业后，应对搅拌机进行全面清理；当操作人员需进入筒内时，必须切断电源或卸下熔断器，锁好开关箱，挂上"禁止合闸"标牌，并应有专人在外监护。

（19）作业后，应将料斗降落到坑底，当需要升起时，应用链条或插销扣牢。

（20）冬期作业后，应将水泵、放水开关、量水器中的积水排尽。

（21）搅拌机在场内移动或远距离运输时，应将进料斗提升到上止点，用保险铁链或插销锁住。

二、混凝土运输设备施工安全

（一）混凝土运输设备概述

混凝土运输包含两个过程，即水平运输和垂直运输。水平运输是指从搅拌机到浇筑仓前的运输，又称供料运输。常用的运输方式有人工、机动翻斗车、混凝土搅拌运输车、自卸汽车、混凝土泵、皮带机、机车等，主要根据工程规模、施工场地和设备供应情况来选用。垂直运输是指从浇筑仓前到浇筑仓内的运输。

目前，混凝土的水平运输主要用混凝土搅拌运输车和混凝土泵等设备。

1. 混凝土搅拌运输车

混凝土搅拌运输车由汽车底盘和混凝土搅拌运输专用装置组成，如图7-6所示。我国生产的混凝土搅拌运输车的底盘多采用整车生产厂家提供的二类通用底盘。其专用机构主要包括取力器、搅拌筒前后支架、减速机、液压系统、搅拌筒、操纵机构、清洗系统等。其工作原理是通过取力装置将汽车底盘的动力取出，并驱动液压系统的变量泵，将机械能转化为液压能传给定量马达，马达再驱动减速机，由减速机驱动搅拌装置，对混凝土进行搅拌。

图7-6　混凝土搅拌运输车

混凝土搅拌运输车的特点是在运量大、运距远的情况下，能保证混凝土的质量均匀，一般用于混凝土制备点（商品混凝土站）与浇筑点距离较远时使用。它的运输方式有两种：一是在 10 km 范围内做短距离运送时，制作运输工具使用，即将拌和好的混凝土接送至浇筑点，在运输途中防止混凝土分离、凝固；二是在运距较长时，搅拌、运输两者兼顾，即先在混凝土拌和站将干料按比例装入搅拌鼓筒内，并将水注入配水箱，开始只做干料运送，然后在到达距离使用点 10～15 分钟路程时，启动搅拌筒回转，并向搅拌筒注入定量的水，这样，在运输途中边运输边搅拌成混凝土拌合物，送至浇筑点卸出。

2. 混凝土泵

混凝土输送泵又称混凝土泵，其由泵体和输送管组成，可分为自行式汽车泵和拖式混凝土泵两种，如图 7-7 所示。其是一种利用压力，将混凝土沿管道连续输送的机械，主要应用于房建、桥梁及隧道施工。目前，混凝土泵主要可分为闸板阀混凝土输送泵和 S 阀混凝土输送泵。还有一种就是将泵体安装在汽车底盘上，再装备可伸缩或可曲折的布料杆而组成的泵车。混凝土泵具有以下特点：

（1）采用三泵系统、液压回路互不干扰，系统运行。

（2）具有反泵功能，有利于及时排除堵管故障，并可短时间的停机待料。

（3）采用先进的 S 管分配阀，可自动补偿磨损间隙，密封性能好。

（4）采用耐磨合金眼镜板和浮动切割环，使用寿命长。

（5）长行程的料缸，延长了料缸和活塞的使用寿命。

（6）优化设计的料斗，便于清洗，吸料性能更好。

（7）自动集中润滑系统，保证机器在运行中得到有效润滑。

（8）具有远程遥控作用，操作更加安全方便。

（9）所有零部件全部采用国标，互换性较好。

（a）　　　　　　　　　　　　　　（b）

图 7-7　混凝土泵

（a）自行式汽车泵；（b）拖式混凝土泵

（二）混凝土运输设备的安全操作规程

1. 混凝土搅拌运输车的安全操作规程

（1）作业前必须进行检查，确认转向、制动、灯光、信号系统灵敏有效，滚筒和溜槽无裂纹与严重损伤，搅拌叶片磨损在正常范围内，底盘和副车架之间的 U 形螺栓连接良好。

（2）了解施工要求和现场情况，选择行车路线和停车地点。

（3）在社会道路上行驶必须遵守交通规则，转弯半径应符合使用说明书的要求，时速不大于 15 km，进站时速不大于 5 km。

（4）作业时，严禁用手触摸旋转的滚筒和滚轮。

（5）倒车卸料时，必须服从指挥，注意周围人员，发现异常立即停车。

（6）严禁在高压线下进行清洗作业。

2. 混凝土泵的安全操作规程

（1）拖式混凝土输送泵可使用机动车辆牵引拖行，但不得运载任何货物，拖行速度不得超过 8 km/h。

（2）混凝土泵液压系统各安全阀的压力应符合说明书要求，用户不得调整变更。

（3）在寒冷季节施工，混凝土输送泵要有防冻措施。

（4）在炎热季节施工，混凝土输送泵要防止油温过高。当温度达 70 ℃ 时，应停止运转或采取其他措施降温。

（5）泵送混凝土完毕，要及时把料斗、S 阀、混凝土缸、输送管路清洗干净，泵机清洗后，应将蓄能器压力释放，切断电源，各开关在停止或断开位置。

（6）工作人员不得攀登或骑在输送管道上，在高空作业时更应绝对避免。

（7）泵送混凝土完毕清洗以前，要反泵数个行程以降低输送管内压力，避免造成事故。

（8）施工现场应设安全和预防事故装置。如指示及警告标志、栅栏、金属挡板等，在泵机周围设置必需的工作区域（不小于 1 m），非操作人员未经许可不得擅入。定期更换距司机 3 m 内的输送管路，须紧固并用木板或金属隔板屏护。

（9）真空表读数大于 0.04 MPa 时严禁作业，否则可能损坏主油泵。

（10）电气控制箱的使用、安装、接线须由专业人员进行。

（11）料斗中的混凝土必须高于搅拌轴，避免由于吸入空气而造成混凝土喷溅。

（12）泵送作业结束转移泵机收支腿时，先收后支腿，放下支地轮，再收前支腿。

（13）操作人员（混凝土输送泵的泵工）应按要求记录混凝土泵的工作情况。

（14）混凝土泵在使用前要切实固定好，支起 4 个支脚使轮胎脱离地面，或者卸掉轮胎。要检查泵上部的料斗及溜槽的支撑情况，保证稳定可靠。特别注意泵机倾覆引起伤亡。

（15）泵送时注意混凝土飞溅或其他物品进入眼内引起眼伤。

（16）混凝土泵电源接线必须有漏电保护开关，应经常检查电气元件是否工作正常，电缆线是否破损，防止触电造成伤亡。

（17）要保证管道联结可靠，定期检修，防止管卡、管道爆裂或堵塞冲开造成人员伤害。

（18）严禁在液压系统没有卸荷时就打开液压管接头或松开液压法兰螺栓，高压液压油喷射可造成很大伤害。

（19）泵机工作时，严禁作业人员将手伸入料斗、水箱、换向油缸等有运动部件的区域，需要检查时应停机操作。

三、钢筋加工机械施工安全

（一）钢筋加工机械概述

常见的钢筋加工机械主要有钢筋除锈机械、钢筋调直机械、钢筋切断机械、钢筋弯曲机械、钢筋焊接机械、钢筋连接机械等，如图 7-8 所示。

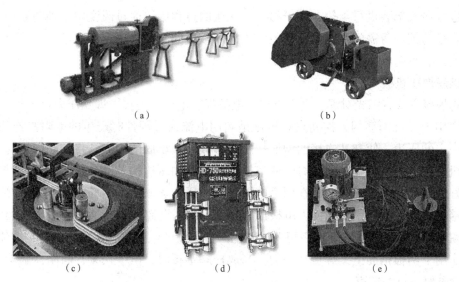

图 7-8　钢筋加工机械

(a) 钢筋调直机；(b) 钢筋切断机；(c) 钢筋弯曲机；(d) 电渣压力焊机；(e) 钢筋套筒挤压机

1. 钢筋除锈机械

钢筋除锈机械以小功率电机作为动力，带动圆盘钢丝刷的转动来清除钢筋上的铁锈。钢丝刷可单向转动或双向转动。钢丝刷为直径 25 ～ 35 cm 的圆盘，厚度为 5 ～ 15 cm，所用转速一般为 1 000 r/min。

2. 钢筋调直机械

钢筋调直机械用于圆钢筋的调直和切断，并可清除其表面的氧化皮和污迹。它是由电动机通过皮带传动增速，使调直筒高速旋转，穿过调直筒的钢筋被调直，并由调直模清除钢筋表面的锈皮；由电动机通过另一对减速皮带传动和齿轮减速箱，一方面驱动两个传送压辊，牵引钢筋向前运动；另一方面带动曲柄轮，使锤头上下运动。当钢筋调直到预定长度，锤头锤击上刀架，将钢筋切断，切断的钢筋落入受料架时，由于弹簧作用，刀台又回到原位，完成一个循环。其特点是易拆解，搬运安装方便，设有数控装置，可根据客户不同的要求、数量、长短定位，调直速度快，切断无误，无噪声，无连切，适用于各种建筑工地与钢筋加工。

3. 钢筋切断机械

钢筋切断机械是一种剪切钢筋所使用的工具。钢筋切断机械的主要类型有机械式、液压式和手持式三种。它是钢筋加工必不可少的设备之一，主要适用于房屋建筑、桥梁、隧道、电站、大型水利等工程中对钢筋的定长切断。钢筋切断机械与其他切断设备相比，具有质量轻、耗能少、工作可靠、效率高等特点。因此，其近年来逐步被机械加工和小型轧钢厂等广泛采用，在国民经济建设的各个领域发挥了重要的作用。

4. 钢筋弯曲机械

钢筋弯曲机械有机械钢筋弯曲机、液压钢筋弯曲机和钢筋弯箍机等几种形式。机械钢筋弯曲机按工作原理可分为齿轮式钢筋弯曲机和蜗轮蜗杆式钢筋弯曲机。机械钢筋弯曲机由电动机、工作盘、插入座、减速机构（蜗轮蜗杆或齿轮减速箱）、皮带轮、齿轮和滚轴等组成。也可在底部装设行走轮，便于移动。在弯曲过程中，通过改变中心轴的直径，可保证不同直径的钢筋所需的不同弯曲半径，当钢筋被弯曲到预先确定的角度时，限位销触到行程开关，电动机自动停机、反转、回位，即完成一个工作过程。

5. 钢筋焊接机械

钢筋焊接方式有闪光对焊、电阻点焊、电弧焊、电渣压力焊、埋弧压力焊、气压筋等。

点焊用于焊接钢筋网，钢筋点焊机械是利用电流通过焊件时产生的电阻热作为热源，并施加一定的压力，使交叉连接的钢筋接触处形成一个牢固的焊点，将钢筋焊接起来。钢筋点焊机械主要由点焊变压器、时间调节器、电极和加压机构等部分组成。点焊时，将表面清理好的钢筋叠合在一起，放在两个电极之间预压加紧，使两钢筋交接点紧密接触。当踏下脚踏板时，带动压紧机构使上电极压紧钢筋，同时断路器也接通电路，电流经变压器次级线圈引导电极，接触点处在极短的时间内产生大量的电阻热，使钢筋加热到熔化状态，在压力作用下两根钢筋交叉焊接在一起。当放松脚踏板时，电极松开，断路器随着杠杆下降，断开电路，点焊结束。

对焊用于接长钢筋，闪光对焊是利用电流通过对接的钢筋时，产生的电阻热作为热源使金属熔化，产生强烈飞溅，并施加一定压力而使之焊合在一起的焊接方式。对焊不仅能提高工效，节约钢材，还能充分保证焊接质量。钢筋对焊机械可分为手动对焊机和自动对焊机。

钢筋电弧焊是以焊条作为一极，利用焊接电流通过产生的电弧热进行焊接的一种熔焊方法。钢筋电弧焊具有设备简单、操作灵活、成本低、焊接性能好的特点，但工作条件差、效率低。其适用于构件厂内和施工现场焊接碳素钢、低合金结构钢、不锈钢、耐热钢和对铸铁的补焊，可在各种条件下进行各种位置的焊接。

6. 钢筋连接机械

钢筋机械连接技术是一项新型钢筋连接工艺，被称为继绑扎、电焊之后的"第三代钢筋接头"，具有接头强度高于钢筋母材、速度比电焊快 5 倍、无污染、节省钢材 20% 等优点。

目前，市场上常用的钢筋机械连接接头类型有套筒挤压连接接头、锥螺纹连接接头、直螺纹连接接头。

（二）钢筋加工机械的安全操作规程

1. 钢筋除锈机械的安全操作规程

（1）操作人员工作时应戴口罩和手套。

（2）带钩的钢筋严禁上机除锈；除锈应在基本调直后进行。

（3）操作时应放平握紧，人员站在钢丝刷的侧面。

（4）工作完毕后，认真做好清理工作。

2. 钢筋调直机械的安全操作规程

（1）机械上不得堆放物件。

（2）钢筋送入压滚时，手与滚筒应保持一定距离。

（3）调整滚筒须在停机后进行，严禁戴手套操作。

（4）钢筋调直到末端时，操作人员必须躲开，严防钢筋甩动伤人。

（5）短于 2 m 或直径大于 9 mm 的钢筋调直应低速进行。

（6）工作完毕后，认真做好清理工作。

3. 钢筋切断机械的安全操作规程

（1）机械运转正常后方可断料，断料时手与刀口的距离不得小于 15 cm，活动刀片前进时严禁送料。

（2）切断钢筋禁止超过机械的负载能力，切低合金钢等特种钢筋时，应使用高硬度刀片。

（3）切断长钢筋时，应有人扶抬，操作时应动作一致，切断钢筋应用套管或钳子夹料，不得用手直接送料。

（4）机械运转中严禁用手直接清除刀口附近的短头和杂物，在钢筋摆动范围内及刀口附近，非操作人员不得停留。

（5）工作完毕后，认真做好清理工作。

4. 钢筋弯曲机械的安全操作规程

（1）钢筋应贴紧挡板，并注意放入插头的位置和回转方向。

（2）弯曲长钢筋时应有专人扶抬，并站在钢筋弯曲方向的外侧。

（3）钢筋调头时防止碰撞伤人。

（4）维修保养，更换插头，加油及清理等工作必须在停机后进行。

（5）材料堆放整齐，做好清理工作。

5. 钢筋焊接机械的安全操作规程

（1）电焊机应放在干燥的机棚内，留出安全通道，配置好消防设施。

（2）焊接人员须持证作业，正确穿戴安全防护用品。

（3）焊接前须对焊机和工具，如焊钳和焊接电缆的绝缘，焊机的外壳接地和焊机的各接线点进行检查，在确认良好后方可合闸操作。

（4）改变焊机接头、转移地点或发生故障及工作完毕时必须切断电源。

（5）焊接地点与易燃易爆物品之间须留足够安全距离或采取可靠的隔离防护设施。

（6）在容器内焊接时，照明设备电压不得超过 12 V，须设专人进行监护。工作场所须具备良好的通风条件。

（7）严禁在有易燃易爆物品的容器、管道和受力构件上进行焊接。

6. 钢筋连接机械的安全操作规程

（1）机械的安装应坚实稳固，保持水平位置。固定式机械应有可靠的基础；移动式机械作业时应楔紧行走轮。

（2）室外作业应设置机棚，机旁应有堆放原料、半成品的场地。

（3）加工较长的钢筋时，应由专人帮扶，并听从操作人员指挥，不得任意推拉。

（4）有下列情况之一时，应对挤压机的挤压力进行标定：

1）新挤压设备使用前。

2）旧挤压设备大修后。

3）油压表受损或强烈振动后。

4）套筒压痕异常且检查不出其他原因时。

5）挤压设备使用超过 1 年。

6）挤压的接头数超过 5 000 个。

（5）设备使用前后的拆装过程中，超高压油管两端的接头及压接钳、换向阀的进出油接头，应保持清洁，并应及时用专用防尘帽封好。超高压油管的曲半径不得小于 250 mm，扣压接头处不得扭转，且不得有死弯。

（6）挤压机液压系统的使用，应符合《建筑机械使用安全技术规程》（JGJ 33—2012）附录 C 的有关规程；高压胶管不得荷重拖拉、弯折和受到尖利物刻划。

（7）压模、套管与钢管应相互配套使用，压模上应有相对应的连接钢筋规格标记。

（8）挤压前的准备工作应符合下列要求：

1）钢筋端头的锈、泥沙、油污等杂物应清理干净。

2）钢筋与套筒应先进行试套，当钢筋有马蹄、弯折或纵肋尺寸过大时，应预先进行矫正或用砂轮打磨；不同直径钢筋的套筒不得串用。

3）钢筋端部应划出定位标记与检查标记，定位标记与钢筋端头的距离就为套筒长度的一半，检查标记与定位标记的距离宜为 20 mm。

4）检查挤压设备情况，应进行试压，并应符合要求方可作业。

（9）挤压操作应符合下列要求：

1）钢筋挤压连接宜先在地面上挤压一端套筒，在施工作业区插入待接钢筋后再挤压另一端套筒。

2）压接钳就位时，应对准套筒压痕位置的标记，并应与钢筋轴线保持垂直。

3）挤压顺序宜从套筒中部开始，并逐渐向端部挤压。

4）挤压作业人员不得随意改变挤压力、压接道数或挤压顺序。

（10）作业后，应收拾好成品、套筒和压模，清理场地，切断电源，锁好开关箱，最后将挤压机和挤压钳放到指定地点。

案例分析

本案例事故主要原因如下。

（1）直接原因：身为抹灰工长的文某，安全意识淡薄，在搅拌机操作工不在场的情况下，违章作业，擅自开启搅拌机，且在搅拌机运行过程中将头伸进料斗内，导致料斗夹到其头部，是造成本次事故的直接原因。

（2）间接原因：

1）总包单位项目部对施工现场的安全管理不严格，施工过程中的安全检查督促不力。

2）承包单位对职工的安全教育不到位，安全技术交底未落到实处，导致抹灰工擅自开启搅拌机。

3）施工现场劳动组织不合理，大量抹灰作业仅安排 3 名工人和一台搅拌机进行砂浆搅拌，造成抹灰工在现场停工待料。

4）搅拌机操作工为备料而不在搅拌机旁，给无操作证人员违章作业创造条件。

5）施工作业人员安全意识淡薄，缺乏施工现场的安全知识和自我保护意识。

来自搅拌机的启示

混凝土是建筑施工中最重要的材料之一。它是由水泥、砂石骨料和水混合后经过混凝土搅拌机拌制而成的，进而在建筑产品中发挥着重要的作用。对于即将走上工作岗位的学生来说，社会何尝不是一个搅拌机，只要在反复搅拌的过程中保持初心，不畏艰难，坚定自己的理想信念，就必定能创造出自己的一片天地。

知识拓展

中国制造——超强混凝土泵车

混凝土泵车配备了超长的铰接臂，用于将混凝土从搅拌车泵送到需要浇筑水泥的建筑物。

中联重科CIFA101-7RZ是一款由中国制造的大容量混凝土泵车，它长15.5 m，专为在高层建筑中工作而设计。泵送系统的转角为270°，料斗容量为600 L。它安装在七轴SCANIA卡车上，功率为620 hp。它能在120 bar的压力下每小时输送245 m³混凝土。它的7节液压壁的垂直伸展范围为101 m，可以在30层以上的建筑物中泵送混凝土。

单元三　起重机械施工安全

起重机械施工安全

案例引入

2018年10月13日，发生了一起百吨重的塔式起重机倾斜倒塌事故，并砸中了正在装货的两艘船只。如图7-9所示，现场情况是发生倾斜时，塔式起重机正处于作业状态，高度约30 m的起重机已倾斜了90°，塔臂横亘在船身上，并出现不规则断裂。排水量约5 000 t的货船船体则向江心方向倾斜20°，临近的一艘小货船也发生倾斜，所幸的是无人员伤亡。

图7-9　百吨重塔式起重机倾倒

问题思考:

1.如何才能最大限度地减少塔式起重机安全事故的发生?

2.为防止塔式起重机安全事故的发生,应该提前制订哪些安全防范措施?

◉ 知识链接

一、轮式起重机施工安全

(一)轮式起重机概述

汽车式起重机和轮胎式起重机统称为轮式起重机,如图7-10所示。近年来,开发出的全路面起重机,兼有汽车式和轮胎式起重机的优点。汽车式起重机与轮胎式起重机的区别详见表7-4。

图7-10 轮胎式起重机

表7-4 汽车式起重机与轮胎式起重机的区别

项目	汽车式起重机	轮胎式起重机
底盘	通用或加强专用汽车底盘	专用底盘
行驶速度	汽车速度,可与汽车编队行驶	≤ 30 km/h
发动机	中小型使用汽车发动机,大型设专用发动机	设在回转平台或底盘上
驾驶室	在回转平台上增设一操纵室	一般只有一个设在回转平台上的操纵室
外形	轴距长,重心低,适用于公路运输	轴距短,重心高
起重性能	吊重使用支腿,支腿在侧、后方	全周作业并能吊重行驶
行驶性能	转弯半径大,越野性能差	转弯半径小,越野性能好
支腿位置	前支腿位于前桥后面	腿一般位于前后桥外侧
使用特点	经常远距离转移	工作地点比较固定

轮式起重机的型号的意义如图7-11所示,如QY25,Q表示起重机,Y表示液压式,起重量为25 t。

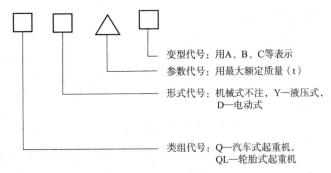

变型代号：用A、B、C等表示

参数代号：用最大额定质量（t）

形式代号：机械式不注，Y—液压式，
　　　　　D—电动式

类组代号：Q—汽车式起重机，
　　　　　QL—轮胎式起重机

图7-11　国产轮式起重机的型号

在起重机选用过程中主要考虑的参数如下：

（1）起重量：它是起重机安全工作时所允许的最大起吊质量，单位为t。

（2）起重力矩：臂长允许的最大起重量与相应工作幅度的乘积，单位为kN·m。铭牌起重力矩是指最大额定起重量和最小工作幅度的乘积。

（3）工作幅度：回转中心轴线至吊钩中心的水平距离，单位为m。

（4）起升高度：吊钩在最高位置时钩口中心到地面的距离，单位为m。

（二）轮式起重机的安全操作规程

（1）起重机启动前应检查以下几项：

1）各安全保护装置和指示仪表齐全完好。

2）钢丝绳及连接部件符合规定。

3）燃油、润滑油、液压油及冷却水添加充足。

4）各连接件无松动。

5）轮胎气压符合规定。

（2）启动前，应将各操纵杆放在空挡位置，手制动器锁死，启动后，应怠速运转，检查各仪表指示，运转正常后接合液压泵，待压力达到规定值，油温超过30℃时，方可开始作业。

（3）起重机的变幅指示器、力矩限制器、起重量限制器及各种行程限位器开关等安全保护装置，应完好齐全、灵敏可靠，不得随意调整或拆除。严禁利用限制器和限位装置代替操纵机构。作业中严禁扳动支腿操纵阀。

（4）起重机作业时，起重臂和重物下方严禁有人停留、工作或通过。重物吊运时，严禁从人上方通过。严禁使用起重机载运人员。

（5）严禁使用起重机进行斜拉、斜吊和起吊地下埋设或凝固在地面上的重物，以及其他不明质量的物体。每班作业前，应检查钢丝绳及钢丝绳的连接部位。

（6）作业中发现起重机倾斜、支腿不稳等异常现象时，应立即使重物下落在安全的地方，下降中严禁制动。

（7）重物在空中需要较长时间停留时，应将起升卷筒制动锁住，操作人员不得离开操作室。

（8）起重物达到额定起重量的90%以上时，严禁同时进行两种及以上的操作动作。

（9）起重机带载回转时，操作应平稳，避免急剧回转或停止，换向应在停稳后进行。

（10）行驶时，严禁人员在底盘走台上站立或蹲坐，并不得堆放物件。

二、履带式起重机施工安全

（一）履带式起重机概述

履带式起重机是一种施工用的自行式起重机，是一种利用履带行走的动臂旋转起重机，如图 7-12 所示。履带接地面积大，通过性好，适应性强，可带载行走，适用于建筑工地的吊装作业。

履带式起重机由动力装置、工作机构及动臂、转台、底盘等组成。

履带式起重机的主要技术参数有起重量或起重力矩。选用时主要取决于起重量、工作半径和起吊高度，常称为起重三要素。起重三要素之间存在着相互制约的关系。其技术性能的表达方式，通常采用起重性能曲线图或起重性能对应数字表。

图 7-12　履带式起重机

履带式起重机的特点是操纵灵活，本身能回转 360°，在平坦坚实的地面上能负荷行驶。由于履带的作用，履带式起重机可以在松软、泥泞的地面上作业，且可以在崎岖不平的场地行驶。目前，在装配式结构施工中，特别是单层工业厂房结构安装中，履带式起重机得到广泛的使用。履带式起重机的缺点是稳定性较差，不能进行超负荷吊装，行驶速度慢且履带易损坏路面，因而，转移时多用平板拖车装运。

履带行走装置容易损坏，须经常加油检查，清除夹在履带中的杂物。因起重机在负载时对地面的单位压力较大，一般应在较坚实的和较平整的地面上工作。必要时，铺设石料、枕木、钢板或特制的钢木路基箱等，提高地面承载能力。

为了能确保施工安全，履带式起重机通常配备以下安全装置。

1. 起重量指示器（角度盘，也称重量限位器）

起重量指示器安装在臂杆根部接近驾驶位置，它随着臂杆仰角而变化，反映出臂杆对地面的夹角，知道了臂杆不同位置的仰角，根据起重机的性能表和性能曲线，就可知在某仰角时的幅度值、起重量、起升高度等各项参考数值。

2. 过卷扬限制器（也称超高限位器）

过卷扬限制器安装在臂杆端部滑轮组上限制钩头起升高度，是防止发生过卷扬事故的安全装置。它保证吊钩起升到极限位置时，能自动发出报警信号或切断动力源停止起升，以防过卷。

3. 力矩限制器

力矩限制器是当荷载力矩达到额定起重力矩时就自动切断起升或变幅动力源，并发出禁止性报警信号的安全装置，是防止超载造成起重机失稳的限制器。

4. 防臂杆后仰装置和防背杆支架

防臂杆后仰装置和防背杆支架是当臂杆起升到最大额定仰角时，不再提升的安全装置。其作用是防止臂杆仰角过大时造成后倾。

（二）履带式起重机的安全操作规程

（1）履带式起重机司机必须经过专业培训，并经有关部门考核合格后，取得起重机特种作业证，方可操作该起重机。严禁酒后或身体有不适应症时进行操作。严禁无证人员动用履带式起重机。

（2）履带式起重机司机应按照该起重机厂家的规定，及时对起重机进行维护和保养，定期检验，保证车辆始终处于完好状态。

（3）履带式起重机在无冰雪路面行走时，纵坡上坡坡度不得超过10%（5.71°），纵坡下坡坡度不得超过20%（11.3°），横坡坡度不得超过1%（0.57°）。应避免在松软或不能承受重压的管、沟、地面上行驶。如果必须通过，应采取切实可行的措施。

（4）起重机需带荷载行走时，荷载不得超过额定起重量的70%，地面应坚实平坦，起重物应在起重机行走正前方向，离地高度不得超过50 cm，回转机构、吊钩的制动器必须刹住，行驶速度应缓慢。严禁带荷载长距离行驶。

（5）履带式起重机冬季行走时，路面冰雪应清除干净，在道路有坡度不能保证履带式起重机安全行驶的情况下，应拆卸履带式起重机装运到指定位置。在有微小坡度容易造成起重机履带打滑的路段应铺设石块，以防履带式起重机上下坡时溜车。

（6）履带式起重机不得在斜坡上横向运动，更不允许向坡的下方转动起重臂。如果需要运动或转动时，必须将机身先垫平。

（7）履带式起重机工作前，必须检查起重机各部件是否齐全完好并应符合安全规定，起重机启动后应空载运转，检查各操作装置、制动器、液压装置和安全装置等各部件工作是否正常与灵敏可靠。严禁机件带病运行。作业前应注意在起重机回转范围内有无障碍物。

（8）起重机在工作前，履带板下地面必须垫平、压实。保证机身达到水平要求，在松软地面上工作的，必须进行试吊（吊重离地高不大于30 cm），在保证履带无下陷的情况下，方可继续起吊。在深坑边工作时，机身与坑边应根据土质情况保持必要的安全距离，以防止坍塌。

（9）必须按起重特性表所规定的起重量及作业半径进行操作，严禁超负荷作业。起吊物件时不能超过厂家规定的风速。

（10）在起吊较重的物件时，应先将重物吊离地面10 cm左右，检查起重机的稳定性和制动器等是否灵活和有效，在确认正常的情况下方可继续起吊。

（11）起重机在进行满负荷或接近满负荷起吊时，禁止同时进行两种或两种以上的操作动作。起重臂的左右旋转角度都不能超过45°。并严禁斜吊、拉吊和快速起落。不准吊拔埋入地面的物体。

（12）两台起重机同时起吊一件重物时，必须有专人统一指挥；两车的升降速度要保持一致，其物件的质量不得超过两车所允许的起重量总和的75%；绑扎吊索时要注意负荷的分配，每车分担的负荷不能超过所允许的最大起重量的80%。

（13）起重机操作正常需缓慢匀速进行，只有在特殊情况下，方可进行紧急操作。

（14）起重机在工作时，作业区域、起重臂下，吊钩和被吊物下面严禁任何人站立、工作或通行。负荷在空中，司机不准离开驾驶室。

（15）起重机在带电线路附近工作时，应与带电线路保持一定的安全距离。在最大回转半径范围内，其允许与输电线路的安全距离见表 7-5。在雾天工作时安全距离还应适当放大。

表 7-5 起重机与输电线路的安全距离

输电线路电压	1 kV 以下	1～20 kV	35～100 kV	154 kV	220 kV
允许与输电线路的安全距离 /m	1.5	2	4	5	6

（16）起重机工作时，吊钩与滑轮之间应保持一定的距离，防止卷扬过限把钢丝绳拉断或起重臂后翻。起重机卷筒上的钢丝绳在工作时不可全部放尽，卷扬筒上的钢丝绳至少保留 3 圈以上。

（17）起重机在工作时，不准进行检修和调整机件。严禁无关人员进入驾驶室。

（18）司机与起重工必须密切配合，听从指挥人员的信号指挥。操作前，必须先鸣喇叭，如发现指挥手势不清或错误时，司机有权拒绝执行。工作中，司机对任何人发出的紧急停车信号必须立即停车，待消除不安全因素后方可继续工作。

（19）严禁作业人员搭乘吊物上下升降，工作中禁止用手触摸钢丝绳和滑轮。

（20）无论在停工或休息时，不得将吊物悬挂在空中，夜间工作要有足够的照明。

（21）严格遵守起重作业"十不吊"安全规定，即指挥信号不明不吊；超负荷或物体质量不明不吊；斜拉重物不吊；光线不足、看不清重物不吊；重物下站人不吊；雨雪大风天气不吊；重物紧固不牢，绳打结、绳不齐不吊；棱刃物体没有衬垫措施不吊；重物越人头不吊；安全装置失灵不吊。

（22）工作完毕，吊钩和起重臂应放在规定的稳妥位置，将所有控制手柄放至零位，切断电源，并将驾驶室门窗锁住。

（23）难度较大的吊装作业，必须由有关人员先做好施工方案，在作业过程中派专人观察起重机安全。

三、塔式起重机施工安全

（一）塔式起重机概述

塔式起重机起源于西欧，如图 7-13 所示。1941 年，有关塔式起重机的德国工业标准 DIN8770 公布。该标准规定以吊载（t）和幅度（m）的乘积（t·m）（重力矩）表示塔式起重机的起重能力。

塔式起重机可分为上回转塔机和下回转塔机两大类。其中，上回转塔机的承载力要高于下回转塔机。在许多施工现场所见到的就是上回转式上顶升加节接高的塔机。按能否移动划分，塔式

图 7-13 塔式起重机

起重机又可分为行走式和固定式。固定式塔机的塔身固定不转，安装在整块混凝土基础上，或装设在条形式 X 形混凝土基础上。在房屋的施工中一般采用固定式塔机。

塔式起重机的动臂形式可分为水平式和压杆式两种。动臂为水平式时，载重小车沿水平动臂运行变幅，变幅运动平衡，其动臂较长，但动臂自重较大；动臂为压杆式时，变幅机构可以带动动臂仰俯变幅，变幅运动不如水平式平稳，但其自重较小。

塔式起重机的起重量随幅度而变化。起重量与幅度的乘积称为载荷力矩，是塔式起重机的主要技术参数。通过回转机构和回转支承，塔式起重机的起升高度大，回转和行走的惯性质量大，故需要有良好的调速性能，特别对于起升机构要求能轻载快速、重载慢速、安装就位微动。一般除采用电阻调速外，还常采用涡流制动器、调频、可控硅和机电联合等方式调速。

为了确保安全，塔式起重机具有良好的安全装置，如起重量限位器、幅度限位器、高度限位器和载荷力矩限位器等限位装置，以及行程限位开关、塔顶信号灯、测风仪、防风夹轨器、爬梯护身圈、走道护栏等。司机室要求舒适、操作方便、视野好和有完善的通信设备。

塔式起重机的拆装是事故的多发阶段。因拆装不当和安装质量不合格而引起的安全事故占有很大的比重。塔式起重机拆装必须由具有资质的拆装单位进行作业，而且要在资质范围内从事安装拆卸。拆装人员要经过专门的业务培训，有一定的拆装经验并持证上岗，同时要求各工种人员齐全，岗位明确，各司其职，听从统一指挥。在调试的过程中，专业电工的技术水平和责任心很重要，电工要持电工证和起重工证。塔式起重机拆装要编制专项的拆装方案，方案要有安装单位技术负责人审核签字，并设置警戒区和警戒线，安排专人指挥，无关人员禁止入场，严格按照拆装程序和说明书的要求进行作业。当遇风力超过 4 级要停止拆装，风力超过 6 级塔式起重机要停止起重作业。特殊情况确实需要在夜间作业的要有足够的照明，要与汽车式起重机的司机就有关拆装的程序和注意事项进行充分的协商并达成共识。

（二）塔式起重机的安全操作规程

（1）起重吊装的指挥人员必须持证上岗，作业时应与操作人员密切配合，执行规定的指挥信号。操作人员应按照指挥人员的信号进行作业，当信号不清或错误时，操作人员可拒绝执行。

（2）起重机作业前，应检查轨道上的障碍物，松开夹轨器并向上固定好。

（3）启动前重点检查项目应符合下列要求：

1）金属结构和工作机构的外观情况正常；

2）各安全装置和各指示仪表齐全完好；

3）各齿轮箱、液压油箱的油位符合规定；

4）主要部位连接螺栓无松动；

5）钢丝绳磨损情况及各滑轮穿绕符合规定；

6）供电电缆无破损。

（4）送电前，各控制器手柄应在零位。当接通电源时，应采用试电笔检查金属结构部分，确认无漏电后，方可上机。

（5）作业前，应进行空载运转，试验各工作机构是否运转正常，有无噪声及异响，各机构的制动器及安全防护装置是否有效，确认正常后方可作业。

（6）起吊重物时，重物和吊具的总质量不得超过起重机相应幅度下规定的起重量。

（7）应根据起吊重物和现场情况，选择适当的工作速度，操纵各控制器时应从停止点（零点）开始，依次逐级增加速度，严禁越挡操作。在变换运转方向时，应将控制器手柄扳到零位，待电动机停转后再转向另一方向，不得直接变换运转方向、突然变速或制动。

（8）在吊钩提升、起重小车或行走大车运行到限位装置前，均应减速缓行到停止位置，并应与限位装置保持一定距离（吊钩不得小于 1 m，行走轮不得小于 2 m）。严禁采用限位装置作业停止运行的控制开关。

（9）动臂式起重机的起升、回转、行走可同时进行，变幅应单独进行。每次变幅后应对变幅部位进行检查。允许带载变幅的，当荷载达到额定起重量的90%及以上时，严禁变幅。

（10）提升重物，严禁自由下降。重物就位时，可采用慢就位机构或利用制动器使其缓慢下降。

（11）提升重物做水平移动时，应高出其跨越物 0.5 m 以上。

（12）对于无中央集电环及起升机构不安装在回转部分的起重机，在作业时不得顺一个方向连续回转。

（13）装有上、下两套操纵系统的起重机不得上、下同时使用。

（14）作业中，当停电或电压下降时，应立即将控制器扳动至零位，并切断电源。如吊钩上挂有重物，应稍松稍紧反复使用制动器，使重物缓慢地下降至安全地带。

（15）采用涡流制动调速系统的起重机，不得长时间使用低速挡或慢就位速度作业。

（16）作业中如遇 6 级以上大风或阵风，应立即停止作业，锁紧夹轨器，将回转机构的制动器完全松开，起重臂应能随风转动。对轻型俯仰变幅起重机，应将起重臂落下并与塔身结构锁紧在一起。

（17）作业中，操作人员临时离开操纵室时，必须切断电源，锁紧夹轨器。

（18）起重机载人专用电梯严禁超员，其断绳保护装置必须可靠。当起重机作业时，严禁开动电梯。电梯停用时，应降至塔身底部位置，不得长时间悬在空中。

（19）起重机的变幅指示器、力矩限制器、起重量限制器及各种行程限位开关等安全保护装置，应完好齐全、灵敏可靠，不得随意调整或拆除。严禁利用限制器和限位位置代替操纵机构。

（20）起重机作业时，起重臂和重物下方严禁有人停留、工作或通过。重物吊运时，严禁从人上方通过。严禁使用起重机载运人员。

（21）严禁使用起重机进行斜拉、斜吊和起吊地下埋设或凝固在地面上的重物及其他不明质量的物体。现场浇注的混凝土构件或模板，必须全部松动后方可起吊。

（22）严禁起吊重物长时间悬停在空中，作业中遇突发故障，应采取措施将重物降落到安全地方，并关闭发动机或切断电源后进行检修。在突然停电时，应立即把所有控制器拨到零位，断开电源总开关，并采取措施使重物降到地面。

（23）操纵室远离地面的起重机，在正常指挥发生困难时，地面及作业层（高空）的指挥人员均应通过对讲机等有效的通信联络工具进行指挥。

（24）作业完毕后，起重机应停放在轨道中间位置，起重臂应转到顺风方向，并松开回转制动器，小车及平衡臂应置于非工作状态，吊钩直升到距离起重臂顶端2～3 m处。

（25）停机时，应将每个控制器拨回零位，依次断开各开关，关闭操作室门窗，下机后，应锁紧夹轨器，使起重机与轨道固定，断开电源开关，打开高空指示灯。

（26）检修人员上塔身、起重臂、平衡臂等高空部位检查或修理时，必须系好安全带。

（27）在寒冷季节，对停用起重机的电动机、电器柜、变阻器箱、制动器等，应严密遮盖。

（28）动臂式和尚未附着的自升塔式起重机，塔身上不得悬挂标语。

四、桅杆式起重机施工安全

（一）桅杆式起重机概述

桅杆式起重机是一种固定安装的起重机，又称为拔杆或把杆，一般用木材或钢材制作，是最简单的起重设备，一般用于港口码头，如图7-14所示。桅杆式起重机具有制作简单，装拆方便，起重量大，受施工场地限制小的特点。特别是吊装大型构件而又缺少大型起重机械时，这类起重设备更能显示出其优越性。但这类起重机需设较多的缆风绳，移动困难。另外，其起重半径小，灵活性差。因此，桅杆式起重机一般多用于构件较重、吊装工程比较集中、施工场地狭窄，而又缺乏其他合适的大型起重机械时。桅杆式起重机可分为独脚拔杆、人字拔杆、悬臂拔杆等。

图7-14 桅杆式起重机

1. 独脚拔杆

独脚拔杆是由拔杆、起重滑轮组、卷扬机、缆风绳及锚碇等组成的。其中，缆风绳数量一般为6～12根，最少不得少于4根。起重时拔杆保持不大于10°的倾角。独脚拔杆的移动靠其底部的拖橇进行。

独脚拔杆可分为木独脚拔杆、钢管独脚拔杆和格构式独脚拔杆三种。木独脚拔杆起重量在100 kN以内，起重高度一般为8～15 m；钢管独脚拔杆起重量可达300 kN，起重高度在20 m以内；格构式独脚拔杆起重量可达1 000 kN，起重高度可达70 m。

2. 人字拔杆

人字拔杆一般是由两根圆木或两根钢管用钢丝绳绑扎或铁件铰接而成的。其优点是侧向稳定性比独脚拔杆好，所用缆风绳数量少，但构件起吊后活动范围小。人字拔杆底部设有拉杆或拉绳以平衡水平推力，两杆夹角一般为30°左右。人字拔杆起重时拔杆向前倾斜，在后面有两根缆风绳。为保证起重时拔杆底部的稳固，在一根拔杆底部安装一导向滑轮，起重索通过它连接到卷扬机上，再用另一根钢丝绳连接到锚碇上。

圆木人字拔杆，起重量为 40 ～ 140 kN，拔杆长为 6 ～ 13 m，圆木小头直径为 200 ～ 340 mm。钢管人字拔杆有两种规格：第一种规格，起重量为 100 kN，拔杆长为 20 m，钢管外径为 273 mm，壁厚为 10 mm；第二种规格，起重量为 200 kN，拔杆长为 16.7 m，钢管外径为 325 mm，壁厚为 10 mm。

3. 悬臂拔杆

悬臂拔杆是在独脚拔杆中部或 2/3 高度处装一根起重臂而成。它的特点是起重高度和起重半径较大，起重臂摆动角度也大。但这种起重机的起重量较小，多用于轻型构件的吊装。起重臂也可安装在井架上，成为井架拔杆。

（二）桅杆式起重机的安全操作规程

（1）安装起重机前，应先做好坚固基础，对起重机的转动部分的磨损情况，钢丝绳是否符合要求，电气装置是否符合安全规范等进行全面检查。

（2）缆风绳与地面夹角应在 30° ～ 45°，跨越公路或街道时，架空高度 ≥ 7 m，与输电线的安全距离应符合相关规定。

（3）缆风绳数目不得少于 3 根，且在水平面上投影的夹角不得大于 120°。主桅杆长度大于起重桅杆时，按 360° 等分布置；起重桅杆长度大于主桅杆长度时，按 240° 等分布置。

（4）各缆风绳应受力均匀、直径应相同。缆风绳与桅杆、锚桩的连接应牢固可靠，不同的连接方法应符合相应的要求。严禁借用承压管道及附属设施、输电线路及附属设施等可能发生重大危害的设施做地锚连接。

（5）地锚埋设地点应平整、无积水。地锚引出线前面和两侧 2 m 范围内不应有沟洞、地下管道和地下电缆。埋设好的地锚在使用前必须进行拔出力试验。

（6）地锚拉鼻钢筋应采用不小于 ϕ16 mm 的光圆钢筋。但不得采用经过冷拉的钢筋、螺纹钢和不明钢号的钢筋冷弯成地锚拉鼻。

（7）长期使用的地锚引出线应做防腐处理。锚桩的钢丝绳引出端与地面夹角不得大于 45°。长期不用的锚桩再次使用前必须进行拔出力试验，合格后方可使用。

（8）桅杆式起重机所有使用的卷扬机应布置在一个场地内，并安装牢固。卷筒上的钢丝绳应水平引出。必须倾斜引出时，应保证其倾斜角 $\alpha < 50°$。钢丝绳在卷筒上的连接不少于 2 个压板，楔套式连接引出绳至卷筒面应平滑过渡，不得成 90° 过渡。

（9）卷扬机卷筒与导向滑轮中心线对正，应保证钢丝绳在水平面内与卷筒的中垂线之间的偏斜角 $\beta < 1.5°$，卷筒轴心线与导向滑轮轴心线的距离：光卷筒不应小于卷筒长的 20 倍；有槽卷筒不应小于卷筒长的 15 倍。

（10）对钢丝绳、卷筒、吊钩、滑轮、制动器的有关规定应参阅相关条款。

（11）金属桅杆主杆件不得有开焊、裂纹等现象，否则必须进行修补；格构式杆体主弦杆腐蚀超过原厚度的 10% 应报废。

（12）新桅杆组装时，中心线偏差不应大于总支承长度的 1/1 000；多次使用过的桅杆，在重新组装时，每 5 m 长度内中心线偏差和局部塑性变形均不得大于 40 mm；在桅杆全长内，中心线偏差不得大于总支承长度的 1/200。

（13）卷扬机电气部分应有接地线，总电源设回路短路保护；设总电源开关，零线应重复接地。

（14）吊装作业前，必须仔细检查吊杆、起重杆、风缆绳、滑轮组、吊钩、吊索、地锚、卷扬机等的安全状况，安全合格后方可进行起重作业。

◎ 案例分析

本案例事故主要原因如下：

塔式起重机自身质量约有100 t，限载起重量约为15 t，而事发时，塔式起重机正在进行吊运钢材作业，而吊装的钢材质量超过16 t。同时，塔式起重机所属仓储公司的相关负责人认为，塔式起重机需要为停泊在最外头的小船吊装货物，因此吊臂延伸过长，失去重心。

▶【思政小课堂】

精神引领　再创辉煌

近十年来，我国建筑领域蓬勃发展，建造工程遍地开花。高层、超高层地标建筑层出不穷，成就的背后是精神——铁军精神、超英精神、火神山、雷神山医院建设精神等。作为建筑人，要秉承并发扬这些精神，为祖国建设贡献自己的力量！

◎ 知识拓展

塔式起重机是如何升高的

随着建筑物越建越高，塔式起重机的高度也在不断上升，那么塔式起重机是如何升高的？

首先需要选择一块合适的地方，打好塔式起重机的地基。与修建大楼一样，想要保证塔式起重机的正常运行，打好地基是关键。

打好地基后，就可以在此基础上，搭建塔式起重机。起初搭建是需要起重机帮忙的，塔身的组成部分叫作标准节，它们的所有参数都是相同的。然而很奇怪的是，搭建塔身的时候并没有将全部标准节使用完毕，接着就把控制室和吊臂及平衡的水泥块安装上去。

这是因为，如果最后安装控制室和吊臂，塔身会非常高，没有合适的起重机。还不如趁着起重机可以作业的高度将塔式起重机的顶部完成。剩下的工作就是不断往塔身增加标准节，让塔吊不断升高。可是都加盖了，还能继续加塔身吗？当然能，此时的塔身，有一个颜色不同的装置包裹在塔身上，它比一个标准节长，并且比标准节宽，套在了标准节外面将其包裹了起来。这个装置叫作顶升液压框架，它的作用就是代替标准节暂时行使支撑工作。标准节之间都是通过螺栓连接的，因此只要将其中一节拆开，就可以往里面填充多个标准节。开始可以利用起重机将最基本的结构完成，之后的升高就全部交给顶升液压框架。顶升液压框架里面的液压装置可以举起控制室及吊臂的质量。顶升液压框架像一只爬爬虾，一节一节往上爬。这个时候可以使用塔式起重机本身的挂钩将需要填充的标准节运送上去，顶升液压框架将需要升高的部分包裹住，启动液压装置，将上面固定，同时空出需要安装标准节的部分。

塔式起重机就是这样一节一节升高的！

单元四　小型施工机具作业安全

小型施工机具
作业安全管理

◎ 案例引入

某日，负责某水电站工程右岸 7～8 坝段消力池岩面打插筋孔任务的是水电某局某队长，其队长派刘某等 2 人使用三相岩矿电钻凿岩机凿孔。刚上班时，队长让当班电工班长将电钻的电源线连接好，运转一直良好，到 17：00 左右，手电钻有发热现象，队长让刘某等 2 人休息，并将电源线由电工拆线后，又接在潜水泵上做抽水电源。17：40 许，刘某等 2 人见还有 2 个插筋孔未打完，未通知电工私自将电源线从潜水泵上拆下后接到手电钻上，试运行正常后，又开始钻孔。当第一孔钻完，又钻第二个孔约 10 cm 深时，刘某说了句"有电"，之后就坐在地上。另一名工人见状后立即报告了队长，队长马上组织人员进行现场紧急抢救，随后将刘某送往医院，但因伤势过重刘某死亡。

问题思考：

造成事故发生的直接原因和间接原因分别是什么？

◎ 知识链接

一、圆盘锯

圆盘锯如图 7-15 所示。

（1）上方必须安装保险挡板和滴水装置，在锯片后面，距离齿 5～10 mm 处，必须安装弧形楔刀。锯片的安装应保持与轴同心。

（2）锯片必须锯齿尖锐，不得连续缺齿两个，裂纹长度不得超过 20 mm，裂缝末端应冲止裂孔。

（3）被锯木料厚度，以锯片能露出木料 10～20 mm 为限，夹持锯片的法兰盘的直径应为锯片直径的 1/4。

（4）启动后，待转速正常后方可进行锯料。送料时不得将木料左右晃动或高抬，遇木节要缓缓送料；锯料长度应不小于 500 mm。接近端头时，应使用推棍送料。

图 7-15　圆盘锯

（5）如锯线走偏，应逐渐纠正，不得猛扳，以免损坏锯片。

（6）操作人员不得站在锯片旋转离心力面上操作，手不得跨越锯片。

（7）锯片温度过高时，应用水冷却。对于直径 600 mm 以上的锯片，在操作中应喷水冷却。

二、电动套丝机

电动套丝机如图 7-16 所示。

（1）松开前卡盘，从后卡盘的一侧将管子穿入。

（2）用右手抓住管子，先旋紧后卡盘，再旋紧前卡盘将管子夹牢，然后将捶击盘按逆时针方向捶紧，夹紧管子。

（3）在夹装短管够不着后卡盘时，将前卡盘稍松开，放入短管，并使其与板牙斜口接触，保证管子的正确定位。

（4）扳起割刀架和倒角器，让开位置，扳下板头，使其与斜块接触，待板牙头可靠定位后，按动电钮，启动机器。

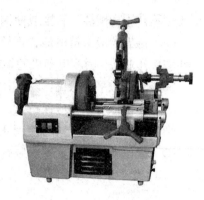

图 7-16　电动套丝机

（5）必须使管子以逆时针方向旋转，然后旋转滑架手轮，使板牙头靠近管子。

（6）在滑架手轮上施力，直至板牙头在管子上套出 3～4 牙螺纹。

（7）放开滑架手轮，机器开始自动套丝，当板牙头的滚子越过斜块落下时，板牙会自动张开，套丝结束。

（8）退回滑架，直至整个板牙都从管子端退出，拉开板牙头锁紧螺母，同时扳起板牙头。

三、砂轮切割机

砂轮切割机如图 7-17 所示。

（1）工作前必须穿好安全保护用品，检查设备是否有合格的接地线。

（2）检查确认砂轮切割机是否完好，禁止使用不合格的砂轮片。

（3）切料时不可用力过猛或突然撞击，遇到有异常情况要立即关闭电源。

（4）被切割的料要用台钳夹紧，不准一人扶料一人切料，并且在切料时人必须站在砂轮片的侧面。

图 7-17　砂轮切割机

（5）砂轮切割片应按要求安装，试启动运转应平稳，方可开始工作。

四、混凝土振捣器

混凝土振捣器如图 7-18 所示。

（1）使用前检查各部位应连接牢固，旋转方向正确。

（2）振捣器不得放在初凝的混凝土、地板、脚手架、道路和干硬的地面上进行试振。如检修或作业间断时，应切断电源。

（3）插入式振捣器软轴的弯曲半径不得小于 50 cm，并不得多于两个弯，操作时振动棒应自然垂直地沉入混

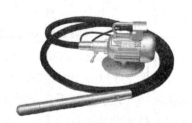

图 7-18　混凝土振捣器

凝土，不得用力硬插、斜推或使钢筋夹住棒头，也不得全部插入混凝土。

（4）振捣器应保持清洁，不得有混凝土黏结在电动机外壳上妨碍散热。

（5）作业转移时，电动机的导线应保持有足够的长度和松度。严禁用电源线拖拉振捣器。

（6）用绳拉平板振捣器时，拉绳应干燥绝缘，移动或转向时不得用脚踢电动机。

（7）振捣器与平板应保持紧固，电源线必须固定在平板上，电器开关应装在手把上。

（8）在一个构件上同时使用几台附着式振捣器工作时，所有振捣器的频率必须相同。

（9）操作人员必须穿绝缘胶鞋和戴绝缘手套。

（10）作业后，必须做好清洗、保养工作。振捣器要放在干燥处。

五、手持电动工具

按触电保护划分，手持电动工具（图7-19）可分为Ⅰ、Ⅱ、Ⅲ三类电动工具。Ⅰ类电动工具使用时一定要进行接地或接零，最好装设漏电保护器；Ⅱ类电动工具使用时不必接地或接零；Ⅲ类电动工具工作时更加安全可靠。手持电动工具在使用中，除根据各种不同工具的特点、作业对象和使用要求进行操作外，还应共同注意以下事项：

图7-19　手持电动工具

（1）保证安全，应尽量使用Ⅱ类（或Ⅲ类）电动工具，当使用Ⅰ类电动工具时，必须采用其他安全保护措施，如加装漏电保护器、安全隔离变压器等。条件未具备时，应有牢固可靠的保护接地装置，同时，操作人员必须戴绝缘手套、穿绝缘鞋或站在绝缘垫上。

（2）应先检查电源电压是否和电动工具铭牌上所规定的额定电压相符。长期搁置未用的电动工具，使用前还必须用万用表测定绕组与机壳之间的绝缘电阻值，应不得小于7 MΩ，否则必须进行干燥处理。

（3）操作人员应该了解所有电动工具的性能和主要结构，操作时要思想集中，站稳，使身体保持平衡，并不得穿宽大的衣服、不戴纱手套，以免卷入工具的旋转部分。

（4）使用电动工具时，操作人员所施加的压力不能超过电动工具所允许的限度，切忌单纯求快而用力过大，致使电机因超负荷运转而损坏。另外，电动工具连续使用的时间也不宜过长，否则微型电机容易过热损坏，甚至烧毁。一般电动工具在使用2小时左右即需停止操作，待其自然冷却后再行使用。

（5）在使用中不得任意调换插头，更不能不用插头，而将导线直接插入插座内。当电动工具不用或需调换工作头时，应及时拔下插头，但不能拉着电源线拔下插头。插插头时，开关应在断开位置，以防突然启动。

（6）作业过程中要经常检查，如发现绝缘损坏、电源线或电缆护套破裂、接地线脱落、插头插座开裂、接触不良及断续运转等故障时，应立即修理，否则不得使用。移动电动工具时，必须握持工具的手柄，不能用拖拉橡皮软线来搬动工具，并随时注意防止橡皮软线擦破、割断和轧坏现象，以免造成安全事故。

（7）手持电动工具不适宜在含有易燃、易爆或腐蚀性气体及潮湿等特殊环境中使用。对于非金属壳体的电机、电器，在存放和使用时应避免与汽油等溶剂接触。

六、带锯机

带锯机如图7-20所示。

图7-20　带锯机

（1）作业前，检查锯条，如锯条齿侧的裂纹长度超过10 mm，锯条接头处裂纹长度超过10 mm，以及连续缺齿两个和接头超过三个的锯条均不得使用。裂纹在以上规定内必须在裂纹终端冲一止裂孔。锯条松紧度调整适当后先空载运转，如声音正常，无串条现象时，方可作业。

（2）作业中，操作人员应站在带锯机的两侧，跑车开动后，行程范围内的轨道周围不准站人，严禁在运行中上、下跑车。

（3）原木进锯前，应调整好尺寸，进锯后不得调整。进锯速度应均匀，不能过猛。

（4）在木材的尾端超过锯条0.5 m后，方可进行倒车。倒车速度不宜过快，要注意木槎、节疤碰卡锯条。

（5）平台式带锯作业时，送接料要配合一致。送料、接料时不得将手送进台面。锯短料时，应使用推棍送料。回送木料时，要离开锯条50 mm以上，并须注意木槎、节疤碰卡锯条。

（6）装设有气力吸尘罩的带锯机，当木屑堵塞吸尘管口时，严禁在运转中使用木棒在锯轮背侧清理管口。

（7）带锯机张紧装置的压舵（重锤），应根据锯条的宽度与厚度调节挡位或增减副舵，不得用增加重锤质量的办法克服锯条口松或串条等现象。

七、平面刨（手压刨）

平面刨（手压刨）如图7-21所示。

（1）作业前，检查安全防护装置必须齐全有效。

（2）刨料时，手应按在料的上面，手指必须离开刨口90 mm以上。严禁用手在木料后端送料跨越刨口进行刨削。

图7-21　平面刨（手压刨）

（3）被刨木料的厚度小于30 mm，长度小于400 mm时，应用压板或压棍推进。厚度在15 mm、长度在250 mm以下的木料，不得在平刨上加工。

（4）被刨木料如有破裂或硬节等缺陷时，必须处理后再施刨。

刨旧料前，必须将料上的钉子、杂物清除干净。遇木槎、节疤要缓慢送料。严禁将手按在节疤上送料。

（5）刀片和刀片螺钉的厚度、质量必须一致，刀架夹板必须平整贴紧，合金刀片焊缝的高度不得超出刀头，刀片紧固螺钉应嵌入刀片槽内，槽端距离刀背不得小于 10 mm。紧固刀片螺钉时，用力应均匀一致，不得过松或过紧。

（6）机械运转时，不得将手伸进安全挡板里侧去移动挡板或拆除安全挡板进行刨削。严禁戴手套操作。

◎ 案例分析

本案例事故主要原因如下。

（1）直接原因：施工人员安全意识差、素质低，自我防护能力差。未经许可擅自将电动机械的电源线拆装，造成触电事故。

（2）间接原因：施工单位对施工人员安全教育不够、管理不严。

▶【思政小课堂】

小机具大作用

小型施工机具体积虽然较小，但在施工作业中它们也是不可或缺的一部分。例如混凝土振捣器，一栋栋高楼大厦，成千上万方混凝土的浇筑，每一方都离不开混凝土振捣器的振捣。就像祖国的建设也离不开每个人的努力一样，因此，过硬的专业技能是武装我们的铠甲，唯有不负韶华，认真学习，才能让铠甲更加强大！

知识拓展

鲁班奖简介

建筑工程鲁班奖于 1987 年设立，为中国建设工程鲁班奖（国家优质工程）的前身。1996 年 9 月 26 日，建筑工程鲁班奖与国家优质工程奖合并，称为中国建筑工程鲁班奖（国家优质工程）。2008 年 6 月 13 日，中国建筑工程鲁班奖（国家优质工程）更名为中国建设工程鲁班奖（国家优质工程）。

2010 年起，中国建设工程鲁班奖（国家优质工程）改为每两年评比表彰一次，每次获奖工程数额不超过 240 项。截至 2017 年 11 月，中国建设工程鲁班奖（国家优质工程）已创立 30 周年，共有 2 000 多家企业承建的 2 246 个工程项目获中国建设工程鲁班奖（国家优质工程），109 项获中国建设工程鲁班奖（境外工程）。

📁 ➤ 模块小结

建筑工程中机械设备作为施工企业的主要生产力，是企业施工生产各种要素中很重要的一环，施工过程中机械设备安全直接关系到每个劳动者的生命安全和国家财产安全。本模块学习了建筑工程施工中常用机械设备的性能、特点，分析各种机械设备在施工操作中存在的安全隐患和导致事故发生的原因，有针对性的学习了机械操作安全规程和注意事项，从而为安全生产打下良好的基础。

思考与练习

一、单选题

1. 在临边堆放弃土、材料和移动施工机械应与坑边保持一定距离，当土质良好时，要距坑边（　　）远。

A. 0.5 m 以外 / 高度不超 0.5 m　　　　　B. 0.8 m 以外 / 高度不超 1.5 m

C. 1 m 以外 / 高度不超 1 m　　　　　　D. 1.5 m 以外 / 高度不超 2 m

2. 推土机按行走装置不同，可分为履带式和（　　）推土机。

A. 轮式　　　　　B. 滚筒式　　　　　C. 轨道式　　　　　D. 步履式

3. 装载机前轮应与沟槽边缘保持不少于（　　）m 的安全距离，并放挡木挡掩。

A. 2　　　　　B. 3　　　　　C. 4　　　　　D. 5

4. 多台铲运机联合作业时，各机之间前后距离不得小于（　　）m。

A. 2　　　　　B. 5　　　　　C. 7　　　　　D. 10

5. 铲运机行驶的横向坡度不得超过（　　），坡宽应大于机身 2 m 以上。

A. 3°　　　　　B. 5°　　　　　C. 6°　　　　　D. 8°

6. 铲运机在新填筑的土堤上作业时，距离堤坡边缘不得小于（　　）m。

A. 1　　　　　B. 0.5　　　　　C. 0.7　　　　　D. 0.8

7. 装载机作业结束后，应将机械停放在（　　）。

A. 坡道上　　　　　B. 安全地区　　　　　C. 坑洼积水处　　　　　D. 高处

8. 不得用推土机推（　　）。

A. 树根　　　　　B. 碎石块　　　　　C. 建筑垃圾　　　　　D. 石灰及烟灰

9. 使用挖掘机拆除构筑物时，在挖掘机驾驶室与被拆除构筑物之间留有（　　）空间。

A. 1 m　　　　　　　　　　　　　　　B. 2 m

C. 3 m　　　　　　　　　　　　　　　D. 构筑物倒塌的

10. 挖掘机作业时（　　）不得在铲斗回转半径范围内停留。

A. 任何人　　　　　B. 非工作人员　　　　　C. 工程技术人员　　　　　D. 围观群众

二、多选题

1. 混凝土搅拌机作业中不得（　　）。

A. 加料　　　　　　　　　　　　　　　B. 检修

C. 调整　　　　　　　　　　　　　　　D. 加油

E. 加水

2. 钢筋强化机械包括（　　　）。

    A. 钢筋冷拉机   B. 钢筋冷拔机

    C. 钢筋轧扭机   D. 钢筋弯曲机

    E. 钢筋切断机

3. 起重机的拆装作业应在白天进行，当遇有（　　　）天气时应停止作业。

    A. 大风   B. 潮湿

    C. 浓雾   D. 雨雪

    E. 高温

4. 塔式起重机上必备的安全装置有（　　　）。

    A. 运重量限制器   B. 力矩限制器

    C. 起升高度限位器   D. 回转限位器

    E. 幅度限耐

5. 操作混凝土搅拌机时，下列做法正确的有（　　　）。

    A. 操作人员持证上岗

    B. 物料提升后，不得在料斗下工作或穿行

    C. 清理斗坑时，要将料斗双保险钩挂牢后再清理

    D. 运转中不将工具伸入搅拌筒内扒料

6. 以下属于"十不吊"的有（　　　）。

    A. 超载不吊

    B. 斜拉歪拽工件不吊

    C. 指挥信号不明确和违章指挥不吊

    D. 工件埋在地上不吊

7. 金属切削作业中，操作人员容易发生（　　　）。

    A. 刺割伤   B. 缠绕和绞伤

    C. 对眼睛的伤害   D. 烫伤

    E. 中暑

8. 机械危险的主要形式有（　　　）。

    A. 挤压、剪切   B. 缠绕

    C. 引入或卷入   D. 刺伤或扎穿

    E. 高温中暑

9. 下列机械伤害事故中，属于接触伤害的有（　　　）。

    A. 机械的锐边划伤人体   B. 人体被机械的表面割伤

    C. 高速旋转的工件飞出击中人体   D. 人体被过热物体烫伤

    E. 飞溅出来的切削扎伤人

10. 机械在使用过程中，典型的危险工况有（　　　）。

    A. 启动时间偏长   B. 安全装置失效

    C. 运动零件或工件脱落飞出   D. 运动不能停止或速度失控

    E. 意外启动

三、判断题

1.机械挖土、铲运、装车等作业，必须划出危险区域，非施工人员不得入内。（　　）

2.四级风力及其以上应停止一切吊运作业。（　　）

3.起重机械主要受力构件失去整体稳定性时，可以修复。（　　）

4.卷扬机安装位置应选择视野宽阔的地方，便于卷扬机司机和指挥人员观察。（　　）

5.塔式起重机将重物吊运到高处后，为了节约能源，吊钩应该自由下滑。（　　）

6.运转中的机械设备对人的伤害方式主要有撞伤、压伤、轧伤、卷缠等。（　　）

7.机器保护罩的主要作用是使机器较为美观。（　　）

8.雨天不宜进行现场的露天焊接作业。（　　）

9.使用砂轮研磨时，应戴防护眼镜或装设防护玻璃。（　　）

10.发现有人被机械伤害的情况时，虽及时停机，但因设备惯性作用，仍可造成伤亡。（　　）

四、简答题

1.起重设备超载会有什么危害？

2.机械设备必须做到的"四有四必有"指的是什么？

3.机械设备的操作人员的穿戴有何要求？

4.起重吊装"十不吊"的具体内容是什么？

模块八　施工用电安全

单元一　触电伤害常识

触电伤害基础
知识

案例引入

某建筑公司工人张某爬上移动登高架拟对漏水管道进行电焊补漏，另一处工人江某则在登高架上负责监护。9：40左右，江某听到张某猛叫了一声，见张某拿着电焊钳的手在颤抖。江某上前去拉电焊钳的电线，但没有拉开，于是迅速爬下移动登高架，关掉电焊机电源，张某随即从移动登高架上掉落下来，后送医院抢救无效死亡。经该医院诊断：张某死于严重颅脑伤和电击伤。

问题思考：

1. 什么是触电？

2. 触电有哪些危害？

3. 当遇到触电事故时应该怎样做？

一、触电的危害

1. 触电的概念

碰到带电的导线，电流就要通过人体这种情况就称为触电。在什么情况下会发生触电事故呢？如图 8-1 所示，人站在地面上触碰火线或站在绝缘体上同时触碰火线和零线都会发生触电事故。这是因为通过人体形成了电流回路。所以不可以直接用身体接触触电的人进行救援。从理论上来说，站在绝缘体上触碰火线是安全的，但是不要去尝试。

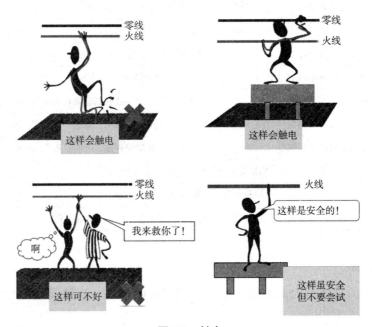

图 8-1　触电

2. 触电的原因

通过人体的电流超过感知电流时，肌肉收缩增加，刺痛感觉增强，感觉部位扩展。至电流增大到一定程度时，触电人因肌肉收缩，发生痉挛而紧抓带电体，不能自行摆脱带电体。人触电后能自行摆脱带电体的最大电流，称为摆脱电流。摆脱电流与人体生理特征、带电体形状、带电体尺寸等因素有关。

摆脱电流是人体可以忍受，一般不会造成不良后果的电流。电流超过摆脱电流以后会感到异常痛苦、恐慌和难以忍受；如时间过长，则可能导致昏迷、窒息，甚至死亡。应当指出，摆脱带电体的能力是随着触电时间的延长而减弱的，因此，一旦触电者不能及时摆脱带电体，后果将是严重的。

电流致命的原因比较复杂。例如，在高压触电事故中，可能因为强电弧或很大的电流导致的烧伤使人致命；在低压触电事故中，可能因为心室纤维性颤动，也可能因为窒息时间过长使人致命。在电流不超过数百毫安的情况下，电击致命的主要原因是电流引起心室纤维性颤动。室颤电流除取决于电流持续时间、电流途径、电流种类等电气参数外，还取决于机体组织、心脏功能等人体生理特征。那么，电流究竟对人体有哪些伤害？表8-1中详细列出了不同的电流条件、不同的电流持续时间所对应的生理效应。从表8-1中可以看出，5～30 mA的电流持续数分钟会造成痉挛，不能摆脱带电体，呼吸困难，血压升高等生理效应，是人体可以忍受的极限。超过这个电流就会发生人身伤害。

表8-1　电流对人体的伤害

电流 / mA	电流持续时间	生理效应
0～0.5	持续通电	没有感觉
0.5～5	持续通电	开始有感觉，手指、手腕等处有麻感，没有痉挛，可以摆脱带电体
5～30	数分钟以内	痉挛，不能摆脱带电体，呼吸困难，血压升高，是可以忍受的极限
30～50	数秒至数分钟	心脏跳动不规则，昏迷，血压升高，强烈痉挛
50～数百	低于心脏搏动周期	受强烈刺激，但未发生心室颤动
	超过心脏搏动周期	昏迷，心室颤动，接触部位留有电流通过的痕迹
超过数百	低于心脏搏动周期	在心脏易损期触电时，发生心室颤动，昏迷，接触部位留有电流通过的痕迹
	超过心脏搏动周期	心脏停止跳动，昏迷，可能有致命的电灼伤
感知电流——男 1.1 mA，女 0.7 mA		
摆脱电流——男 16 mA，女 9 mA		
致命电流——30～50 mA（超过心跳周期，约不超过 1 s）、500 mA（0.1 s 以内）		

3. 触电的伤害

触电对于人的身体和内部组织会造成不同程度的损伤。这种损伤可分为电击和电伤两种。

按照发生电击时电气设备的状态，电击可分为直接接触电击和间接接触电击。直接接触电击是触及正常状态下带电的带电体（如误触接线端子）发生的电击，也称为正常状态下的电击；间接接触电击是触及正常状态下不带电，而在故障状态下意外带电的带电体（如触及漏电设备的外壳）发生的电击，也称为故障状态下的电击。按照人体触及带电体的方式和电流流过人体的途径，电击可分为单相电击、两相电击和跨步电压电击。单相电击是人体站在导电性地面或接地导体上，人体某一部位触及一相导体由接触电压造成的电击；两相电击是不接地状态的人体某两个部位同时触及两相导体由接触电压造成的电击；跨步电压电击是人体进入地面带电的区域时，两脚之间承受的跨步电压造成的电击。

按照电流转换成作用于人体的能量的不同形式，电伤可分为电弧烧伤、电流灼伤、皮肤金属化、皮肤电烙印、机械性损伤、电光眼等伤害。

二、触电的方式

1. 单相触电

当人体接触带电设备或线路中的某一相导体时，一相电流通过人体经大地回到中性点，这种触电形式称为单相触电。

2. 双相触电

人体的不同部位分别接触到同一电源的两根不同相位的相线，电流从一根相线经人体流到另一根相线的触电现象，称为双相触电。

3. 跨步电压触电

站在距离高压电线落地点 10 m 以内，可能发生的触电事故，称为跨步电压触电。

4. 高压电弧触电

靠近高压线（高压带电体），造成弧光放电而触电，称为高压电弧触电。

三、施工现场触电事故

1. 施工现场触电隐患

（1）线缆防护不当，可能导致绝缘受损，引发漏电。

（2）敷设方式、路径不当，可能导致端部绝缘层受损。

（3）线缆护套层截取过长，接口电线绝缘容易受损。

（4）线缆敷设无防护，可能导致绝缘受损，引发漏电。

（5）线缆敷设路径不当，易挤伤导致绝缘受损。

（6）线缆护套层截取过长，线缆与控制盒连接处缺少护套，线缆容易折损漏电等。

2. 施工现场导致触电事故的主要原因

（1）电气线路、设备安装不符合安全要求。

（2）电钻等手持电动工具电源线破损或松动。

（3）操作漏电的机器设备或使用漏电电动工具。

（4）移动长、高金属物体碰触电源线、配电柜及其他带电体。

（5）接线盒或插头座不合格或损坏。

（6）临时线使用或管理不善。

（7）非电工任意处理电气事务。

（8）电焊作业者穿背心、短裤，不穿绝缘鞋。

（9）汗水浸透手套；焊钳误碰自身。

（10）湿手操作机器开关、按钮等。

（11）配电设备、架空线路、电缆、开关、配电箱等电气设备，在长期使用中，受高温、高湿、粉尘、碾压、摩擦、腐蚀等，使电气绝缘损坏，接地或接零保护不良而导致漏电。

四、用电安全检查

用电安全检查可分为安全用电日常巡查和安全用电专项检查，公司级、部门级、班组级三级检查应有专人负责。另外，要重视复查、验证工作，复查、验证是对安全用电检查成果的巩固和检验。检查是手段，目的是发现问题、解决问题，应该在检查过程中或检查完成以后，发动职工及时整改。而对于检查中发现问题的整改落实要做到"三定""四不推"。"三定"是指定措施、定时间、定责任人；"四不推"是指班组能解决的，不推到工段；工段能解决的，不推到部门；部门能解决的，不推到公司；公司能解决的，不推到上级。

五、防止触电的注意事项

（1）不得随便乱动或私自修理电气设备。

（2）经常接触和使用的配电箱、配电板、闸刀开关、按钮开关、插座、插销及导线等，必须保持完好、安全，不得有破损或将带电部分裸露出来。

（3）不得用铜丝等代替保险丝，并保持闸刀开关、磁力开关等盖面完整，以防止短路时发生电弧或保险丝熔断飞溅伤人。

（4）经常检查电气设备的保护接地、接零装置，保证连接牢固。

（5）在使用手电钻、电砂轮等手持电动工具时，必须安装漏电保护器，工具外壳进行防护性接地或接零，并要防止移动工具时导线绝缘破损或被拉断。操作时应戴好绝缘手套并站在绝缘板上。

（6）在移动电风扇、照明灯、电焊机等电气设备时，必须先切断电源，并保护好导线，以免磨损或拉断。

（7）在雷雨天，不要走进高压电杆、铁塔、避雷针的接地导线周围20 m之内。当遇到高压线断落时，周围10 m之内禁止人员入内；若已经在10 m范围之内，应单足或并足跳出危险区。

（8）对设备进行维修时，一定要切断电源，并在明显处放置"禁止合闸有人工作"的警示牌。

六、使用手持电动工具的安全要求

（1）辨认铭牌，检查电动工具或设备的性能是否与使用条件相适应。

（2）检查其防护罩、防护盖、手柄防护装置等有无损伤、变形或松动。不得任意拆除机械防护装置。

（3）检查电源开关是否失灵，是否破损，是否牢固，接线有无松动。

（4）检查其转动部分是否灵活。

（5）电源线应采用橡胶绝缘软电缆：单相用三芯电缆、三相用四芯电缆；电缆不得有破损或龟裂、中间不得有接头；电源线与设备之间的防止拉脱的紧固装置应保持完好；设备的软电缆及其插头不得任意接长、拆除或调换。

（6）I类设备应有良好的接零（或接地）措施。使用I类手持电动工具应配用绝缘用具或采取电气隔离及其他安全措施。

（7）绝缘电阻必须合格，带电部分与可触及导体之间的绝缘电阻：Ⅰ类设备不低于 2 MΩ；Ⅱ类设备不低于 7 MΩ。长期未使用的电动设备，在使用前必须测量绝缘电阻。

（8）根据需要装设漏电保护装置或采取电气隔离措施。

（9）非专职人员不得擅自拆卸和修理手持电动工具。Ⅱ类和Ⅲ类手持电动工具修理后不得降低原设计规定的安全技术指标。

（10）手持电动工具使用完毕后应及时切断电源，拔下接线插头，并妥善保管。

案例分析

1. 事故原因

（1）直接原因：电焊钳绝缘手柄破损漏电，移动登高架操作平台没有安全防护装置，造成张某触电后坠落，二次伤害致死。

（2）间接原因：作业现场管理不规范，现场监护人员缺乏电工专业知识，电焊机接地线连接不正确。安全教育不到位，作业人员忽视安全操作规程，不系安全带，不戴安全帽，使用不绝缘的帆布手套和绝缘手柄损坏的电焊钳作业，安全交底不明确。安全隐患排查不彻底，未发现电焊钳和移动登高架存在的安全隐患。

2. 防范措施

（1）工作前应认真检查工具、设备是否完好，焊机的外壳是否可靠接地。焊机的修理应由电气保养人员进行，其他人员不得拆修。

（2）工作前应认真检查工作环境，确认正常后方可开始工作。施工前穿戴好安全保护用品，戴好安全帽。高空作业要戴好安全带。敲焊渣、磨砂轮要戴好平光眼镜。

（3）接拆电焊机电源线或电焊机发生故障，应会同电工一起进行修理，严防触电事故。

（4）接地线要牢靠、安全，不准用脚手架、钢丝缆绳等作接地线。

（5）在靠近易燃地方焊接，要有严格的防火措施，必要时须经安全员同意方可工作。焊接完毕应认真检查确无火源，才能离开工作场地。

（6）焊接密封容器、管子应先开好放气孔。修补已装过油的容器，应先清洗干净，打开人孔盖或放气孔，才能进行焊接。

（7）在已使用过的罐体上进行焊接作业时，必须查明是否有易燃、易爆气体或物料，严禁在未查明之前动火焊接。焊钳、电焊线应经常检查、保养，发现有损坏应及时修好或更换，焊接过程中发现短路现象应先关好焊机，再寻找短路原因，防止焊机烧坏。

（8）焊接吊码、加强脚手架和重要结构应有足够的强度，并敲去焊渣认真检查是否安全、可靠。

（9）在容器内焊接，应注意通风，把有害烟尘排出，以防中毒。在狭小容器内焊接应有 2 人，以防触电等事故。

（10）容器内油漆未干，有可燃体散发时不准施焊。

3. 事故警示

每个事故的背后，总有令人警醒的"故事"，这是人们认真学习和反思事故的原因。安全生产涉及部门多、责任链条长，任何一个环节没有做到"万无一失"，就有可能导致"一失万无"。当前国民经济持续稳定恢复，部分行业生产经营正值旺季，越是这个时候，越要树立安全发展理念，将安全责任落实到各个环节、各个岗位，确保无缝衔接、不留死角。触电总发生在不经意之间，一步错步步错，一个环节失效，个个环节都难以管控，违章被刻意放大，失去节制，就会酿成悲剧，实在令人心痛。

【思政小课堂】

时刻绷紧安全生产这根弦，须臾不可放松

安全生产，人命关天。将安全生产要求贯穿各项工作全过程，态度要鲜明，执行要坚决，决不能心存侥幸，搞变通、做选择、走捷径。要坚持人民至上、生命至上，牢牢守住安全红线和底线。抓安全生产，关键在于"时时放心不下"，关键在于责任落实，关键在于工作细致，把风险问题解决在成灾肇祸之前。以习近平总书记关于安全生产的重要指示为引领，上下同心、共同努力，尽心尽责、担当作为，我们就一定能打好这场安全防范主动战、攻坚战。面对新时代、新形势、新要求，要自觉落实习近平总书记关于安全发展理念、红线意识、底线思维、责任体系、防控风险等方面的重要指示，时刻绷紧安全生产这根弦，始终保持清醒头脑，任何时候都不能麻痹大意，坚决守住安全生产的底线和红线。

知识拓展

触电事故的应急处理

1. 脱离电源

当发现有人触电时，不要惊慌，首先要尽快切断电源。

注意：救护人员千万不要用手直接去拉触电的人，防止发生救护人员触电事故。

应根据现场具体条件，果断采取适当的方法和措施，一般有以下几种方法和措施：

（1）如果开关或按钮距离触电地点很近，应迅速拉开开关，切断电源，并应准备充足的照明，以便进行抢救。

（2）如果开关距离触电地点很远，可用绝缘手钳或用干燥木柄的斧、刀、铁锹等把电线切断。

注意：应切断电源侧（来电侧）的电线，且切断的电线不可触及人体。

（3）当导线搭在触电人身上或压在身下时，可用干燥的木棒、木板、竹竿或其他带有绝缘柄（手握绝缘柄）工具，迅速将电线挑开。

注意：千万不能使用任何金属棒或湿的东西去挑电线，以免救护人员触电。

（4）如果触电人的衣服是干燥的，而且不是紧缠在身上时，救护人员可站在干燥的木板上，或用干衣服、干围巾等把自己一只手做严格绝缘包裹，然后用这一只手拉触电人的衣服，把他拉离带电体。

注意：千万不要用两只手、不要触及触电人的皮肤、不可拉他的脚，且只适应低压触

电，绝不能用于高压触电的抢救。

（5）如果人在较高处触电，必须采取保护措施，防止切断电源后触电人从高处摔下。

2. 伤员脱离电源后的处理

（1）触电者如神志清醒，应使其就地躺开，严密监视，暂时不要站立或走动。

（2）触电者如神志不清，应就地仰面躺开，确保气道通畅，并用 5 s 的时间间隔呼叫伤员或轻拍其肩部，以判断伤员是否意识丧失。禁止摆动伤员头部呼叫伤员。坚持就地正确抢救，并尽快联系医院进行抢救。

（3）呼吸、心跳情况判断。触电者如意识丧失，应在 10 s 内，用看、听、试的方法判断伤员呼吸情况。

看：看伤员的胸部、腹部有无起伏动作。

听：耳贴近伤员的口，听有无呼气声音。

试：试测口鼻有无呼气的气流。再用两手指轻试一侧喉结旁凹陷处的颈动脉有无搏动。

若看、听、试的结果即无呼吸又无动脉搏动，可判定呼吸心跳已停止，应立即用心肺复苏法进行抢救。

单元二　施工现场临时用电安全管理

施工现场临时
用电安全管理

案例引入

某浴池工地，工人们正在进行二层水泥圈梁浇灌。突然，搅拌机附近有人喊："有人触电了"。只见在搅拌机进料斗旁边的一辆铁制手推车上趴着一个人，地上还躺着一个人。当人们把搅拌机附近的电源开关断开后，看到趴在铁车上的那个人手心和脚心穿孔出血，并已经死亡。死者年仅 17 岁，穿布底鞋，未戴手套，两手各握两个铁把；与此同时，人们对躺在地上的那个人进行人工呼吸，他的神志才渐渐恢复。

问题思考：

1. 试分析触电原因。

2. 这起触电事故暴露了企业安全管理上的什么缺陷？

知识链接

一、施工临时用电

施工临时用电是施工现场安全生产的一个重要组成部分。我国从 1988 年就颁布了行业标准《施工现场临时用电安全技术规范》（JGJ 46—1988）作为规范施工现场临时用电的指南。从《施工现场临时用电安全技术规范》（JGJ 46—1988）到现在的《施工现场临时用电安全技术规范》（JGJ 46—2005）已经颁布了近 30 年。2014 年 4 月 15 日，颁布了《建设工程施工现场供用电安全规范》（GB 50194—2014）的国家标准，进一步规范施工现场临时用电安全管理及控制要求。但是，在工程施工中还存在很多用电安全隐患和问题，触电仍是建筑施工行业中常见的六大事故类型（高处坠落、物体打击、坍塌、起重伤害、机械伤害、触电）之一，触电事故频频发生。

近年来，科技的发展带动了整个建筑业的变革，原先主要依靠人力完成的工作方式在逐渐转变，施工现场的机械化程度和自动化程度不断提升，用电设备及负荷呈现多样化、复杂化的特点，这些特点使施工现场临时用电安全问题趋于普遍。临时用电具有临时性、危险性、负荷时变性等特点，它的管理是一项专业性、技术性很强的工作。在此基础之上，管理及工作人员对临时用电安全重视不够，缺乏电力知识的系统学习及实践经验也会增加用电管理难度。

二、施工现场临时用电基本要求

（一）施工现场一条电路

施工现场临时用电必须统一进行组织设计。要有统一的临时用电施工方案，一个取电来源，一个临时用电施工、安装、维修、管理队伍。需要注意的是，严禁私拉乱接线路，多头取电。

（二）临时用电两级保护

施工现场所有用电设备，除作保护接零外，必须在设备负荷线的首端处设置漏电保护装置。同时，开关箱中必须装设漏电保护器。

（三）三级配电

如图 8-2 所示，配电系统应设置总配电箱、分配电箱和开关箱。按照总配电箱→分配电箱→开关箱的送电顺序，形成完整的三级用（配）电系统。这样配电层次清楚，便于管理和查找故障。总配电箱要设置在靠近电源的地区。分配电箱应装设在用电设备或负荷相对集中的地区。

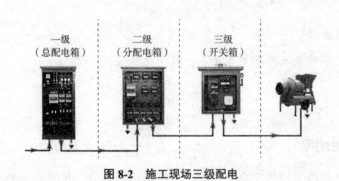

一级
（总配电箱）　　二级
（分配电箱）　　三级
（开关箱）

图 8-2　施工现场三级配电

（四）电器装置装设四个原则

"一机、一箱、一闸、一漏"，每台用电设备必须设置各自专用的开关箱，开关箱内要设置专用的隔离开关和漏电保护器，不得同一开关箱、同一个开关电器直接控制两台以上的用电设备。开关箱内必须装设漏电保护器。

（五）五芯电缆

施工现场专用的中性点直接接地的电力系统中，必须实行 TN-S 三项五线制供电系统。电缆的型号和规格要采用五芯电缆。为了正确区分电缆导线中的相线、相序、零线、保护零线，防止发生错误操作事故，导线的颜色要使用不同的安全色。L1（A）、L2（B）、L3（C）相序的颜色分别为黄色、绿色、红色；工作零线 N 为淡蓝色；保护零线 PE 为绿/黄双色线，在任何情况下都不准使用绿/黄双色作负荷线。

三、施工现场临时用电管理

（一）一般规定

（1）室外配电线路应采用电缆敷设。不宜采用单根绝缘导线架空敷设方式。

（2）配电箱、开关箱应采用由专业厂家生产的定型化产品，应符合《低压成套开关设备和控制设备 第4部分：对建筑工地用成套设备（ACS）的特殊要求》（GB/T 7251.4—2017）、《施工现场临时用电安全技术规范》（JGJ 46—2005）和《建筑施工安全检查标准》（JGJ 59—2011）的要求，并取得"3C"认证证书。配电箱内使用的隔离开关、漏电保护器及绝缘导线等电器元件也必须取得"3C"认证。

（3）当施工现场临时用电设备在5台及以上或设备总容量在50 kW及以上时，应编制临时用电施工组织设计。临时用电施工组织设计应由电气工程技术人员组织编制，经企业技术负责人和项目总监理工程师批准后方可实施。临时用电施工组织设计变更时，应按原程序批准。

（4）施工现场临时用电必须建立安全技术档案。安全技术档案应包括下列内容：用电组织设计的全部资料；修改用电组织设计的资料；用电技术交底资料；用电工程检查验收表；电气设备的试、检验凭单和调试记录；接地电阻、绝缘电阻和漏电保护器漏电动作参数测定记录表；定期检（复）查表；电工安装、巡检、维修、拆除工作记录。

（5）临时用电工程应按分部、分项工程进行定期检查，检查时，应复查接地电阻值和绝缘电阻值。对发现的安全隐患必须及时处理，并应履行复查验收手续。

（二）外电防护

在建工程不得在外电架空线路正下方施工、搭设作业棚、建造生活设施或堆放构件、架具、材料及其他杂物等。

（1）在建工程（含脚手架具）的外侧边缘与外电架空线路之间必须保持安全操作距离，最小安全操作距离应符合表8-2的规定。

表8-2 在建工程（含脚手架具）的外侧边缘与外电架空线路之间最小安全操作距离

外电线路电压等级 / kV	<1	1～10	35～110	220	330～500
最小操作安全距离 / m	4.0	6.0	8.0	10	15

（2）施工现场的机动车道与外电架空线路交叉时，架空线路的最低点与路面的最小垂直距离应符合表 8-3 的规定。

表 8-3　施工现场的机动车道与外电架空线路交叉时的最小垂直距离

外电线路电压等级 / kV	< 1	1 ~ 10	35
最小垂直安全距离 / m	6.0	7.0	7.0

（3）起重机严禁越过无防护设施的外电架空线路作业。在外电架空线路附近吊装时，起重机的任何部位或被吊物边缘在最大偏斜时与架空线路边线的最小安全距离应符合表 8-4 的规定。

表 8-4　起重机与架空线路边线的最小安全距离

电压 / kV 安全距离 / m	< 1	10	35	110	220	330	500
沿垂直方向	1.5	3.0	4.0	5.0	6.0	7.0	8.5
沿水平方向	1.5	2.0	3.5	4.0	6.0	7.0	8.5

（4）当达不到以上安全距离的要求时，必须编制外电线路防护方案，采取绝缘隔离防护措施，如图 8-3 所示，并应悬挂醒目的警告标志。架设防护设施时，必须经有关部门批准，采用线路暂时停电或其他可靠的安全技术措施，并应有电气工程技术人员和专职安全人员监护。防护设施应坚固、稳定，防护屏障应采用绝缘材料搭设。

当防护设施与外电线路之间的最小安全距离达不到表 8-5 的规定时，必须与有关部门协商，采取停电、迁移外电线路或改变工程位置等措施，未采取上述措施的严禁施工。

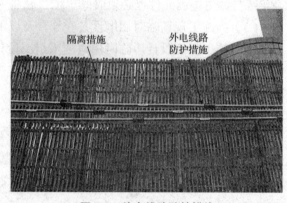

图 8-3　外电线路防护措施

表 8-5　防护设施与外电线路之间的最小安全距离

外电线路电压等级 / kV	≤ 10	35	110	220	330	500
最小操作安全距离 / m	1.7	2.0	2.5	4.0	5.0	6.0

脚手架的上下斜道严禁搭设在有外电线路的一侧。

现场临时设施搭设、建筑起重机械安装位置等，应避开有外电线路的一侧。

（三）接地与接零保护系统

（1）在施工现场专用变压器供电的 TN-S 接零保护系统中，电气设备的金属外壳必须与保护零线连接。保护零线应由工作接地线、配电室（总配电箱）电源侧零线或总漏电保护器电源侧零线处引出。

（2）当施工现场与外电线路共用同一供电系统时，电气设备的接地、接零保护应与原系统保持一致。不得一部分设备做保护接零，另一部分设备做保护接地。

（3）每一接地装置（图8-4）的接地线应采用2根及以上导体，在不同点与接地体做电气连接。不得采用铝导体做接地体或地下接地线。垂直接地体宜采用角钢、钢管或光面圆钢，不得采用螺纹钢材。接地可利用自然接地体，宜采用与在建工程基础接地网连接的方式，应保证其电气连接和热稳定。

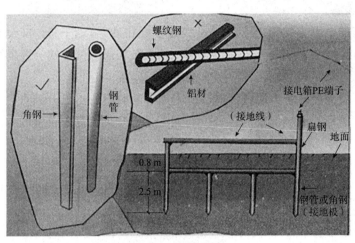

图8-4　接地装置

（4）TN-S 系统中的保护零线除必须在配电室或总配电箱处做重复接地外，还必须在配电系统的中间处和末端处做重复接地。在 TN-S 系统中，保护零线每一处重复接地装置的接地电阻值不应大于 10 Ω。在工作接地电阻值允许达到 10 Ω 的电力系统中，所有重复接地的等效电阻值不应大于 10 Ω。

（5）PE 线上严禁装设开关或熔断器。严禁 PE 线与 N 线混用，且 PE 线严禁断线。PE 线所用材质与相线、工作零线（N 线）相同时，其最小截面应符合相关规定。注意 PE 线的绝缘颜色为绿 / 黄双色线。

（6）配电箱金属箱体，施工机械、照明器具、电器装置的金属外壳及支架等不带电的外露导电部分应做保护接零，与保护零线的连接应采用铜鼻子（图8-5）连接。

（四）配电箱和开关箱

（1）配电系统应设置配电柜或总配电箱、分配电箱、开关箱，实行三级配电。对于配电箱、开关箱设置，应当注意以下几项：

图8-5　铜鼻子

1）总配电箱以下可设置若干分配电箱，分配电箱以下可设置若干开关箱。

2）总配电箱应设置在靠近电源的区域，分配电箱应设置在用电设备或负荷相对集中的区域。

3）分配电箱与开关箱的距离不得超过 30 m，开关箱与其控制的固定式用电设备的水平距离不宜超过 3 m。

4）配电箱、开关箱周围应有足够 2 人同时工作的空间和通道，不得堆放任何妨碍操作、维修的物品，不得有灌木、杂草。

（2）动力配电箱与照明配电箱、动力开关箱与照明开关箱均应分别设置。

（3）每台用电设备必须有各自专用的开关箱，严禁用同一个开关箱直接控制 2 台及 2 台以上的用电设备。

（4）配电箱的电器安装板上必须设 N 线端子板和 PE 线端子板。N 线端子板必须与金属电器安装板绝缘；PE 线端子板必须与金属电器安装板做电气连接。进出线中的 N 线必须通过 N 线端子板连接；PE 线必须通过 PE 线端子板连接。

（5）隔离开关应设置于电源进线端，应采用分断时具有可见分断点，并能同时断开电源所有极的隔离电器。漏电保护器应装设在配电箱、开关箱靠近负荷的一侧，且不得用于启动电气设备的操作。

（6）配电箱、开关箱的进、出线口应设置在箱体的下底面，出线应配置固定线卡，进出线应加绝缘护套并成束卡固在箱体上，不得与箱体直接接触。移动式配电箱、开关箱的进、出线应采用橡皮护套绝缘电缆，不得有接头。配电箱、开关箱的电源进线端严禁采用插头和插座活动连接。

（7）配电箱、开关箱应装设端正、牢固。固定式配电箱、开关箱的中心点与地面的垂直距离应为 1.4 ～ 1.6 m。移动式配电箱、开关箱应装设在坚固、稳定的支架上。其中心点与地面的垂直距离宜为 0.8 ～ 1.6 m。

（8）配电箱、开关箱应编号，标明其名称、用途、维修电工姓名，箱内应有配电系统图，标明电器元件参数及分路名称。

（9）配电箱、开关箱应进行定期检查、维修。

（10）配电箱、开关箱内的电器配置和接线严禁随意改动。

（五）现场照明

（1）照明配电箱内应设置隔离开关、熔断器和漏电保护器。熔断器的熔断电流不得大于 15 A。漏电保护器的漏电动作电流应小于 30 mA，动作时间小于 0.1 s。

（2）施工现场照明器具金属外壳需要保护接零的，保护零线必须在同一根橡套电缆内。严禁使用双芯对绞花线、护套线和单根绝缘铜芯线。导线不得随地拖拉或缠绑在脚手架等设施构架上。

（3）照明灯具的金属外壳和金属支架必须做保护接零。

（4）室内 220 V 灯具距离地面不得低于 2.5 m，室外 220 V 灯具距离地面不得低于 3 m，配线必须采用绝缘导线或电缆线，并应做保护接零，不得采用双芯对绞花线。

（5）一些特殊场所应使用安全特低电压照明器。

1）隧道、人防工程、高温、有导电灰尘、比较潮湿或灯具离地面高度低于 2.5 m 等场所的照明，电源电压不应大于 36 V。

2）潮湿和易触及带电体场所的照明，电源电压不得大于 24 V。

3）特别潮湿场所、导电良好的地面、锅炉或金属容器内的照明，电源电压不得大于12 V。

（6）在一个工作场所内，不得只装设局部照明。

（六）配电线路的管理

（1）电缆中必须包含全部工作芯线和用作保护零线或保护线的芯线。需要三相五线制配电的电缆线路必须采用五芯电缆。五芯电缆必须包含淡蓝、绿/黄两种颜色的绝缘芯线。淡蓝色芯线必须用作 N 线；绿/黄双色芯线必须用作 PE 线，严禁混用。

（2）电缆线路应采用埋地或架空敷设，严禁沿地面明设，并应避免机械损伤和介质腐蚀。埋地电缆路径应设方位标志。

（3）埋地敷设宜选用铠装电缆，并应符合下列要求：

1）当选用无铠装电缆时，应能防水、防腐。架空敷设宜选用无铠装电缆。

2）电缆直接埋地敷设的深度不应小于 0.7 m，并应在电缆紧邻上、下、左、右侧均匀敷设不小于 50 mm 厚的细砂，然后覆盖砖或混凝土板等硬质保护层。

3）埋地电缆的接头应设在地面上的接线盒内，接线盒应能防水、防尘、防机械损伤，并应远离易燃、易爆、易腐蚀场所。

4）架空电缆应沿电杆、支架或墙壁敷设，并采用绝缘子固定，绑扎线必须采用绝缘线，固定点间距应保证电缆能承受自重所带来的荷载，敷设高度应符合架空线路敷设高度的要求，但沿墙壁敷设时应最大弧垂距地不得小于 2.0 m。

5）架空电缆严禁沿脚手架、树木或其他设施敷设。

（4）埋地电缆在穿越建筑物、构筑物、道路、易受机械损伤、介质腐蚀场所及引出地面从 2.0 m 高到地下 0.2 m 处，必须加设防护套管，防护套管内径不应小于电缆外径的 1.5 倍。

（5）在建工程内的电缆线路必须采用电缆埋地引入，严禁穿越脚手架引入。电缆垂直敷设应充分利用在建工程的竖井、垂直孔洞等，并宜靠近用电负荷中心，固定点每楼层不得少于一处。电缆水平敷设宜沿墙或门口固定，最大弧垂距地不得小于 2.0 m。

（七）电气装置

（1）配电箱、开关箱内的电器必须可靠、完好，严禁使用破损、不合格的电器。

（2）开关箱必须设置隔离开关、断路器或熔断器，以及漏电保护器。当漏电保护器是具有短路、过载、漏电保护功能的漏电断路器时，可不设断路器或熔断器。容量大于 3.0 kW 的动力电路应采用断路器控制，操作频繁时还应附设接触器或其他启动控制装置。

（3）开关箱中漏电保护器的额定漏电动作电流不应大于 30 mA，额定漏电动作时间不应大于 0.1 s。使用于潮湿和有腐蚀介质场所的漏电保护器应采用防溅型产品，其额定漏电动作电流不应大于 15 mA，额定漏电动作时间不应大于 0.1 s。

（4）分配电箱中漏电保护器的额定漏电动作电流应大于开关箱的参数。

（5）总配电箱、分配电箱和开关箱中漏电保护器的极数与线数必须与其负荷侧负荷的相数和线数匹配。

（八）变配电装置

（1）配电室内配电屏的正面操作通道宽度应不小于 1.5 m，两侧操作通道应不小于 1 m，配电室顶棚的高度应不小于 3 m 且配电装置的上端距顶棚应不小于 0.5 m。配电室的建筑物和构筑物的耐火等级不低于 3 级，室内配置砂箱和可用于扑灭电气火灾的灭火器。

（2）配电柜应装设电度表，并应装设电流、电压表。电流表与计费电度表不得共用一组电流互感器。

（3）配电柜或配电线路停电维修时，应悬挂接地线，并应悬挂"禁止合闸、有人工作"停电标志牌。停、送电必须由专人负责。

（4）发电机组的排烟管道必须伸出室外。发电机组及其控制、配电室内必须配置可用于扑灭电气火灾的灭火器，严禁存放贮油桶。

（5）发电机组电源必须与外电线路电源连锁，严禁并列运行。

◎ 案例分析

1. 事故原因

事故发生后，有关人员立即对事故现场进行了检查。从事故现象看，显然是搅拌机带电引起的。当合上搅拌机的电源开关时，用电笔测试搅拌机外壳不带电，当按下搅拌机上的启动按钮，再用测电笔测试设备外壳，氖泡很高，表明设备外壳带电，用万用表交流档测得设备外壳对地电压为 195 V（实测相电压为 225 V）。经过细致检查，发现电磁起动器出线孔的橡胶圈变形移位，一根绝缘导线的橡皮被磨破，露出铜线，铜线与铁板相碰。检查中又发现，搅拌机外壳没有接地保护线，其 4 个橡胶轮离地约 300 mm，4 个调整支承腿下的铁盘是在橡皮垫和方木上边，进料斗落地处垫有一些竹制脚手板，整个搅拌机对地几乎是绝缘的。死者穿布底鞋，双手未戴手套，两手各握两个铁把；因夏季天热，又是重体力劳动，死者双手有汗，人体电阻大大降低。估计电阻为 500～700 Ω，估算流经人体的电流已大于 250 mA。如此大的电流通过人体，死者无法摆脱带电体，而且在很短的时间内就会导致死亡。另一触电者因单手推车，脚穿的是半新胶鞋，所以尚能摆脱电源，经及时的人工呼吸，得以苏醒。

2. 事故警示

这起事故充分说明，施工现场临时用电管理决不能马虎。患生于所忽，祸起于细微。我们必须时刻绷紧安全生产这根弦，增强忧患意识，坚持底线思维，完善和落实安全生产责任制，企业要督促所有员工将安全理念贯穿生产全程，彻底排查各类安全隐患，切实堵住安全漏洞，做到安全投入到位、安全培训到位、基础管理到位、应急救援到位。

▶【思政小课堂】

关于安全生产，习近平总书记这样说

坚持安全第一、预防为主，建立大安全大应急框架，完善公共安全体系，推动公共安全治理模式向事前预防转型。推进安全生产风险专项整治，加强重点行业、重点领域安全监管。

——2022 年 10 月，在中国共产党第二十次全国代表大会上的报告

电气防火措施要点

施工现场临时用电设备在 5 台以下和设备总容量在 50 kW 以下者，应制订安全用电措施和电气防火措施。这里的电气防火措施包括技术措施和组织措施。

1. 电气防火技术措施要点

（1）合理配置用电系统的短路、过载、漏电保护电器。

（2）确保 PE 线连接点的电气连接可靠。

（3）在电气设备和线路周围不堆放并清除易燃、易爆物和腐蚀介质或做阻燃隔离防护。

（4）不在电气设备周围使用火源，特别在变压器、发电机等场所严禁烟火。

（5）在电气设备相对集中场所，如变电所、配电室、发电机室等场所配置可扑灭电气火灾的灭火器材。

（6）按照相关规定设置防雷装置。

2. 电气防火组织措施要点

（1）建立易燃、易爆物和腐蚀介质管理制度。

（2）建立电气防火责任制，加强电气防火重点场所烟火管制，并设置禁止烟火标志。

（3）建立电气防火教育制度，定期进行电气防火知识宣传教育，提高各类人员电气防火意识和电气防火知识水平。

（4）建立电气防火检查制度，发现问题及时处理，不留任何隐患。

（5）建立电气火警预报制，做到防患于未然。

（6）建立电气防火领导体系及电气防火队伍，并学会和掌握扑灭电气火灾的方法。

（7）电气防火措施可与一般防火措施一并编制。

模块小结

临时用电工程是一项专业性、技术性很强的工作，具有临时性、危险性、负荷时变性等特点，现场安全管理难度较大。本模块学习了施工现场临时用电伤害常识、临时用电安全管理方法和管理要求，树牢安全发展理念，提高临时用电安全意识，工作中应养成按标准规范办事的良好习惯，识别临时用电风险，整改安全隐患，预防施工现场临时用电事故的发生。

思考与练习

一、单选题

1. 站在距离高压电线落地点 10 m 以内，可能发生的触电事故是（　　　）。

　A. 单相触电　　　　　　　　　　　　B. 双相触电

　C. 跨步电压触电　　　　　　　　　　D. 高压电弧触电

2.采用二级漏电保护系统是指在施工现场基本供配电系统的总配电箱（配电柜）和开关箱，首、末二级配电装置中，设置（　　　）。

　　A.隔离开关　　　　　B.断路器　　　　　　C.闸刀　　　　　　　D.漏电保护器

3.施工现场专用的中性点直接接地的电力系统中，必须实行（　　　）供电系统。

　　A.TN-S 三相五线制　　　　　　　　　　B.TN-T 三相四线制

　　C.TN-S 三相四线制　　　　　　　　　　D.TN-C 三相五线制

4.配电箱内使用的隔离开关、漏电保护器及绝缘导线等电器元件也必须取得（　　　）认证。

　　A.PRC　　　　　　　B.3C　　　　　　　　C.长城标志　　　　　D.方圆标志

5.当施工现场临时用电设备在 5 台及以上或设备总容量在（　　　）kW 及以上时，应编制临时用电施工组织设计。

　　A.5　　　　　　　　B.10　　　　　　　　C.50　　　　　　　　D.100

6.在 TN-S 系统中，保护零线每一处重复接地装置的接地电阻值不应大于（　　　）Ω。

　　A.5　　　　　　　　B.10　　　　　　　　C.15　　　　　　　　D.20

7.下列不可以用作临时用电接地体的材料的是（　　　）。

　　A.铝导体　　　　　　B.光面圆钢　　　　　C.钢管　　　　　　　D.角钢

二、多选题

1.临时用电安全检查中的三定指的是（　　　）。

　　A.定责任人　　　　　B.定时间　　　　　　C.定措施　　　　　　D.定方向

2.施工现场临时用电必须建立安全技术档案，下列属于安全技术档案的有（　　　）。

　　A.用电技术交底资料

　　B.用电工程检查验收表

　　C.电气设备的试验、检验凭单和调试记录

　　D.接地电阻、绝缘电阻和漏电保护器漏电动作参数测定记录表

3.下列可以用作临时用电接地体的材料的有（　　　）。

　　A.钢管　　　　　　　B.光面钢　　　　　　C.螺纹钢　　　　　　D.角钢

4.下列需要分开设置的配电设备有（　　　）。

　　A.同一施工区域的不同机械设备的分配电箱

　　B.同一施工区域的不同机械设备的开关箱

　　C.动力配电箱与照明配电箱

　　D.动力开关箱与照明开关箱

5.在现场照明的管理中，照明配电箱内应设置（　　　）。

　　A.隔离开关　　　　　B.熔断器　　　　　　C.漏电保护器　　　　D.万用电表

三、判断题

1.30 ～ 50 mA 是人体可以忍受电流的极限。　　　　　　　　　　　　　　　（　　　）

2.三级配电系统应设置总配电箱、分配电箱和开关箱。按照开关箱→分配电箱→总配电箱的送电顺序，形成完整的三级用（配）电系统。　　　　　　　　　　　（　　　）

3. 电器装置装设四个原则—机、一箱、一闸、一漏，每台用电设备必须设置各自专用的开关箱，开关箱内要设置专用的隔离开关和漏电保护器，开关箱内必须装设漏电保护器。 （　　）

4. TN-S 三项五线制供电系统中 L1（A）、L2（B）、L3（C）相序的颜色分别为黄色、绿色、红色；工作零线 N 为淡蓝色；保护零线 PE 为绿 / 黄双色线。 （　　）

5. 室外配电线路应采用电缆敷设。不宜采用单根绝缘导线架空敷设方式。 （　　）

6. 当达不到以上安全距离的要求时，必须编制外电线路防护方案，采取绝缘隔离防护措施，并应悬挂醒目的警告标志牌，防护设施应坚固、稳定，防护屏障可以用非绝缘材料搭设。 （　　）

7. PE 线上严禁装设开关或熔断器。严禁 PE 线与 N 线混用。如果 PE 线断线，因为有重复接地，可以暂时不处理。 （　　）

8. 三级配电中，总配电箱以下可设若干分配电箱，分配电箱以下可设若干开关箱。 （　　）

9. 室内 220 V 灯具距地面不得低于 2.5 m，室外 220 V 灯具距地面不得低于 3 m，配线必须采用绝缘导线或电缆线，并应做保护接零，不得采用双芯对绞花线。 （　　）

10. 可以用埋在地下的金属燃气管道作为自然接地体。 （　　）

四、简答题

1. 施工现场导致触电事故的主要原因有哪些？

2. 触电对人体有怎样的危害？

3. 如何做好用电安全检查？

4. 施工现场临时用电从管理上怎么来保证用电安全，防止触电事故发生？

5. 施工现场电气安装、检修能否让非电工进行操作？操作时应该注意哪些事项？

6. 施工现场电缆敷设最好埋地敷设还是架设？采取此种方法有什么要求？

模块九　施工现场消防

单元一　火灾概述

火灾基础知识

案例引入

2010 年 11 月 15 日，上海市静安区某公寓大楼发生特别重大火灾事故，造成 58 人死亡，71 人受伤，直接经济损失 1.58 亿元。据调查，在公寓大楼节能综合改造项目施工过程中，施工人员违规在 10 层电梯前室北窗外进行电焊作业，电焊溅落的金属熔融物引燃下方 9 层位置脚手架防护平台上堆积的聚氨酯保温材料碎块、碎屑引发火灾。

问题思考：

1. 火灾事故的常见引火源有哪些？
2. 燃烧的发生和发展一般必须具备哪些必要条件？
3. 你知道哪些常见的消防设备与器材？

知识链接

一、火灾的概念、分类及分级、发展阶段

(一) 火灾的概念

早在蒙昧时期人类就已经认识了火，火造就了宇宙万物，从人类起源至今一直是人类社会的重要组成部分。人们花费大量资金研究维持燃烧的技术，但极少考虑到阻止燃烧的发生。

火的应用推动了人类社会的发展，但也给人类带来不少灾难。失控的燃烧可能毁坏人类现有的财富和生产原料。

建筑物起火的原因多种多样，主要可归纳为由于生活用火不慎引起火灾、生产活动中违规操作引发火灾、化学或生物化学的作用造成的可燃和易燃物自燃，以及因为用电不当造成的电气火灾等。

在时间或空间上失去控制的燃烧所造成的灾害，就是火灾。换句话说，凡是失去控制并对财物和人身造成损害的燃烧现象，都是火灾。它是最常见的灾害之一。

(二) 火灾的分类及分级

1. 火灾的分类

（1）A类火灾：是指固体物质火灾。这种物质往往具有有机物性质，一般在燃烧时能产生灼热的余烬，如木材、棉、毛、麻、纸张火灾等。

（2）B类火灾：是指液体火灾和可熔化的固体火灾，如汽油、煤油、原油、甲醇、乙醇、沥青、石蜡火灾等。

（3）C类火灾：是指气体火灾，如煤气、天然气、甲烷、乙烷、丙烷、氢气火灾等。

（4）D类火灾：是指金属火灾，如钾、钠、镁、钛、锆、锂、铝镁合金火灾等。

（5）E类火灾：是指带电火灾，带电物体燃烧的火灾。

2. 火灾的分级

火灾根据伤亡人数和财产损失金额可分为不同的级别。

（1）特别重大火灾：造成30人以上死亡，或者100人以上重伤，或者1亿元以上直接财产损失的火灾。

（2）重大火灾：造成10人以上30人以下死亡，或者50人以上100人以下重伤，或者5 000万元以上1亿元以下直接财产损失的火灾。

（3）较大火灾：造成3人以上10人以下死亡，或者10人以上50人以下重伤，或者1 000万元以上5 000万元以下直接财产损失的火灾。

（4）一般火灾：造成3人以下死亡，或者10人以下重伤，或者1 000万元以下直接财产损失的火灾。

注意：这里说到的"以上"包含本数，"以下"不包含本数。

(三) 火灾的发展阶段

火灾通常都有一个从小到大，逐步发展，直至熄灭的过程，即初起、发展、最盛和熄

灭。扑救火灾要特别注意火灾的初起、发展和最盛阶段（图9-1）。

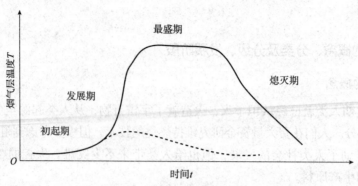

图9-1 典型火灾的发展过程

（四）建筑火灾蔓延途径

（1）建筑物的外窗、洞口。

（2）凸出于建筑物防火结构的可燃构件。

（3）建筑物内的门窗洞口、各种管道沟和管道井、开口部位。

（4）未做防火分隔的大空间结构，未封闭的楼梯间。

（5）各种穿越隔墙或防火墙的金属构件和金属管道。

（6）未做防火处理的通风、空调管道等。

（五）常见引火源

（1）一般火焰：各类可燃气体、液体、固体燃烧时的火焰。

（2）高温物体：如火星、炉渣、白炽灯、焊渣等。

（3）电火花：雷电，电路短路、漏电产生的火花，或静电火花等。

（4）撞击火花：将机械能转变为热能，金属颗粒炽热发光。

（5）化学反应放热：包括微生物作用发热并热量蓄积成高温。

二、灭火的基本原理

燃烧是可燃物与氧化剂作用发生的一种放热发光的剧烈化学反应。在日常生活中所看到的燃烧现象，大多是可燃物质与空气（氧）或其他氧化剂进行剧烈化合而发生的放热发光现象，实际上燃烧不仅是化合反应，还有的是分解反应。

（一）燃烧的条件

从本质上讲，燃烧是剧烈的氧化还原反应。任何物质的燃烧并不是随便发生的，而是必须具备一定的条件。燃烧的发生和发展一般必须具备以下三个必要条件，即可燃物、助燃物和点火源。灭火的基本原理就是在发生火灾后，通过采取一定的措施，把维持燃烧所必须具备的条件破坏，使燃烧不能继续进行，火就会熄灭。因此，采取降低着火系统温度、断绝可燃物、稀释空气中的氧浓度、抑制着火区内的链式反应等措施，都可达到灭火的目的。

（二）灭火的基本原理

灭火的基本原理归纳为冷却、窒息、隔离和化学抑制四个方面。前三种方法是通过物理过程进行灭火；后一种方法则是通过化学过程灭火。

（1）冷却灭火。对一般可燃物来说，能够持续燃烧的条件之一就是它们在火焰或热的作用下达到了各自的着火温度。因此，对一般可燃物火灾，将可燃物冷却到其燃点或闪点以下，燃烧反应就会中止。水的灭火机理主要是冷却作用。

（2）窒息灭火。各种可燃物的燃烧都必须在其最低氧气浓度以上进行，否则燃烧不能持续进行。因此，通过降低燃烧物周围的氧气浓度可以起到灭火的作用。通常使用的二氧化碳、氮气、水蒸气等的灭火机理主要是窒息作用。

（3）隔离灭火。把可燃物与引火源或氧气隔离开，燃烧反应就会自动中止。火灾中，关闭有关阀门，切断流向着火区的可燃气体和液体的通道；打开有关阀门，使已经发生燃烧的容器或受到火势威胁的容器中的液体可燃物通过管道导致安全区域，都是隔离灭火的措施。

（4）化学抑制灭火。就是使用灭火剂与链式反应的中间体自由基反应，从而使燃烧的链式反应中断使燃烧不能持续进行。常用的干粉灭火剂、七氟丙烷灭火剂的主要灭火机理就是化学抑制作用。

灭火中具体采用哪种方法，应根据燃烧物质的性质、燃烧特点、火场的具体情况及消防技术装备的性能来选择。

三、常见的消防设备与器材

（一）消防水带

如图 9-2 所示，消防水带规格为 25 m/条，配置要求为 1 条/消火栓。消防水带铺设时应避免骤然曲折，以防止降低耐水压能力，还应避免扭转，以防止充水后水带转动而使内扣式水带接口脱开。充水后应避免在地面上强行拖拉，需要改变位置时要尽量抬起移动，以减少水带与地面的磨损。

（二）消防水枪

如图 9-3 所示，消防水枪规格为 19 mm 密集直流，配置要求为 1 个/消火栓。消防水枪直接连接在水带接扣上使用。

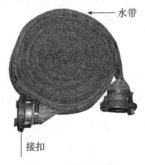

图 9-2　消防水带

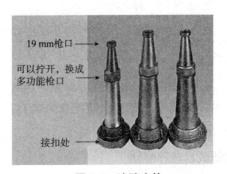

图 9-3　消防水枪

（三）消火栓

消火栓规格为 650 cm × 450 cm，配置要求为水带 1 条、水枪 1 个。如图 9-4 所示，消火栓由消防球阀、出水接扣、消防水管、橡胶水管组成。当发生火灾时按下报警按钮，消防警铃就会发出火警警报，提醒人们发生火灾。同时，启动消火栓水泵。使用时取出消火栓内水带并展开，一头连接在出水接扣上，另一端接上水枪，缓慢开启球阀，注意严禁快速开启，防止水锤现象。快速拉取橡胶水管至事故地点，同时缓慢开启球阀开关。

（四）手提式 ABC 干粉灭火器

手提式 ABC 干粉灭火器规格为 2 kg/4 kg，配置要求为 2 具 /100 m²。如图 9-5 所示，干粉灭火器由筒身、保险栓、压力表、压把、软管、喷嘴组成。当发生火灾时，边跑边将筒身上下摇动数次，拔出保险栓，筒身与地面垂直手握软管，选择上风位置接近火点，将软管朝向火苗根部。用力压下压把，摇摆喷射，将干粉射入火焰根部。熄灭后以水冷却除烟。注意：灭火时应顺风，不宜逆风。

（五）感温探测玻璃球喷头

感温探测玻璃球喷头配置要求为 1 个 /（6 ~ 7 m²）。当温度达到 68 ℃ 时，感温探测的玻璃管（图 9-6）就会自动爆裂，喷淋系统则启动消防喷淋，自动喷水灭火。

消防球阀 ——
出水接扣 ——

消防水管 ——
橡胶水管 ——

图 9-4　消火栓

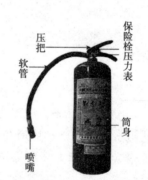

压把
软管

保险栓
压力表

筒身

喷嘴

图 9-5　手提式 ABC 干粉灭火器

玻璃管

图 9-6　感温探测玻璃球喷头

（六）消防警铃和火情警报按钮

当发生火灾时按下手动报警按钮（图 9-7），消防警铃就会发出火警警报，提醒人们发生火灾。遇突发火情时，按下紧急按钮，通过消防自动报警系统自动启动消防警铃，发出警报。同时，按下对话按钮，可与消防控制中心值班人员通话。

（七）消防应急灯

当发生火灾时通常会伴有停电等现象，消防应急灯是一种自动充电的照明灯，如图 9-8 所示。当发生火灾或停电时，消防应急灯会自动工作照明，指示安全通道和出口的位置，指引人们尽快疏散到安全区域。

（八）过滤式自救呼吸器

过滤式自救呼吸器规格为 XHZLC40 型，配置要求为 2 个 /消防箱，防毒时间 ≥ 40 分钟。使用时，打开盒盖，取出真空包装；撕开真空包装袋，拔掉前后两个罐盖；戴上头罩、拉紧头带；选择路径、果断逃生。

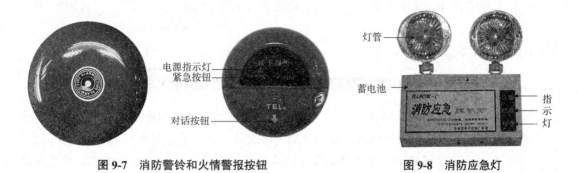

图 9-7　消防警铃和火情警报按钮　　　　图 9-8　消防应急灯

案例分析

一、事故原因

1. 直接原因

该公寓大楼节能综合改造项目施工过程中，施工人员违规在 10 层电梯前室北窗外进行电焊作业，电焊溅落的金属熔融物引燃下方 9 层位置脚手架防护平台上堆积的聚氨酯保温材料碎块、碎屑引发火灾。

2. 间接原因

（1）建设单位、投标企业、招标代理机构相互串通、虚假招标和转包、违法分包。

（2）工程项目施工组织管理混乱。

（3）设计企业、监理机构工作失职。

（4）市、区建设主管部门对工程项目监督管理缺失。

（5）静安区公安消防机构对工程项目监督检查不到位。

（6）静安区政府对工程项目组织实施工作领导不力。

二、追究刑事责任情况

静安区建交委主任、党工委副书记高某，施工单位总经理董某、项目经理范某、项目安全员曹某、项目总监理工程师张某、安全监理员卫某、工地电焊班组负责人马某、现场电焊工人吴某、现场工人王某、铝门窗施工方的杨某、外墙保温材料供应和施工方的张某等 26 名责任人被移送司法机关依法追究刑事责任。

三、事故警示

习近平总书记曾对全面加强安全生产工作提出明确要求，强调血的教训警示我们，公共安全绝非小事，必须坚持安全发展，扎实落实安全生产责任制，堵塞各类安全漏洞，坚决遏制重特大事故频发势头，确保人民生命财产安全。任一事故的发生，其中都不同程度地存在着主体责任不落实、隐患排查治理不彻底、法规标准不健全、安全监管执法不严格、监管体制机制不完善、安全基础薄弱、应急救援能力不强等问题。

▶【思政小课堂】

《中华人民共和国消防法》中有关建设工程的相关规定

第九条　建设工程的消防设计、施工必须符合国家工程建设消防技术标准。建设、设计、施工、工程监理等单位依法对建设工程的消防设计、施工质量负责。

第十条　对按照国家工程建设消防技术标准需要进行消防设计的建设工程，实行建设工程消防设计审查验收制度。

第十一条　国务院住房和城乡建设主管部门规定的特殊建设工程，建设单位应当将消防设计文件报送住房和城乡建设主管部门审查，住房和城乡建设主管部门依法对审查的结果负责。

前款规定以外的其他建设工程，建设单位申请领取施工许可证或者申请批准开工报告时应当提供满足施工需要的消防设计图纸及技术资料。

第十二条　特殊建设工程未经消防设计审查或者审查不合格的，建设单位、施工单位不得施工；其他建设工程，建设单位未提供满足施工需要的消防设计图纸及技术资料的，有关部门不得发放施工许可证或者批准开工报告。

◆知识拓展◆

火灾逃生自救知识

（1）熟悉环境，暗记出口。当你处在陌生的环境时，务必留心疏散通道、安全出口及楼梯方位等，以便关键时候能尽快逃离现场。

（2）通道出口，畅通无阻。楼梯、通道、安全出口等是最重要的逃生之路，应保证畅通，切不可堆放杂物或设闸上锁。

（3）扑灭小火，惠及他人。如果火势并不大，且尚未对人造成威胁时，如周围有足够的消防器材，如灭火器、消火栓等，应奋力将小火控制扑灭。

（4）保持镇静，明辨方向。迅速撤离首先要镇静，迅速判断并决定逃生办法，切勿盲目跟从人流和相互拥挤、乱冲乱窜。撤离时要朝明亮处或外面空旷地方跑，要尽量往楼层下面跑。

（5）不入险地，不贪财物。身处险境，应尽快撤离，不要因顾及贵重物品，而把逃生时间浪费在寻找、搬离贵重物品上。已经逃离险境的人员，切莫重返险地。

（6）简易防护，蒙鼻匍匐。逃生时，为防浓烟呛入，可用毛巾、口罩蒙鼻，匍匐撤离，可向头部、身上浇冷水或用湿毛巾、湿棉被、湿毯子等将头、身包裹好，再冲出去。

（7）善用通道，莫入电梯。发生火灾时，要根据情况选择进入相对较为安全的楼梯通道。除可利用楼梯外，还可利用阳台、窗台、天面屋顶等攀到周围安全地点沿水管、避雷线等建筑结构中凸出物滑下楼。切勿乘坐电梯。

（8）缓降逃生，滑绳自救。高层、多层建筑内一般都设有高空缓降器或救生绳，人员可以通过这些设施离开危险楼层。如无专门设施，可利用床单、窗帘、衣服等自制简易救生绳，并用水打湿从窗台或阳台缓滑到安全地带。

单元二　施工现场消防管理

施工现场消防
管理

 **案例引入**

2022 年 6 月 9 日 9 时，某市冰雪大世界发生一起火灾事故，施工人员在进行消防管道维修时，违章电焊切割作业，熔渣引燃了位于二层冰雕区 7-F 立柱北侧与冰墙之间缝隙下部掉落的管道保温材料残片和装饰装修材料。事故造成 4 人死亡，2 名消防员牺牲，19 人受伤，建筑物过火面积 600 m^2，直接经济损失 3 057 余万元。

问题思考：

1. 施工现场为什么容易发生火灾？

2. 如何排查火灾隐患，做好现场消防管理工作？

知识链接

一、施工现场火灾安全隐患

（1）施工工地临建设施多。施工现场办公用房、宿舍、食堂、发配电机房、库房等临时建筑，围墙大门、材料堆场及其加工厂、固定动火作业场、给水排水供电供热管线等临时设施在设计建造时没有合理规划，杂乱无章，防火间距和耐火等级不符合相关标准。

（2）施工现场临时员工多，流动性大。部分员工没有经过消防安全知识培训，消防安全意识淡薄，不了解基本的消防知识，不会利用灭火器扑救初期火灾，不会组织人员疏散逃生。

（3）各工地都存有大量的可燃易燃材料。各类装修材料、焊接或气割用的氢气、乙炔等可燃易燃材料在施工现场随处可见，一旦缺乏有效的管理，就会出现险情，蔓延成灾。

（4）施工现场动火作业多。作业人员未经培训合格上岗，往往无防护措施就动火作业，发生明火飞溅到可燃材料堆场或易燃易爆物品库房等问题，极大地增加了火灾发生的概率。

二、施工现场的消防管理

（1）认真贯彻执行《中华人民共和国消防法》（以下简称《消防法》）和有关消防法规，加强防火安全管理，保证生产中防火安全。

（2）建立消防组织。项目经理部以项目经理为组长、项目副经理为副组长、项目技术人员、保管员、施工班组长等成员，成立项目消防领导小组为项目消防安全建立组织保证。

（3）项目部消防器材、设备由公司统一购置管理，保证每个工地、仓库等部位和生产重要环节必须有足够的消防器材，如灭火器、水桶、钩子、斧子、砂子等要配备齐。

（4）在以下易发生火灾的场地必须设置适宜的灭火器材：

1）木工加工制作及木材堆放场地；

2）易燃易爆库房部位；

3）电气焊操作的地点；

4）职工食堂及宿舍；

5）沥青熬制地点。

（5）施工现场要设置灭火水源，水压、水源要满足要求。

（6）施工现场的道路在易发生火灾的地方，消防车必须能顺利通过。要根据不同的易燃、易爆物品配置不同类型的灭火器。

（7）工地负责消防的人员必须熟悉消防知识，能熟练地使用消防器材。

（8）一旦工地发生火灾，工地要迅速向当地消防队报警，并报告公司，并立即组织工地职工扑灭火灾，防止火灾蔓延。

（9）工地上易发生火灾的地方，要设置醒目的"严禁烟火"标牌。

（10）现场要有明显的防火宣传标志，并在规定的部位设置消防器材。

（11）电工、焊工从事电器设备安装和电气焊切割作业，要有操作证。动火前，要消除附近易燃物，配备看火人员和灭火用具。

（12）施工材料的存放、保管，应符合防火安全要求，库房应用非燃材料支搭。易燃易爆物品，专库储存，分类单独存放，保持通风，用火符合防火规定，不准在工程内、库内调配油漆、稀料。

（13）施工现场严禁吸烟。

（14）氧气瓶、乙炔瓶的工作间距不小于 5 m，两瓶同明火作业距离不小于 10 m。

（15）木工棚严禁吸烟和明火作业，要及时清理废料（刨花、锯末、木屑），每天下班前必须清扫干净，备置足够的灭火器材。

（16）食堂炉灶必须设计火门或隔挡，防止火喷出点燃可燃物，炉灶 1 m 内不得存有易燃物品，以保证炉灶周围的整洁和安全。

（17）炉灰渣放到安全地点。严格检查是否红火灰渣，如有及时浇灭，严禁乱堆乱放。

（18）宿舍内保持清洁卫生，不准存放易燃、易爆物品。严禁使用电炉取暖烧水做饭，不准在床上躺着吸烟。

（19）督促检查与处罚：公司配合项目部要每月检查一次各工地的消防情况，并做记录存档；发现火灾隐患，要立即下发整改通知书，跟踪验证；对屡教不改，致使酿成火灾并造成损失的要酌情给予行政或经济处罚。

（20）消防器材不能挪作他用，违者视情节给予批评和处罚。

（21）明火作业须使用消防器材的班组，使用前要通过专（兼）职消防员同意，方能使用。

（22）工地项目经理负责安全助火工作，要将防火工作列入施工管理计划。

（23）经常对职工进行防火教育。

（24）对于 30 m 以上高层建筑施工，要随层做消防水源管道，用 50 mm 的立管，设置加压泵，每层留有消防水源接口，加压泵必须单敷设电源。

（25）工地电动机设备必须设专人检查，发现问题及时修理。不准在高压线下面搭建临时或堆放可燃材料，以免引起火灾。

（26）进入冬期施工，对工地上的各种火源要加强管理，各种生产生活用火的设施、动用和增减必须经项目经理部消防人员的批准，不得在建筑物内随意点火取暖。

（27）凡明火作业，要严格执行动火审批手续，工作前由用火班向项目部消防负责人提出申请，经有关人员检查现场采取防火措施，做好技术交底后，方可发给"准用动火证"。作业后要严格检查现场，防止留下火种隐患。

（28）专兼职消防员定期对本片消防器材进行维修保养，保证消防器材性能良好。

（29）公司每半年对兼职消防员进行一次专业训练；专兼职消防员对义务消防小组成员每季度进行一次业务培训，并经常向职工进行上岗前、在岗中的消防知识教育。

（30）凡公安消防部门提出的火险隐患，能整改的必须立即保质保量近期整改，对一时因故不能立即整改的，必须有应急措施。如无正当理由逾期不改者，要追究有关人员或有关领导责任。

（31）把安全防火列入生产会议内容，分析防火工作形势，通报防火工作情况，针对不同季节、生产情况确定防火重点。

（32）一周内选定一天为安全防火教育日，总结一周的防火工作情况，组织职工学习防火知识。

（33）凡对安全防火工作有特殊贡献的，经领导批准给予精神和物质奖励。

（34）凡在火警、火灾事故中报警早、救火有功者，核实后给予一定奖励。

（35）对违反操作要求和失职而造成火警、火灾事故的主要责任者，要依据情节后果按有关规定给予适当处罚。

（36）对发生火警事故的单位，直接领导也同样根据情节后果给予适当处罚。

三、施工现场动火审批制度

（1）施工现场的动火作业首先要分清一、二、三级动火范围。

（2）动火作业前，必须办理动火许可证审批手续，动火许可手续按一、二、三级动火审批程度。

（3）在禁火区、危险区域内动用明火的，除办理动火许可手续外，还必须落实安全、可靠的防火、防爆措施，并确认无火险隐患和危险性。

（4）焊、割作业者必须是经过专业培训、持有特殊工种操作证、动火许可证方可上岗，并严格遵守焊割"十不烧"规定。

（5）动用明火作业区域必须配备充足的灭火器材和指派专人对动火作业区域进行监护，明确职责，手持灭火器进行监护。

（6）施工现场的动火作业必须做到"二证一器一监护"。

四、施工现场的消防安全技术措施

（1）施工现场要明确划分出禁火作业区、仓库区和现场的生活区。其中，禁火作业区是指易燃、可燃材料的堆放场地；仓库区是指易燃废料的堆放区。这里需要注意的是，各区域之间一定要有可靠的防火间距。

1）禁火作业区距离生活区不得小于 15 m，距离其他区域不得小于 25 m。

2）易燃、可燃的材料堆料场及仓库距离修建的建筑物和其他区不得小于 20 m。

3）易燃的废品集中场地距离修建的建筑物和其他区不得小于 30 m；防火间距内，不应堆放易燃和可燃的材料。

（2）施工现场的道路夜间要有足够的照明设备。禁止在高压架空电线下面搭设临时性的建筑物或堆放可燃材料。

（3）施工现场必须设立消防车通道，其宽度不得小于 3.5 m，并且在工程施工的任何阶段都必须通行无阻，施工现场的消防水源，要筑有消防车能驶入的道路。如果不能修建出通道时，应在水源（池）一边铺砌停车和回车空地。

（4）建筑工地要设有足够的消防水源（给水管道或蓄水池），对有消防给水管道设计的工程，应在建筑施工时，先敷设好室外消防、室外消防给水管道与消火栓。

（5）对于临时性的建筑物、仓库及正在修建的建筑物或构筑物道旁，都应该配置适当种类和一定数量的灭火器，并布置在明显和便于取用的地点。冬期施工还应对消防水池、消火栓和灭火器等做好防冻工作。

（6）规划和搭建施工现场常见的作业棚与临时生活设施时，应注意以下几点：

1）临时生活设施应尽可能搭建在距离修建的建筑物 20 m 以外的地区，禁止搭设在高压架空电线的下面，距离高压架空电线的水平距离不应小于 6 m。

2）临时宿舍与厨房、锅炉房、变电所和汽车库之间的防火距离，应不小于 15 m。

3）临时宿舍等生活设施，距铁路的中心线及小量易燃品储藏室间距不小于 30 m。

4）临时宿舍距火灾危险性大的生产场所不得小于 30 m。

5）为贮存大量的易燃物品、油料、炸药等所修建的临时仓库，与永久工程或临时宿舍之间的防火间距应根据所贮存的数量，按照有关规定确定。

6）在独立的场地上修建成批的临时宿舍，应当分组布置，每组最多不超过二幢，组与组之间的防火距离，在城市市区不小于 20 m，在农村不小于 10 m。临时宿舍简易楼房的层高应当控制在两层以内，每层应当设置两个安全通道。

7）生产工棚包括仓库，无论有无用火作业或取暖设备，室内最低高度一般不低于2.8 m，其门的宽度要大于 1.2 m，并且要双扇向外。

案例分析

1. 起火原因

2022 年 6 月 9 日 9 时，施工人员在某市冰雪大世界进行消防管道维修时，违章电焊切割作业，熔渣引燃了位于二层冰雕区 7-F 立柱北侧与冰墙之间缝隙下部掉落的管道保温材料残片和装饰装修材料。

2. 火灾迅速蔓延原因

（1）施工现场大量使用的聚氨酯保温材料和仿真绿植达不到不燃、难燃要求，起火后烟气蔓延速度快。

（2）冰雪大世界及与建筑内其他区域之间防火分隔措施和防烟措施设置不到位，内墙墙体采用聚氨酯夹芯彩钢板，场所内出口门采用保温门代替防火门，导致火灾发生后迅速蔓延至整个二层。

（3）冰雪大世界擅自关闭消防设施，吸气式感烟报警系统处于关闭状态，预作用式自动喷水灭火系统未处于正常状态；室内感烟报警探测器报警后，值班人员不会处置，导致火灾未能在初期被有效扑灭。

3. 追究刑事责任情况

事发时违规电焊切割操作人员某小娃、无证电焊作业包工头某洪、冰雪大世界现场安全主管某云鹏、电工某慧超、事发地消控室负责人某醉叶、物业经理某文充、冰雪大世界负责人某国森、实际控制人某谊八人，因涉嫌重大责任事故罪被公安机关依法刑事拘留。

4. 事故警示

"要针对安全生产事故主要特点和突出问题，层层压实责任，狠抓整改落实，强化风险防控，从根本上消除事故隐患，有效遏制重特大事故发生。"这是中共中央总书记、国家主席、中央军委主席习近平就安全生产作出的重要指示。"生命重于泰山"是习近平新时代中国特色社会主义思想的重要价值指向之一。当前，新问题、新风险、新挑战层出不穷，更要坚决树牢安全发展理念，分区分类、精准有效加强安全监管执法，强化各方责任落实，牢牢守住安全生产底线。

▶【思政小课堂】

刑法中与消防违法行为有关的罪责

第一百三十四条 【重大责任事故罪】在生产、作业中违反有关安全管理的规定，因而发生重大伤亡事故或者造成其他严重后果的，处三年以下有期徒刑或者拘役；情节特别恶劣的，处三年以上七年以下有期徒刑。

【强令、组织他人违章冒险作业罪】强令他人违章冒险作业，或者明知存在重大事故隐患而不排除，仍冒险组织作业，因而发生重大伤亡事故或者造成其他严重后果的，处五年以下有期徒刑或者拘役；情节特别恶劣的，处五年以上有期徒刑。

【危险作业罪】在生产、作业中违反有关安全管理的规定，有下列情形之一，具有发生重大伤亡事故或者其他严重后果的现实危险的，处一年以下有期徒刑、拘役或者管制：

（1）关闭、破坏直接关系生产安全的监控、报警、防护、救生设备、设施，或者篡改、隐瞒、销毁其相关数据、信息的；

（2）因存在重大事故隐患被依法责令停产停业、停止施工、停止使用有关设备、设施、场所或者立即采取排除危险的整改措施，而拒不执行的；

（3）涉及安全生产的事项未经依法批准或者许可，擅自从事矿山开采、金属冶炼、建筑施工，以及危险物品生产、经营、储存等高度危险的生产作业活动的。

第一百三十五条 【重大劳动安全事故罪】安全生产设施或者安全生产条件不符合国家规定，因而发生重大伤亡事故或者造成其他严重后果的，对直接负责的主管人员和其他直接责任人员，处三年以下有期徒刑或者拘役；情节特别恶劣的，处三年以上七年以下有期徒刑。

第一百三十六条 【危险物品肇事罪】违反爆炸性、易燃性、放射性、毒害性、腐蚀性物品的管理规定，在生产、储存、运输、使用中发生重大事故，造成严重后果的，处三年以下有期徒刑或者拘役；后果特别严重的，处三年以上七年以下有期徒刑。

第一百三十七条 【工程重大安全事故罪】建设单位、设计单位、施工单位、工程监理单位违反国家规定，降低工程质量标准，造成重大安全事故的，对直接责任人员，处五年以下有期徒刑或者拘役，并处罚金；后果特别严重的，处五年以上十年以下有期徒刑，并处罚金。

第一百三十九条 【消防责任事故罪】违反消防管理法规，经消防监督机构通知采取改正措施而拒绝执行，造成严重后果的，对直接责任人员，处三年以下有期徒刑或者拘役；后果特别严重的，处三年以上七年以下有期徒刑。

【不报、谎报安全事故罪】在安全事故发生后，负有报告职责的人员不报或者谎报事故情况，贻误事故抢救，情节严重的，处三年以下有期徒刑或者拘役；情节特别严重的，处三年以上七年以下有期徒刑。

知识拓展

什么是爆炸？

物质由一种状态迅速地转变为另一种状态，并瞬间以机械功的形式放出大量能量的现象，称为爆炸。爆炸现象一般具有如下特征：爆炸过程进行得很快；爆炸点附近瞬间压力急剧上升；发出声响；周围介质发生震动或邻近物质遭到破坏。爆炸属于一种特殊的燃烧形式。火灾和爆炸之间的主要区别是能量释放的速度。火灾中能量释放很慢，而爆炸释放能量很快，通常是微秒级的。火灾可能由爆炸引起，爆炸也可能由火灾引起。可燃气体、可燃液体蒸气或可燃粉尘与空气混合并达到一定比例时，遇火源才能爆炸。该比例范围的最低值，即引起爆炸的最低浓度，称为可燃物在该助燃物中的爆炸下限，其最高值称为爆炸上限，上下限间的范围称为爆炸极限。爆炸极限一般用可燃气体在混合物中的体积百分数表示。

模块小结

东汉时期政论家、史学家荀悦的《申鉴·杂言》中有这样的论述："先其未然谓之防，发而止之谓之救，行而责之谓之戒。防为上，救次之，戒为下。"俗话说："凡事预则立，不预则废。"防，就是要隐患险于明火，防范胜于救灾，火灾无情，但防治有方。本模块学习了火灾基本知识、灭火的基本原理、常见消防设备与器材的使用及施工现场消防安全管理注意事项。在日常消防管理中应养成积极把握推动事物发展的主动权的良好习惯，关注细节，防微杜渐，把工作做在前面，治未病之疾，消未起之患。

思考与练习

一、单选题

1. 某施工现场发生火灾，造成3人死亡，该起火灾的等级是（   ）。
   A. 一般火灾　　　　B. 较大火灾　　　　C. 重大火灾　　　　D. 特别重大火灾

2. 施工现场必须设立消防车通道，其宽度不得小于（   ）m。
   A. 3.0　　　　　　　B. 3.5　　　　　　　C. 4.0　　　　　　　D. 4.5

3. 临时宿舍距火灾危险性大的生产场所不得小于（   ）m。
   A. 30　　　　　　　B. 20　　　　　　　C. 15　　　　　　　D. 6

二、多选题

1. 扑救火灾要特别注意火灾的（   ）阶段。
   A. 初起　　　　　　B. 发展　　　　　　C. 猛烈　　　　　　D. 下降

2. 火灾按照伤亡人数和财产损失，可以分为（   ）。
   A. 一般火灾　　　　B. 较大火灾　　　　C. 重大火灾　　　　D. 特别重大火灾

3. 火灾在建筑物之间和建筑物内部的主要蔓延途径有（   ）。
   A. 建筑物的外窗、洞口　　　　　　　B. 凸出于建筑物防火结构的可燃构件
   C. 建筑物内的门窗洞口　　　　　　　D. 未做防火处理的通风、空调管道

4. 灭火与应急疏散预案应包括（   ）。
   A. 应急灭火处置机构及各级人员应急处置职责
   B. 报警接警处置的程序和通信联络的方式
   C. 扑救初期火灾的程序和措施
   D. 应急疏散及救援的程序和措施

5. 对施工人员开展消防安全培训，培训内容应涉及（   ）。
   A. 施工现场消防安全管理制度、防火技术方案、灭火及应急疏散预案
   B. 施工现场临时消防设施的性能及使用维护方法
   C. 扑灭初期火灾及自救逃生的知识和技能
   D. 报火警接警的程序和方法

6. 规划和搭建施工现场常见的作业棚和临时生活设施时，应注意（   ）。
   A. 临时生活设施禁止搭设在高压架空电线的下面，距离高压架空电线的水平距离不应小于6 m
   B. 临时宿舍与厨房、锅炉房、变电所和汽车库之间的防火距离应不小于15 m

C. 临时宿舍等生活设施，距铁路的中心线及小量易燃品储藏室间距不小于 30 m

D. 临时宿舍距火灾危险性大的生产场所不得小于 30 m

三、判断题

1. 使用干粉灭火器时应选择上风位置接近火点，将干粉射入火苗根部。　　（　　）

2. 常用的干粉灭火剂、七氟丙烷灭火剂的主要灭火机理是窒息作用。　　（　　）

3. 通过降低燃烧物周围的氧气浓度可以起到灭火的作用。　　（　　）

4. 施工现场要明确划分出禁火作业区（易燃、可燃材料的堆放场地）、仓库区（易燃废料的堆放区）和现场的生活区。　　（　　）

5. 高压架空电线下面可搭设临时性的建筑物或堆放可燃材料。　　（　　）

6. 建筑工地要设有足够的消防水源。　　（　　）

7. 冬期施工还应对消防水池、消火栓和灭火器等做好防冻工作。　　（　　）

四、简答题

1. 常见的消防设备与器材都有哪些？

2. 灭火的基本原理可以归纳为几个方面？

3. 施工现场要明确划分出禁火作业区、仓库区和现场的生活区。各区域之间一定要有可靠的防火间距，对于防火间距有哪些规定？

模块十　施工安全应急处理

1. 了解施工安全事故的概念、分级及分类。
2. 熟悉施工安全事故发生的原因与施工安全事故的处理原则、程序。
3. 掌握施工现场不同种类安全事故应急救援的程序、方法和现场急救的方法、措施及注意事项。

1. 能够进行施工安全事故的分类与划分等级。
2. 能够熟练地对施工安全事故进行事故原因分析，按照"事故报告—现场应急救援—开展事故调查—事故的处理—编写事故调查报告"的程序进行事故处理。
3. 能够针对施工现场事故种类进行应急救援，并针对不同事故伤害进行现场急救。

1. 明确施工安全事故对于个人、企业、社会和国家的危害，提升从业者在施工作业中的安全意识，认真遵守规章制度，严格执行操作规程，强化安全监督，不放过任何细节和小事。
2. 明确施工安全应急处理对于安全事故应急救援的重要意义，提高全社会的风险防范意识。
3. 掌握事故现场伤害急救方法，最大程度地减少人员伤亡和伤害，维护国家安全和社会稳定，促进经济社会全面、协调、可持续发展。

单元一　事故分类认知

事故分类

某年 9 月 13 日，某市发生一起施工电梯高坠事故，19 名乘梯前往施工现场的工人全

部遇难。当日13：26，刚刚吃完午饭的19名粉刷工搭上施工电梯，一分钟后电梯突然失控，直冲到100 m高程后，在顶层失去约束，呈自由落体状直坠地面。当升降机下坠至十几层时，先后有5人从梯笼中被甩出，其中2人为女性。一声巨响过后，电梯完全散架，梯内工人散落四处。在现场清理的过程中，发现出事的这部电梯已经超出有效使用期限工作两个多月。

问题思考：

1. 此次事故的分类和分级是什么？

2. 事故的原因有哪些？

知识链接

一、施工安全事故的概念

施工安全事故是指工程施工过程中造成人员伤亡、伤害、职业病、财产损失或其他损失的意外事件，如图 10-1 所示。如果该意外事件的后果是人员死亡、受伤或身体的损害就称为人员伤亡事故，如果没有造成人员伤亡就称为非人员伤亡事故。

图 10-1　施工安全事故

二、施工安全事故的分级

根据生产安全事故（以下简称事故）造成的人员伤亡或者直接经济损失分类，事故一般可分为特别重大事故、重大事故、较大事故、一般事故四个级别。

（1）特别重大事故：是指造成30人以上死亡，或者100人以上重伤（包括急性工业中毒），或者1亿元以上直接经济损失的事故。

（2）重大事故：是指造成10人以上30人以下死亡，或者50人以上100人以下重伤，或者5 000万元以上1亿元以下直接经济损失的事故。

（3）较大事故：是指造成3人以上10人以下死亡，或者10人以上50人以下重伤，或者1 000万元以上5 000万元以下直接经济损失的事故。

（4）一般事故：是指造成 3 人以下死亡，或者 10 人以下重伤，或者 1 000 万元以下直接经济损失的事故。

三、施工安全事故的分类

职业伤害事故是指因生产过程及工作原因或与其相关的其他原因造成的伤亡事故。

（1）按照致伤原因分类。依据我国《企业职工伤亡事故分类》（GB 6441—1986）分为 20 类。

1）物体打击：指落物、滚石、锤击、碎裂、崩块、砸伤等造成的人身伤害，但不包括因爆炸而引起的物体打击。

2）车辆伤害：指被车辆挤、压、撞和车辆倾覆等造成的人身伤害。

3）机械伤害：指被机械设备或工具绞、碾、碰、割、戳等造成的人身伤害，但不包括车辆、起重设备引起的伤害。

4）起重伤害：指从事各种起重作业时发生的机械伤害事故，但不包括上下驾驶室时发生的坠落伤害，起重设备引起的触电及检修时制动失灵造成的伤害。

5）触电：由于电流经过人体导致的生理伤害，包括雷击伤害。

6）淹溺：指因大量水经口、鼻进入肺内，造成呼吸道阻塞，发生急性缺氧而窒息死亡的事故。

7）灼烫：指火焰引起的烧伤、高温物体引起的烫伤、强酸或强碱引起的灼伤、放射线引起的皮肤损伤，不包括电烧伤及火灾事故引起的烧伤。

8）火灾：在火灾时造成的人体烧伤、窒息、中毒等。

9）高处坠落：由于危险势能差引起的伤害，包括从架子、屋架上坠落及平地坠入坑内等。

10）坍塌：指建筑物、堆置物倒塌及土石塌方等引起的事故伤害。

11）冒顶片帮：指矿井工作面、巷道侧壁由于支护不当、压力过大造成的坍塌，称为片帮；顶板垮落为冒顶。两者常同时发生，简称为冒顶片帮。其适用于矿山、地下开采、掘进及其他坑道作业发生的坍塌事故。

12）透水：指矿山、地下开采或其他坑道作业时，意外水源带来的伤亡事故。

13）放炮：指施工时，放炮作业造成的伤亡事故。

14）瓦斯爆炸：指可燃性气体瓦斯、煤尘与空气混合形成了达到燃烧极限的混合物，接触火源时，引起的化学性爆炸事故。

15）火药爆炸：指在火药的生产、运输、储藏过程中发生的爆炸事故。

16）锅炉爆炸：指锅炉发生的物理性爆炸事故。

17）容器爆炸：容器爆炸是压力容器破裂引起的气体爆炸，即物理性爆炸。

18）其他爆炸：凡不属于上述爆炸的事故均列为其他爆炸事故，亦均属于其他爆炸。

19）中毒和窒息：指煤气、油气、沥青、化学、一氧化碳中毒等。

20）其他伤害：包括扭伤、跌伤、冻伤、野兽咬伤等。

（2）按照事故后果严重程度分类。

1）轻伤事故：指造成职工肢体伤残或某器官功能性或器质性轻度损伤，一般指受伤职工歇工在一个工作日以上，计算损失工作日低于 105 日的失能伤害。

2）重伤事故：指造成职工肢体伤残或视觉、听觉等器官受到严重损伤，引起人体长期存在功能障碍，或者损失工作日等于和超过 105 日，劳动能力有重大损失的失能伤害。

3）死亡事故：指一次事故有人死亡（含受伤后一个月内死亡）的事故。

（3）按照伤残级别分类。伤残等级是指一个人的伤残程度，是根据伤残的严重程度来判定的，分为 1 ~ 10 级共 10 个伤残等级，其中 1 级伤残等级最严重，10 级伤残等级最轻。每个伤残等级鉴定和赔偿标准都不同。

◎ 案例分析

1. 施工电梯高坠事故的分类

（1）按致伤原因分类属于高处坠落事故。

（2）按事故后果严重程度分类属于死亡事故。

2. 施工电梯高坠事故的分级

根据生产安全事故造成的人员伤亡或者直接经济损失，属于重大事故。

3. 施工电梯高坠事故的原因

（1）违反安全操作规程，超载（施工电梯标注核定人数 12 人，当天上了 19 人，且为工人自行操作）。

（2）工人缺乏应有的安全常识和安全意识。

（3）现场安全检查不到位，未及时发现和整改安全隐患，施工电梯超期使用。

（4）法律意识薄弱，工人在进入施工现场前，对施工安全环境有知情权，在安全隐患没有排除前，有权拒绝施工。

▶【思政小课堂】

遵规守纪

为预防施工安全事故，应认真遵守规章制度，严格执行操作规程，强化安全监督，不放过任何细节和小事。

◎ 知识拓展

某年 7 月 3 日下午，某物业公司因一污水井排污不畅，派工程维修人员维修污水井中的污水提升泵，先后有 3 人下井作业。作业人员出现中毒情况后，又有 7 人下井救援，最终 10 人均中毒。在此次事故中，造成 6 名物业人员和 1 名消防队员不幸死亡，另外 4 人经抢救脱离危险。

问题：请分析该案例发生的事故分类和事故原因，并说明同类事故的防治措施。

单元二 事故原因与处理

事故原因　　事故处理

◎ 案例引入

　　某年 2 月 21 日，某市某区某仓储用房工程施工现场的临时活动房在拆除过程中发生坍塌，造成 3 人死亡、16 人受伤。该活动房南北长为 24 m，东西宽为 5 m，高为 9 m，是一座 3 层的轻钢结构外挂水泥石板活动房。当日，该工程总承包单位安排的施工人员已将 3 层屋面板及 2、3 层墙板拆除，仅剩 1 层墙板及 1、2 层顶板未拆。午饭后，32 名施工人员继续进行拆除作业，13 时左右，该房屋在拆除过程中突然发生坍塌。

　　问题思考：此次事故的原因有哪些？

◎ 知识链接

一、事故原因

施工安全事故发生的原因归纳起来有人的因素、物的因素、环境因素和管理因素四个方面。

1. 人的因素

　　人的因素主要是违章指挥、违章操作和违反劳动纪律等人的不安全行为造成的安全事故。人的不安全行为造成的事故原因，归纳起来有以下十个方面。

　　（1）由于操作错误，忽视安全，忽视警告导致的安全事故。例如，未经许可开动、关停、移动机器，忽视警告标志、警告信号，错误操作按钮、阀门、扳手、把柄等，供料或送料速度过快，违章驾驶机动车，酒后作业、客货混载，冲压机作业时，手伸进冲压模等原因造成的安全事故。

　　（2）由于人为拆除、调整失误或错误造成安全装置失效导致的安全事故。

　　（3）由于使用固定不牢固或使用无安全装置的设备造成的安全事故。

　　（4）由于用手代替手动工具、用手清除切屑、用手拿工件进行机械加工等违规操作造成的伤害事故。

　　（5）将成品、半成品、材料、工具、切屑和生产用品等物品不按要求摆放，由于物品的不安全存放状态所导致的安全事故。

　　（6）由于漠视警告，冒险进入危险场所造成的安全事故。

　　（7）由于攀、坐平台护栏、汽车挡板、起重机吊钩等不安全位置造成的安全事故。

　　（8）由于麻痹大意，不按照规定正确佩戴使用安全帽、安全带、防护手套、安全鞋等安全保护用品所造成的安全事故。

　　（9）由于在特定环境下施工，不按规定穿戴装束而造成的安全事故。如在有旋转零部件的设备旁作业穿过于肥大服装，衣物搅入设备造成人员伤亡。

（10）由于在起吊物下作业、停留；在机器运转时加油、修理、检查、调整、焊接、清扫等工作；有分散注意力行为；对易燃、易爆等危险物品处理错误等违规行为所导致的安全事故。

2. 物的因素

物的因素主要是指机械设备、工具等有缺陷或环境条件差而引起的安全事故。物的不安全状态所造成的事故原因，归纳起来有以下四个方面。

（1）由于防护、保险、信号等装置缺乏或有缺陷所造成的安全事故。这个方面造成安全事故的原因有防护不当和无防护。

1）防护不当。

①防护罩未在适当位置；

②防护装置调整不当；

③坑道掘进、隧道开凿支撑不当；

④防爆装置不当；

⑤采伐、集材作业安全距离不够；

⑥放炮作业隐蔽所有缺陷；

⑦电气装置带电部分裸露等原因造成的安全事故。

2）无防护。

①无防护罩；

②无安全保险装置；

③无报警装置；

④无安全标志；

⑤无护栏或护栏损坏；

⑥（电气）未接地、绝缘不良；

⑦无消声系统、噪声大；

⑧危房内作业；

⑨未安装防止"跑车"的挡车器或挡车栏等原因造成的安全事故。

（2）由于设备、设施、工具、附件有缺陷造成的安全事故。具体有设备强度不够、结构不合安全要求、设备维修调整不良和设备在非正常状态下运行四个因素。

1）由于机械、绝缘、起吊重物绳索等强度不够造成的安全事故。

2）由于设备保养不当、设备失修、设备失灵、地面不平整等原因造成的安全事故。

3）由于通道门遮挡视线、制动装置有缺陷、安全距离不够、拦车网有缺陷、工件或设施上有锋利毛刺毛边等结构不符合安全要求造成的安全事故。

4）由于设备带"病"运转或超负荷运转造成的安全事故。

（3）由于个人防护用品用具使用不当所造成的安全事故。主要是指所用的防护用品、用具不符合安全要求或无个人防护用品、用具等原因造成的安全事故。

（4）由于生产（施工）场地环境不良造成的安全事故。具体有通风不良、作业场地杂乱、照明光线不良、作业场所狭窄四个因素。

1）由于无通风或通风系统效率低、风流短路、停电停风时放炮作业或瓦斯排放未达到安全浓度放炮作业和瓦斯超限等通风不良所导致的安全事故。

2）由于工具、制品、材料堆放不安全，作业场地杂乱等原因导致的安全事故。

3）由于照度不足或光线过强、作业场地烟雾灰尘弥漫视物不清等原因导致的安全事故。

4）由于作业场所狭窄、操作工序设计或配置不安全、交通线路的配置不安全、地面有油或其他易滑物等原因导致的安全事故。

3. 环境因素

人的不安全行为往往是由不良的环境因素造成的。环境通常分为以下几种类型。

（1）社会环境：劳动制度、监督检查制度、教育培训制度、道德与法治。

（2）自然环境：地形、地貌、地温、地质、岩性、气温、湿度、风力、风向、气压、阴晴等。

（3）生产环境：指为了满足和适应生产作业的需要，人为地制造的特殊人工环境。必须高度重视生产环境、遵守《劳动法》。

建筑施工现场的主要不利环境因素包括以下几种。

（1）不整洁的工作环境，噪声、烟雾、粉尘、震动、高温等。

（2）材料和工具堆放混乱无序。

（3）作业环境高噪声、浓烟雾、浓粉尘，昏暗视线不良，通风不好。

（4）多工种交叉作业，指挥无序，相互干扰，其他人员的不安全行为。

（5）危险指示标志不清晰、不全或错误。

4. 管理因素

安全管理包括劳动组织、安全教育与培训、建立健全的规章制度、设备使用与维修、设备更新与报废等。管理因素主要是指管理上存在的缺陷所造成的安全事故。其主要体现在以下几个方面。

（1）技术和设计上缺陷。

（2）安全生产教育培训不够。

（3）人员安排不当、劳动组织不合理。

（4）对现场工作缺乏检查或指导错误。

（5）没有安全生产管理规章制度和安全操作规程，或者不健全。

（6）没有事故防范和应急措施或者不健全。

（7）对事故隐患整改不力，经费不落实。

当人的不安全行为、物的不安全状态和环境的不安全因素交织在一起时，事故就会发生。据统计，绝大部分安全事故不是由条件和设备原因引起的，而是由人的不安全行为造成的。人的不安全行为导致事故发生的概率占整个事故的96%以上。因此，只要人人有安全意识，不违规操作，遵守劳动纪律，基本上就能杜绝安全事故的发生。

二、事故处理

1. 处理原则

（1）尊重科学、实事求是的原则。

（2）"四不放过"的原则。

1）事故原因未查清以前不放过；

2）对事故责任人员未按规定处理不放过；

3）整改措施未落实不放过；

4）有关人员未受到教育不放过。

（3）公正、公开的原则。

（4）分级管辖的原则。

2. 处理程序

事故发生后要严格按照"事故报告—现场应急救援—开展事故调查—事故的处理—编写事故调查报告"的程序进行处理。

（1）事故报告。

1）事故报告的内容。

①事故发生单位概况；

②事故发生的时间、地点及事故现场情况；

③事故的简要经过；

④事故已经造成或者可能造成的伤亡人数（包括下落不明的人数）和初步估计的直接经济损失；

⑤已经采取的措施；

⑥其他应当报告的情况。

2）事故报告的要求。

①事故发生后，事故现场有关人员应当立即向本单位负责人报告。

②单位负责人接到报告后，应当于1小时内向事故发生地县级以上人民政府安全生产监督管理部门和负有安全生产监督管理职责的有关部门报告。

③情况紧急时，事故现场有关人员可以直接向事故发生地县级以上人民政府安全生产监督管理部门和负有安全生产监督管理职责的有关部门报告。

④安全生产监督管理部门和负有安全生产监督管理职责的有关部门依照前款规定上报事故情况，应当同时报告本级人民政府。

⑤国务院安全生产监督管理部门和负有安全生产监督管理职责的有关部门以及省级人民政府接到发生特别重大事故、重大事故的报告后，应当立即报告国务院。

⑥必要时，安全生产监督管理部门和负有安全生产监督管理职责的有关部门可以越级上报事故情况。

⑦安全生产监督管理部门和负有安全生产监督管理职责的有关部门逐级上报事故情况，每级上报的时间不得超过2小时。

⑧发生火灾、危险化学事故时要及时拨打119火警电话，报告时应讲清着火单位名称、详细地址及着火物质、火情大小、报警人姓名及联系电话。报警后要有人到路口引导消防车。

⑨发生生产或交通事故中有受伤人员时，要及时拨打120急救电话，打电话请求医疗急救时，要清楚告知事故企业名称、地址，目前受伤情况（伤情、部位、人数等）。

（2）现场应急救援。

1）事故发生单位负责人接到事故报告后，应当立即启动事故响应应急预案，或者采取有效措施，组织抢救，防止事故扩大，减少人员伤亡和财产损失。

2）有关单位和人员应当妥善保护事故现场及相关证据，任何单位和个人不得破坏事故现场、毁灭相关证据。

（3）开展事故调查。事故调查由人民政府或人民政府授权、委托的有关部门组织进行，事故调查组由人民政府、安监、主管部门、监察、公安、工会等部门的有关人员组成，并应当邀请人民检察院派人员参加，视情况也可以聘请有关专家参与。

1）调查内容。现场勘查、拍照、绘图、分析事故原因、事故性质、责任分析。

2）调查取证的工作内容。

①现场处理；

②物证收集；

③事故事实材料的收集；

④证人材料收集，要尽快找到被调查者收集材料，对证人的口述材料，须认真考证其真实程度；

⑤现场摄影、绘图或摄像；

⑥事故图包括了解事故情况所必需的信息，如事故现场示意图、流程图、受害者位置图等。

（4）事故的处理。根据事故调查的结论，对照国家有关法律、法规，对事故责任人进行处理，落实防范重复事故发生的措施，贯彻"四不放过"原则的要求。所以，事故调查是事故处理的前提和基础；事故处理是事故调查目的的实现和落实。

（5）编写事故调查报告。事故调查组应当自事故发生之日起60日内提交事故调查报告；特殊情况下可以适当延长，但延长的期限最长不超过60日。事故调查报告内容包括以下几项。

1）事故发生单位概况；

2）事故发生的经过和救援情况；

3）事故造成的人员伤亡和直接经济损失；

4）事故发生的原因和事故性质；

5）事故责任的认定及对事故责任者的处理建议；

6）事故防范和整改措施。

案例分析

施工现场临时活动房坍塌事故原因如下。

1. 直接原因

（1）临建用房拆除作业前未制订专项施工方案。安全技术交底内容中虽提出加设剪刀撑作为拆卸过程中钢架的临时固定措施，但未明确加设剪刀撑的位置、数量、方法等具体事项，使安全技术交底不具备可操作性。

（2）施工人员在拆除临建用房过程中，为遵循规程所要求的先安装件后拆卸、后安装件先拆卸的原则，且未按安全技术交底要求对房屋钢架采取加设剪刀撑临时固定措施的情况下，3层房屋同时进行拆卸，导致房屋水平失稳，最终酿成事故。

2. 间接原因

（1）总承包单位在中标后，将该工程的项目经理更换为没有执业资格的人员，从而使该工程主要领导在不具备资格的情况下组织管理工程工作。

（2）现场管理混乱，安全管理不到位。工程部只对劳务队一名工长进行安全技术交底，而未按规定向劳务队伍的施工人员直接交底，致使其在不了解作业程序和危险因素的情况下盲目作业。在拆卸过程中，现场管理人员安全管理不到位，对未按安全技术交底要求从上至下逐层拆卸、未加设剪刀撑、3层房屋同时有人进行拆卸作业等严重违章行为没有及时采取措施制止。

（3）现场监理人员未履行监理职责。现场监理人员发现作业人员进行临建用房拆卸作业后，未履行监理责任，既没有向施工单位提出制订施工方案及相关安全技术措施要求，也没有制止施工单位的严重违章作业行为。

▶【思政小课堂】

提升安全意识，严格履行职责

只要人人有安全意识，不违规操作，严格履行职责，按照实事求是的原则，遵守劳动纪律，基本上就能杜绝安全事故的发生。

◎ 知识拓展

某高铁项目部钢筋加工车间在处理收料，处理过程中应由班长询问"料是否放好"以及员工回应"放好"后方可进行裁切，此时员工周某发现带束层放偏了，为了减少废料，将手伸到裁刀下扶料，班长尚某听到员工张某回应"准备好"后瞬间启动设备，裁刀切下导致周某左手除大拇指外其余四根手指全部切落，造成终身残疾。

问题： 请分析该案例发生的原因，并说明事故的处理原则和程序。

单元三 施工安全事故应急救援

事故应急救援

◎ 案例引入

某年6月2日17：30，某省某公司承建的某省地质资料馆暨地质博物馆建设项目基坑开挖及边坡支护工程发生一起触电事故。该公司安排施工班组进场，由刘某班组对边坡支护BB段进行喷浆作业。施工现场突遇雷雨天气，项目部随即安排停止施工，由安全员刘某通知施工班组立即停止作业，电工岳某对施工现场进行断电。现场施工班组人员接到通知后立即从施工区域撤离避雨，工人刘某对施工现场材料及设备进行覆盖后，看见施工便道东侧未采取防雨保护措施的空压机未断电，便对其进行断电操作，在关闭空压机开关时遭受电击倒在空压机旁（由于电工岳某距离配电箱较远，此时正在赶往配电箱途中，现场施工用电处于开启状态）。班组长刘某发现工人刘某倒地后，立即上前施救，也遭受轻微电击，同时空压机漏电保护装置跳闸断开，未引发后续触电事故。现场工人发现后立即通知安全员刘某组织救援，用模板将工人刘某抬至工地钢筋加工区，并采取人工呼吸等急救措施，发现工人刘某未能恢复意识，后经120急救人员现场确认工人刘某已死亡。直接经济损失达100.8万元。

问题思考：此次事故的原因有哪些？现场如何采取应急救援？

知识链接

一、高空坠落事故

在施工现场高空作业中，如果未防护，防护不好或作业不当都可能发生人或物的坠落。人从高空坠落的事故，称为高空坠落事故，如图10-2所示。

图10-2　高处坠落事故

高空坠落事故发生后，现场人员应马上报告，并观察坠落者是否有生命体征，神智是否清醒，其着地部位及伤势如何，按急救措施进行相应的急救。等待救护车或在伤者状况允许的情况下送医院。保护现场，防止事态进一步扩大。

二、物体打击事故

物体打击是指由失控物体的惯性力造成的人身伤亡事故。物体打击会对建筑工作人员的安全造成威胁，容易砸伤，甚至出现生命危险。特别在施工周期短，劳动力、施工机具、物料投入较多，交叉作业时常有出现，如图10-3所示。这就要求高处作业的人员在机械运行、物料传接、工具的存放过程中，都必须确保安全，防止物体坠落伤人的事故发生。

物体打击事故发生后，现场人员应马上报告，并检查受伤者伤情及心跳呼吸情况，按急救措施进行相应的急救；等待救护车或在伤员状况允许的情况下送医院。另外，要保护现场，控制现场局面，防止事态进一步扩大。

图 10-3 物体打击事故

三、机械伤害事故

机械伤害主要是指机械设备运动（静止）部件、工具、加工件直接与人体接触引起的夹击、碰撞、剪切、卷入、绞、碾、割、刺等形式的伤害，不包括车辆、起重设备引起的伤害。各类转动机械的外露传动部分（如齿轮、轴、履带等）和往复运动部分都有可能对人体造成机械伤害，如图 10-4 所示。

发生机械伤害事故后，现场人员应按以下方法进行应急处理：

（1）发生机械伤害事故，要及时停止机械运转，并根据伤害情况采取相应的救治措施。

（2）及时逐级上报，伤势严重的应及时拨打 120 急救电话救援。

（3）出血性外伤应及时采取止血措施，避免伤员因失血过多造成生命危险。

（4）骨折性外伤，在挪动伤员时要冷静小心，采取正确的方法救护避免伤势扩大。

（5）脊椎骨折伤员要使受伤者静卧，严禁采用抱、拉、抬腿等方法处理，以防脊椎受伤，导致伤员瘫痪。

（6）对事故现场要注意保护，以便调查组调查。

（7）配合上级主管部门和调查组处理，并做好伤员及家属的善后工作。

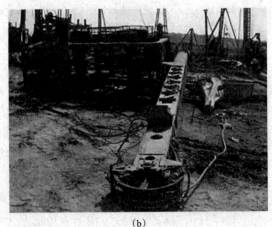

(a)   (b)

图 10-4 机械伤害事故

（a）违章作业造成手臂卷入机械；（b）违章操作机械造成机械倾倒

四、起重伤害事故

起重伤害事故是指在进行各种起重作业（包括吊运、安装、检修、试验）中发生的重物（包括吊具、吊重或吊臂）坠落、夹挤、物体打击、起重机倾翻、触电等事故，如图 10-5 所示。起重伤害事故可能造成重大的人员伤亡或财产损失。根据不完全统计，在事故多发的特殊工种作业中，起重作业事故的起数高，事故后果严重，重伤、死亡人数比例大，应引起高度重视。

图 10-5　起重伤害事故

在起重作业现场应根据不同情况采取相应的措施。

（1）出现征兆时的处置措施：切断电源，停机检查，待排除故障后再行开机；在恶劣天气情况下，停止机械的操作，天气好转后，恢复机械操作。

（2）事故发生时的处置措施：停机、断电，迅速撤离所有作业人员，确保安全。进行机械设备的抢修维护；待机械故障排除后再进行操作。

（3）有遇险人员时的处置措施：遇险人员要积极自救，同时要想方设法通知救援人员自己所处的位置，以便得到及时救援；救援人员按规定穿戴好防护用品，在保证自身安全的前提下，携带相关救援机具、物资迅速到达现场进行相应联络、救护、防范工作。

五、坍塌事故

坍塌事故是指物体在外力和重力的作用下，超过自身极限强度的破坏成因，结构稳定失衡塌落而造成物体高处坠落、物体打击、挤压伤害及窒息的事故。这类事故因塌落物自重大，作用范围大，往往伤害人员多，后果严重，多为重大或特大人身伤亡事故，如图 10-6 所示。

图 10-6　坍塌事故

坍塌事故主要可分为土方坍塌、模板坍塌、脚手架坍塌、拆除工程的坍塌、建筑物及构筑物的坍塌事故五种类型。前四种类型一般发生在施工作业中；而最后一种一般发生在使用过程中。

坍塌要做到早发现早预防。一旦发现外架、井架、塔式起重机、支模架、土方有坍塌或倒塌的可能第一时间发出危情警报，在场人员立即撤往安全地带。

如果在不可预料的情况下发生倒塌，并发生人员伤亡，现场应急小组立即启动应急预案，进行相应联络、救护、防范工作。

六、触电事故

触电事故是指人体接触或接近带电体后，电流对人体造成的伤害，如图10-7所示。触电有两种类型，即电击和电伤。

（1）电击是指电流通过人体内部，破坏人体内部组织，影响呼吸系统、心脏及神经系统的正常功能，甚至危及生命。

（2）电伤是指电流的热效应、化学效应、机械效应及电流本身作用造成的人体伤害。电伤会在人体皮肤表面留下明显的伤痕，常见的有电灼伤、电烙伤和皮肤金属化等现象。在触电事故中，电击和电伤常会同时发生。

图 10-7　触电事故

触电事故发生后，现场其他人员应立即切断电源，用绝缘不导电的物体使患者脱离电源，同时保护自己不被电触到，保持自身与周围带电部分必要的安全距离。

触电急救必须分秒必争，立即就地迅速采取胸外按压法或心肺复苏法进行抢救，并坚持不断地进行，同时及早与医疗部门联系，争取医务人员接替救治。在医务人员未接替救治前，不应放弃现场抢救，更不能只根据没有呼吸或脉搏就自认定死亡，放弃抢救。保护现场，防止事态进一步扩大，如图10-8所示。

七、中毒事故

中毒事故是指生产性毒物一次或短期内通过人的呼吸道、皮肤或消化道大量进入体内，使人体在短时间内发生病变，导致职工立即中断工作，必须进行急救或死亡的事故。根据导致中毒事故的类别不同，采取的应急处理措施也不同。

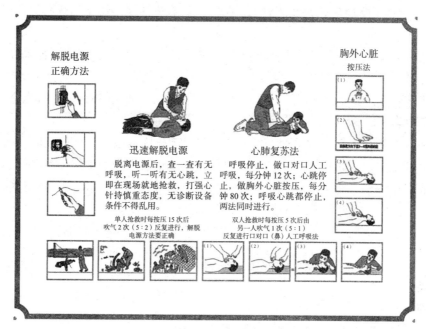

解脱电源
正确方法

迅速解脱电源

脱离电源后，查一查有无
呼吸，听一听有无心跳，立
即在现场就地抢救，打强心
针持慎重态度，无诊断设备
条件不得乱用。

单人抢救时每按压 15 次后
吹气 2 次（5∶2）反复进行，解脱
电源方法要正确

胸外心脏
按压法

心肺复苏法

呼吸停止，做口对口人工
呼吸，每分钟 12 次；心跳停
止，做胸外心脏按压，每分
钟 80 次；呼吸心跳都停止，
两法同时进行。

双人抢救时每按压 5 次后由
另一人吹气 1 次（5∶1）
反复进行口对口（鼻）人工呼吸法

图 10-8　心肺复苏

1. 食物中毒

食物中毒一般具有潜伏期短、时间集中、突然爆发、来势凶猛的特点。据统计，食物中毒绝大多数发生在七、八、九三个月。临床上表现为以上吐、下泻、腹痛为主的急性胃肠炎症状，严重者可因脱水、休克、循环衰竭而危及生命。因此，一旦发生食物中毒，千万不能惊慌失措，应冷静地分析发病的原因，针对引起中毒的食物及服用的时间长短，及时采取以下应急措施。

（1）催吐。

1）如果服用时间在 1～2 小时内，可使用催吐的方法。立即取食盐 20 g 加开水 200 mL 溶化，冷却后一次喝下，如果不吐，可多喝几次，迅速促进呕吐。

2）可以用鲜生姜 100 g 捣碎取汁用 200 mL 温水冲服。

3）如果吃下去的是变质的荤食品，则可服用十滴水来促使迅速呕吐。有的患者还可以用筷子、手指或鹅毛等刺激咽喉，引发呕吐。

（2）导泻。

1）如果患者服用食物时间较长，一般已超过 2～3 小时，而且精神较好，则可服用些泻药，促使中毒食物尽快排出体外。一般用大黄 30 g 一次煎服，老年患者可选用元明粉 20 g，用开水冲服，即可缓泻。

2）对老年体质较好者，也可采用番泻叶 15 g 一次煎服，或用开水冲服，也能达到导泻的目的。

（3）解毒。

1）如果是吃了变质的鱼、虾、蟹等引起的食物中毒，可取食醋 100 mL 加水 200 mL，稀释后一次服下。

2）可以采用紫苏30 g、生甘草10 g一次煎服。

3）若是误食了变质的饮料或防腐剂，最好的急救方法是用鲜牛奶或其他含蛋白的饮料灌服。

事故处理：应将引起中毒的饮食进行有效处理，避免更多的人中毒。如果经上述急救，症状未见好转，或中毒较重者，应尽快送医院治疗。在治疗过程中，要给患者以良好的护理，尽量使其安静，避免精神紧张，注意休息，防止受凉，同时补充足量的淡盐开水。

2. 毒气中毒

毒气是对人体有害气体的总称，毒气中毒属于理化因素所致疾病的范畴，常见的有害气体中毒包括氨中毒、硫化氢中毒、氯气中毒、一氧化碳中毒和甲醛中毒。有限空间作业存在着可能发生中毒、窒息、爆炸、火灾、坠落、溺水、坍塌、触电、机械伤害、烫伤等事故的风险。其中，中毒、窒息和爆炸事故较为常见，如图10-9所示。

毒气中毒后，营救人员应准确判断中毒原因，避免盲目冒险进入有毒气体场所救人，做好自我防护工作（如佩戴适宜的防毒面具等）；进行现场救护时，迅速将中毒者移至空气新鲜处，判断中毒者呼吸、心跳状态，若停止呼吸立即进行人工呼吸、心肺复苏等有效的抢救措施，并尽快送往医院。在送往医院途中，使中毒者平躺，保持呼吸畅通，并持续实施人工急救。

图10-9　中毒事故

八、火灾事故

火灾发生时，现场操作人员应沉着冷静利用现场的消防器材在最短时间内快速扑灭初期火灾，如图10-10所示。

图10-10　火灾事故

火灾扩大蔓延时应尽快报警启动应急预案，并应遵循以下原则实施扑救。

（1）先救人、后救物品。先抢救贵重物品，后抢救一般物品。

（2）立即疏散无关人员，火势无法控制时指挥人员撤离现场。

（3）发现有人中毒时应立即抢救至上风口空气新鲜处。

（4）将火灾附近的贵重物品，资料，易燃、易爆、有毒、有腐蚀性的物品移至安全地点。

"隐患险于明火，防范胜于救灾，责任重于泰山"，做好预防工作的关键就在于提高对安全的重视程度。

案例分析

1. 基坑开挖及边坡支护工程触电事故原因

（1）直接原因：该公司边坡支护班刘某，在未配备防护装备的情况下，对未采取防雨保护措施、处于潮湿环境中的空压机进行断电操作，违反安全用电常识，导致触电身亡，是事故发生的直接原因。

（2）间接原因：该公司安全管理不到位，未依法履行企业安全生产主体责任（对施工班组工人安全教育培训不到位，对施工现场安全监管不到位，对突发雷雨天气安全防护工作安排不到位，对露天使用的用电设备未采取防雨保护措施），是事故发生的间接原因。

2. 基坑开挖及边坡支护工程触电事故应急救援方案

（1）触电事故发生后，现场其他人员应立即切断电源，用绝缘不导电的物体使患者脱离电源，同时保护自己不被电触到，保持自身与周围带电部分必要的安全距离。

（2）立即报告应急救援小组有关人员，应急救援小组立即按规定程序向上级有关部门汇报。

（3）判断触电伤员的呼吸、心跳，对呼吸、心跳停止的伤员进行心肺复苏。

（4）尽快与120急救中心取得联系，详细说明事故地点、严重程度，并派人到路口接应。

（5）保护现场，防止事态进一步扩大。

【思政小课堂】

团队精神

立德树人是教育的根本任务。团队精神是每名大学生必须具备的品质。培养在校大学生的团队精神，是建设新时代中国特色社会主义的迫切要求，是新世纪对当代大学生成长的时代呼唤，更是培养创新型人才、实施素质教育的内在要求。通过施工安全事故应急救援的学习，提升大学生的团队精神，增强应急救援技术技能水平。

知识拓展

某建筑工地内有一条10 kV架空线路经东西方向穿过，高压线距离地面高度约为7 m，当完成土方回填后，架空线路距离地面净空只剩 5.6 m 了，在此期间施工单位曾多次要求建设单位尽快迁移，但始终未得到解决，而施工单位就一直违章在高压架空线下方不采取任何措施的情况下冒险施工。事故发生当时，现场管理人员违章指挥 12 名工人，将 6 m 长的钢筋笼放入桩孔，由于顶部钢筋距高压线过近而产生电弧，11 名工人被击倒在地，造成 3 人死亡、3 人受伤的重大事故。

    问题：请分析该案例发生的原因和防治措施，并说明同类事故应怎样进行应急救援？

单元四　伤害急救

◎ 案例引入

    某年 5 月 30 日 0：23，某市某造船（集团）有限公司承建原油轮的船坞区域，两台龙门起重机在共同吊运约 900 t 的物件时，发生倒塌事故，造成 3 人死亡，2 人重伤，直接经济损失达 4 766 万元。

    问题思考：此次事故的原因有哪些？现场如何采取应急救援？

◎ 知识链接

一、创伤救护

    （1）创伤是指在各种致伤因素作用下对人体组织造成的损伤和功能障碍。轻者造成体表损伤，引起疼痛；重者导致功能障碍、致残，甚至死亡。所以，人们进行创伤现场急救的目的是赢得专业救治的宝贵时间。创伤急救原则上是先抢救，后固定，并应注意采取措施，防止伤情加重或感染。需要送医院救治的，即采取保护措施后，送医院救治。

    抢救前先使伤员安静平躺，查看有无出血、骨折等。外部出血立即采取止血措施，防止失血过多而休克。外观无伤，但呈休克状态、神志不清或昏迷者，要考虑胸腹部内脏或脑部受伤的可能。为防止伤口感染，应用清洁布片覆盖。救护人员不得随便用药。搬运时应使伤员仰躺在担架上，将腰部束好，防止跃下。平地搬运时伤员头部在后，上楼、下楼、下坡时头部在上，搬运中应严密观察伤员。

    （2）创伤救护一定要遵守"三先三后"原则。

    1）对窒息或心跳、呼吸刚停止不久的伤员，必须先复苏，后搬运。

    2）对于出血的伤员，必须先止血，后搬运，如图 10-11 所示。

    3）对于骨折的伤员，必须先固定，后搬运，如图 10-12 所示。

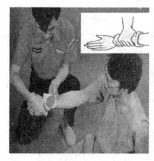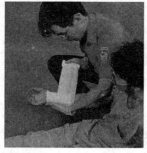

图 10-11　止血包扎　　　　　　　　图 10-12　骨折固定

（3）对于创伤的救护，紧急止血是急救中最有效的基本技巧之一。一般根据伤口大小不同采取止血方法也不同。

1）对于轻微伤口：首先将伤员安置于光线充足、洁净尘少的地方。避免用手接触伤口及伤口四周的皮肤，如伤口有松浮的异物（如泥沙），可先用清水（双氧水或酒精）冲洗。然后用力直接按压出血处并保持足够压力于伤口上或将受伤部位尽量提高，至高过心脏位置进行止血。最后使用创可贴保护伤口。

2）对于溶血性伤口：首先用比伤口稍大的消毒纱布数层覆盖伤口，然后进行包扎。若包扎口仍有较多血，可再加绷带适当加压止血；对于伤口较大，伤口出血呈喷射状或涌出时，立即用清洁手指压迫出血点上方（近心端），使血流中断，将出血肢体抬高或举高，以减少出血量。用止血带或弹性较好的布带等止血时，应先用柔软布片或伤员的衣袖等数层垫在止血带下面。不要在上臂中 1/3 处和肢窝下使用止血带，以免损伤神经。若放松时观察已无大出血可暂停使用。一定要注意：不能用工地上电线、铁丝等作止血带使用。

3）对于严重出血的伤口可以采取以下方法和措施：

①压迫止血法。压迫止血法是一种最基本、最常用、最有效的止血方法，适用于头、颈、四肢动脉大血管出血时的临时止血。即用手指或手掌用力压住比伤口靠近心脏更近部位的动脉跳动处（止血点）。人身体上有三处较常用的止血点。上臂动脉搏：用 4 个手指掐住上臂的肌肉并压向臂骨；大腿动脉：用手掌的根部压住大腿中央稍微偏上的内侧；桡骨动脉：用 3 个手指压住靠近大拇指根部的地方，如图 10-13 所示。

②加压包扎止血法。加压包扎止血法适用于小血管和毛细血管的止血。先用消毒纱布（如果没有消毒纱布，也可用干净的毛巾）敷到伤口上，再加上棉花或纱布卷，然后用绷带紧紧包扎，以达到止血的目的。压力以能止住血而又不影响伤肢的血液循环为合适。若伤处有骨折时，须另加夹板固定。切记：关节脱位及伤口内有碎骨存在时不用此法。

③加压屈肢止血法。加压屈肢止血法多用于小臂和小腿的止血。首先在肘窝内放入棉垫或布垫，然后使关节弯曲到最大限度，最后用绷带把前臂与上臂（或小腿与大腿）固定。假如有骨折，则必须先加夹板固定，如图 10-14 所示。

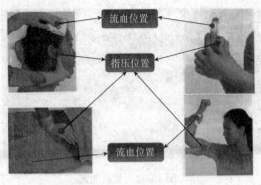

图 10-13　压迫止血法　　　　　　　　图 10-14　加压屈肢止血法

④止血带止血法。止血带止血法是当遇到四肢大动脉出血，且使用上述方法止血无效时采用的一种方法。即用止血带（一般用橡皮管，也可用纱巾、布带或绳子等代替）绕肢体绑扎打结固定。

a.小臂止血法：止血位置位于上臂 1/3 处，先用纱布环形缠绕，再用止血带绑扎固定，绑扎完成后应判断松紧度，松紧度适宜即可。要求：每个小时放松一次，放松时间 3 min，止血完成后要贴上标牌标记，应标明止血位置、止血时间，止血时间应精确到分，解除止血条件应视伤员伤口情况而定。

b.小臂出血螺旋反折包扎法：使用酒精或碘伏对伤口进行消毒后，使用棉垫或纱布垫敷，先将绷带缠绕伤员受伤肢体处两圈固定，然后由下而上包扎肢体，每缠绕一圈折返一次，折返时按住绷带上面正中央，一只手将绷带向下折返，再向后绕并拉紧，每绕一圈时，遮盖前一圈绷带的 2/3，露出 1/3，绷带折返处应尽量避开伤口，包扎要求覆盖整个前臂，末端使用胶布固定即可。

（4）注意事项。

1）上止血带时，皮肤与止血带之间不能直接接触，应加垫敷料、布垫或将止血带上在衣裤外面，以免损伤皮肤。

2）上止血带要松紧适宜，以能止住血为度。扎松了不能止血，扎得过紧容易损伤皮肤、神经、组织，引起肢体坏死。

3）上止血带时间过长，容易引起肢体坏死。因此，止血带上好后，要记录上止血带的时间，并每隔 40～60 分钟放松一次，每次放松 1～3 分钟。为防止止血带放松后大量出血，放松期间应在伤口处加压止血。

4）运送伤员时，上止血带处要有明显标志，不要用衣物等遮盖伤口，以妨碍观察，并用标签注明上止血带的时间和放松止血带的时间。

二、骨折救护

首先要牢记现场急救的"三不"黄金法则，即不复位、不盲目上药、不冲洗。发生骨折后可以按照下列措施和要求进行急救。

（1）肢体骨折可用夹板或木板、竹竿等将断骨上、下两个关节固定，也可利用伤员身体进行固定，避免骨折部位移动，以减少疼痛，防止伤势恶化。用两块木板加垫后，放在小腿的内侧和外侧，用5条布带首先固定小腿骨折的上下两端，再固定大腿中部、膝关节和踝关节。要求：垫片位于膝关节和踝关节两侧，避免夹板直接接触皮肤，导致皮肤受损，踝关节使用"8"字形固定。

（2）开放性骨折，伴大出血者，先止血，再固定，并用干净布片覆盖伤口，然后速送医院救治。切勿将外露的断骨推回伤口内。

（3）疑有颈椎损伤，在使伤员平卧后，用沙土袋（或其他代替物）放置头部两侧使颈部固定不动。必须进行口对口呼吸时，只能采用抬头使气道通畅，不能再将头部后仰移动或转动头部，以免引起截瘫或死亡。

（4）腰椎骨折应将伤员平卧于硬木板上，将腰椎躯干及两侧下肢一同进行固定预防瘫痪。搬动时应数人合作，保持平稳，不能扭曲。

（5）安全转运。经以上现场救护后，应将伤员迅速、安全地转运到医院救治。转运途中要注意动作轻稳，防止震动和碰坏伤肢，以减少伤员的疼痛；注意其保暖和适当的活动。

三、颅脑外伤救护

颅脑损伤是一种常见的外伤，是由各种原因导致脑细胞受损的总称。颅脑损伤一般发生在工作、生活现场和交通道路上，如高空坠落、失足跌倒和火器伤等，病情急而危重，变化迅速。因此，得到有效的现场急救对颅脑损伤患者的后续治疗和提高治疗效果具有十分重要的意义。

（1）如果伤害事故伴有颅脑外伤，必须严格按照"现场急救七要"法则来开展急救。

1）一要保持镇静：发现头部受伤者，即使无昏迷也应禁食限水，静卧放松，避免情绪激动，不要随便搬动。

2）二要迅速止血：应立即就地取材，利用衣服或布料进行加压包扎止血。切忌在现场拔出致伤物，以免引起大出血。若有脑组织脱出，可用碗作为支持物再加敷料包扎，以确保脱出的脑组织不受压迫。

3）三要防止颅内继发感染：头部受伤后，可见血液和脑脊液从耳、鼻流出，此时应将患者平卧，患侧向下，让血液或脑脊液顺利流出来。切忌用布类或棉花堵塞外耳道或鼻腔，以免其逆流而继发颅内感染。

4）四要防止误吸：颅脑损伤者大多有吞咽、咳嗽反射丧失，咽喉和口腔异物或分泌物会阻塞呼吸道而造成窒息。因此，伤员应取平卧位，不垫枕头，头后仰偏向一侧。

5）五要维持呼吸道通畅：伤员如出现呼吸困难、嘴唇发绀时，应用双手放在患者两侧下颌角处将其下颌托起，清除口腔异物，以保持呼吸道通畅。

6）六要心肺复苏：若患者神志不清，大动脉搏动消失，又能排除患者胸骨及肋骨骨折时，应立即进行胸外心脏按压和人工呼吸。不要试图用拍击或摇晃的方法去唤醒昏迷的伤员。

7）七要平稳快运：清醒患者一旦出现频繁、喷射性呕吐，剧烈头痛，或短时间清醒后再次昏迷，应迅速送到有条件的医院抢救。

（2）心肺复苏应急处理措施。

1）四周张望，确认现场安全。

2）靠近伤员判断意识：拍伤员肩部，大声呼叫伤员，耳朵贴近伤员嘴巴。

3）呼救：环顾四周呼喊求救，解衣松带、摆正体位。

4）判断颈动脉、判断呼吸：单侧触摸颈动脉，时间为 $5 \sim 10\,s$，判断时用余光观察胸廓起伏。

5）胸外按压：按压点位于胸骨柄与两个乳头的交点，一手掌根部放于按压部位，另一手掌平行重叠于该手背上，手指并拢，以掌根部接触按压部位，双臂位于伤员胸骨正上方，双肘关节伸直，利用上身重量下压，按压频率每分钟120次，按压幅度为胸腔下陷 $5 \sim 6\,cm$，每循环按压30次，时间 $15 \sim 18\,s$。

6）畅通并打开气道：使用纱布清理口腔异物，摆正头型；使用压额提颌法，确保下颌与耳朵的连线与地面垂直。

7）吹气：吹气时看到伤员胸廓起伏，吹气完毕后立即离开口部，松开鼻腔，视伤员胸廓下降后，再吹气。

8）吹气按压连续五个循环：连接仪器，进行按压、吹气连续操作，2分钟内完成5个循环。

9）整理：安置伤员，整理服装，摆好体位。

四、烧伤、烫伤救护

在施工现场会发生各种各样的烧烫伤事故，事故发生后的现场急救是烧烫伤救治的最关键环节，方法是否得当直接影响后续的治疗和愈后。

1. 对于轻微的烧烫伤

对于轻微的烧烫伤可先用冷水冲洗，之后再冷敷或用冷水泡，其次用碘酒或稀释的黄药水消毒伤口，再用绷带包扎即可。切记伤口的水泡不可弄破，因为细菌感染会造成流脓及发炎。

2. 对于严重的烧烫伤

对于严重的烧烫伤，请牢记"冲脱泡盖送"的口诀。

（1）冲：在流动的冷水中浸泡、冲洗、冷敷约30分钟。

（2）脱：在冷水中小心脱去衣物，如有粘连暂不处理，勿将水泡弄破。

（3）泡：在冷水中连续浸泡，将余热完全除去。

（4）盖：用干净的床单或纱布、毛巾将伤口覆盖。

（5）送：尽快送医院治疗。

3. 急救时要避免五大误区

（1）烫伤后立刻冰敷。

（2）烫伤后立刻去除衣物。

（3）烫伤后立刻涂抹药膏。

（4）挑破水泡。

（5）涂抹酱油、牙膏等。

在急救时一定按照正确的方法，避免错误操作造成伤员的伤情加剧，造成更加严重的后果。

五、中毒救护

当发生中毒事故后，现场应采取以下措施展开急救。

（1）设法尽快使中毒人员脱离中毒现场、中毒物源。

（2）根据中毒途径不同，采取以下相应措施，并做好自身防护。

1）皮肤污染、体表接触毒物。如在施工现场因接触油漆、涂料、沥青、外渗剂、胸口剂、化学制品等有毒物品中毒时，应脱去污染的衣物并用大量的微温水清洗污染的皮肤、头发及指甲等，对不溶于水的毒物用适宜的溶剂进行清洗。

2）吸入毒物（有毒气体）。如进入下水道、地下管道、人工挖孔桩、地下或密封的仓库、化粪池等密闭不通风的地方施工，或环境中有有毒、有害气体，焊割作业时乙炔（电石）气中的磷化氢、硫化氢、煤气（一氧化碳）泄漏，二氧化碳过量，油漆、涂料、保温、粘合等施工，苯气体、铅蒸气等作业产生的有毒有害气体的吸入造成中毒时，应立即使中毒人员脱离现场，在抢救和救护时应加强通风和吸氧，在未采取通风等防护措施前，抢救人员不得盲目进入孔、洞内。

3）食入毒物。如误食腐蚀毒物、发芽土豆、未熟扁豆等动植物毒素，变质食物、混凝土添加剂中的亚硝酸钠、硫酸钠等和酒精中毒，对神志清醒者应设法催吐；喝温水用压舌板等刺激咽后壁或舌根部以催吐，如此反复，直到吐出物为清亮物体为止。对催吐无效或神志不清者，则送医院进行抢救治疗。

六、高温中暑救护

一般对高温引起的疾病不同，采取不同的治疗方法。

1. 热痉挛

热痉挛通常是受热导致虚脱，过度劳累之后，胳膊、腿和腹部等处的肌肉都会发生这种痉挛，一般是由于身体盐分缺乏而引起（因为流汗过多，特别是食盐不足时）。症状表现为呼吸细微、呕吐、晕眩。此时，应将患者移至阴凉的地方休息，服用盐水。

2. 热虚脱

在高温、潮湿的环境中，由于流汗过多而导致大量的体液丧失，从而引起热虚脱。症状表现为脸色苍白，皮肤发冷仍然出汗，脉搏细弱，伴有晕眩，虚弱无力，出现痉挛，也可变得神志不清或昏迷。如出现此类情况，应将患者移至阴凉的地方休息，服用盐水。

3. 中暑

中暑是在阳光下暴晒或过度疲劳引起的。临床表现为皮肤干燥发热，脸色发红、发烫但已停止出汗，体温升高，脉搏加快变强，强烈头痛，常伴有呕吐，过后或许会失去知觉。

此时，应将患者迅速送往医院，如无条件则应将患者放置阴凉处躺好，头部与肩部抬高，脱去外衣，用温湿毛巾使患者体温回落（凉水反而会促使体内温度升高），不停地扇风；将患者躺放在湿润的风口处。当患者清醒过来时，给其饮水，其体温恢复正常时，更换衣服，保持体温，不能受凉。

4. 晒斑

晒斑是皮肤真正地被灼烧了，伴有水泡，极其危险，特别对于苍白和敏感性的皮肤更是如此。如果身体某部位受到了影响，就是致命的。治疗方法：待在阴凉的环境中，不要再受到阳光灼晒，如有可能服用止痛药，用衣服遮住，但不能弄破。严重的须到医院治疗。

七、昏迷救护

一旦发现昏迷者，无论何种原因，应注意不要紧张，一定要冷静处理。首先要保持伤员的呼吸道畅通，松解其衣扣，如有条件给其吸氧，保持安静，可以给低血糖昏迷者口服少量糖水，喂水时应将其头偏向一侧，以防发生误吸，在上述治疗的同时，必须小心谨慎地护送昏迷者到医院诊治。

遇突发事故，伤员发生呼吸和心搏骤停时，如在5分钟内，及时采取恢复心跳、呼吸的急救措施，可以明显提高伤员的生存率。此时可以按照前面学习的方法，采取口对口、口对鼻、胸外按压或心肺复苏等措施来尽可能地挽救伤者生命，体现生命至上的原则。

案例分析

（1）船坞龙门起重机坍塌事故原因：这是一起因现场操作协调配合不当，企业安全管理不到位而引发的生产安全责任事故。

1）事故直接原因：现场指挥与司机操作协调配合不当。

2）事故间接原因：

①该造船（集团）有限公司指挥分工不明、职责不清，未按规定统一指挥。

②施工组织不合理，没有安排专门人员进行现场的统一协调和严格的安全管理。

③龙门起重机岗位人员配备不足，无专人监护。

④编制的吊装方案不规范、不齐全，对吊装物外延尺寸过大可能引起的安全问题没有予以充分的重视，也没有采取相应的安全技术措施。

（2）船坞龙门起重机坍塌事故应急救援方案：

1）事故发生后应立即报告应急救援小组有关人员，应急救援小组立即按规定程序向上级有关部门汇报。

2）挖掘被掩埋伤员及时脱离危险区。

3）清除伤员口、鼻内泥块、凝血块、呕吐物等，将昏迷伤员的舌头拉出，以防窒息。

4）进行简易包扎、止血或简易骨折固定。

5）对呼吸、心跳停止的伤员予以心脏复苏。

6）尽快与120急救中心取得联系，详细说明事故地点、严重程度，并派人到路口接应。

7）组织人员尽快解除重物压迫，减少伤员挤压综合征的发生，并将其转移至安全地方。

▶【思政小课堂】

以人为本

党的十八大以来，以习近平同志为核心的党中央坚持以民为本、以人为本的执政理念，把民生工作和社会治理工作作为社会建设的两大根本任务，高度重视，大力推进，改革发展成果正在不断惠及全体人民。安全生产工作应当以人为本，坚持人民至上、生命至上，把保护人民生命安全摆在首位，树牢安全发展理念，坚持安全第一、预防为主、综合治理的方针，从源头上防范化解重大安全风险。

◎ 知识拓展

（1）根据小臂止血包扎方法，以小组为单位，完成小臂止血包扎；小组间互评，教师进行点评。

（2）根据骨折固定方法，以小组为单位，完成小腿骨折固定；小组间互评，教师进行点评。

（3）按照心肺复苏应急处理步骤，以小组为单位，完成心肺复苏练习；小组间互评，教师进行点评。

📁➤ 模块小结

通过施工安全事故案例分析，了解施工安全事故相关概念、事故的分类、分级，熟悉施工安全事故发生的原因与施工安全事故的处理原则、程序，明确施工安全应急处理对于安全事故应急救援的重要意义；掌握施工现场不同种类安全事故应急救援的程序、方法和现场急救的方法、措施及注意事项，提高应急救援能力，明确安全事故应急救援的重要性，提高全社会的风险防范意识，在发生事故时，能迅速、有序、高效地实施应急救援行动，及时、妥善地处置重大事故，从而有效防范施工安全事故的发生，最大程度地减少人员伤亡和伤害，保障安全生产，维护国家安全和社会稳定，促进经济社会全面、协调、可持续发展。

📁➤ 思考与练习

一、单选题

1.对窒息或心跳、呼吸刚停止不久的伤员，必须先（　　），后搬运。

    A.止血　　　　　　　　B.复苏　　　　　　　　C.固定　　　　　　　　D.包扎

2.上止血带时间过长，容易引起肢体坏死。因此，止血带上好后，要记录上止血带的时间，并每隔（ ）分钟放松一次，每次放松1～3分钟。

    A.10～20   B.20～30   C.30～40   D.40～50

3.事故发生后，事故单位有关人员在（ ）小时内向县级以上安监部门和负有安全生产监督管理职责的有关部门报告。

    A.1   B.2   C.12   D.24

4.安监部门或主管部门接到报告后会赶赴事故现场，组织事故救援，做好事故现场保护工作。（ ）小时以内同时向同级人民政府和上级安监部门或上级主管部门报告。

    A.1   B.2   C.12   D.24

5.造成3人以上10人以下死亡，或者10人以上50人以下重伤，或者1 000万元以上5 000万元以下直接经济损失的事故为（ ）。

    A.一般事故   B.较大事故   C.重大事故   D.特别重大事故

6.事故等级分类中，重大事故是指（ ）。

    A.造成3人以下死亡，或者10人以下重伤，或者1 000万元以下直接经济损失的事故

    B.造成3人以上10人以下死亡，或者10人以上50人以下重伤，或者1 000万元以上5 000万元以下直接经济损失的事故

    C.造成10人以上30人以下死亡，或者50人以上100人以下重伤，或者5 000万元以上1亿元以下直接经济损失的事故

    D.造成30人以上死亡，或者100人以上重伤（包括急性工业中毒），或者1亿元以上直接经济损失的事故

7.某事故造成3人死亡，10人重伤，经济损失500万元，按事故等级定义，应该定为（ ）。

    A.一般事故   B.较大事故   C.重大事故   D.特别重大事故

8.某事故造成2人死亡，9人重伤，经济损失1 000万元，按事故等级定义，应该定为（ ）。

    A.一般事故   B.较大事故   C.重大事故   D.特别重大事故

9.某事故造成31人死亡，10人重伤，经济损失2亿元，按事故等级定义，应该定为（ ）。

    A.一般事故   B.较大事故   C.重大事故   D.特别重大事故

10.《安全生产法》规定，事故调查处理应当按照科学严谨、依法依规、实事求是、注重实效的原则，及时、准确地查清（ ），查明事故性质和责任。

    A.事故原因   B.事故类型   C.事故影响   D.事故损失

11.应急救援预案在应急救援中的重要作用不包括（ ）。

    A.明确了应急救援的范围和体系

    B.有利于做出及时的应急响应，完全消除事故后果的危害

    C.成为各类突发重大事故的应急基础

    D.应急预案有利于提高风险防范意识

12. 生产安全事故发生以后，事故发生地人民政府应立即响应，对事故受害人进行营救，对事故现场进行控制，下列选项中，不属于事故应急响应内容的是（　　　）。

    A. 组织营救和救治受害人员

    B. 迅速控制危险源，标明危险区域

    C. 追究事故责任人相关责任

    D. 组织公民参加应急救援和处置工作

13. 生产中遇到特别严重的险情，职工可以采取（　　　）。

    A. 停止作业

    B. 坚守工作岗位

    C. 停止作业，采用紧急防范措施，并撤离危险岗位

    D. 打电话请示领导，经领导同意后撤离危险岗位

14. 发生人身触电事故，在进行救护时，首先应采取的措施是（　　　）。

    A. 立即检查触电者是否还有心跳呼吸，如没有立即进行心肺复苏

    B. 立即使触电者与带电部分脱离

    C. 立即拨打 120 呼叫救护车

    D. 立即至配电房关闭电源开关

15. 如果不幸被困于火场，下列正确的处理方法是（　　　）。

    A. 立即躺下，用纤维织物包住身体在地上滚动

    B. 将门关上，用毛毡将门底的空隙塞住，立即致电报警及走向近街的窗前呼救

    C. 将门和窗打开，立即致电报警

    D. 躲进厕所，等待救援

二、多选题

1. 下列造成施工安全事故的原因中属于人的不安全行为的有（　　　）。

    A. 违章指挥　　　　　　　　　　　B. 违章操作

    C. 违反劳动纪律　　　　　　　　　D. 地质条件不良

2. 造成施工安全事故的主要原因有（　　　）。

    A. 社会因素　　　　　　　　　　　B. 人的因素

    C. 物的因素　　　　　　　　　　　D. 管理的因素

3. 按照我国《企业职工伤亡事故分类》（GB 6441—1986）标准规定，按导致事故的原因分类，事故包括（　　　）。

    A. 淹溺　　　　　　B. 触电　　　　　　C. 坍塌　　　　　　D. 物体打击

4. 对于溶血性伤口，一定要注意：不能用（　　　）等作止血带使用。

    A. 工地上电线　　　B. 纱布　　　　　　C. 钢丝　　　　　　D. 绷带

5. 如果伤害事故伴有颅脑外伤，必须严格按照"现场急救七要"法则来开展急救，其中包括（　　　）。

    A. 要保持镇静　　　　　　　　　　B. 要迅速止血

    C. 要防止颅内继发感染　　　　　　D. 要防止误吸

6. 下列属于安全事故原因分析中物的不安全状态的有（   ）。

A. 防护、保险、信号等装置缺乏或有缺陷

B. 设备、设施、工具、附件有缺陷

C. 所用的防护用品、用具不符合安全要求

D. 工具、制品、材料堆放不安全

7. 造成安全事故的原因中，下列属于防护不当的有（   ）。

A. 防护罩未在适当位置　　　　　　　　　B. 采伐、集材作业安全距离不够

C. 无安全标志　　　　　　　　　　　　　D. 坑道掘进、隧道开凿支撑不当

8. 下列属于生产（施工）场地环境不良造成施工安全事故的因素的是（   ）。

A. 通风不良　　　　B. 照明光线不良　　　　C. 作业场地杂乱　　　　D. 作业场所狭窄

9. 下列原因中，是由于人的不安全行为造成的事故有（   ）。

A. 开动、关停机器时未给信号

B. 违章驾驶机动车

C. 用手代替手动工具

D. 没有事故防范和应急措施或者不健全

10. 下列原因中，由于管理上的缺陷造成的事故有（   ）。

A. 机器运转时加油、修理、检查、调整、焊接、清扫等工作

B. 没有安全生产管理规章制度和安全操作规程，或者不健全

C. 没有事故防范和应急措施或者不健全

D. 对事故隐患整改不力，经费不落实

11. 事故处理四不放过原则指的是（   ）。

A. 事故原因未查清不放过　　　　　　　　B. 责任人员未处理不放过

C. 整改措施未落实不放过　　　　　　　　D. 有关人员未受到教育不放过

12. 事故调查组应当自事故发生之日起 60 日内提交事故调查报告；特殊情况下可以适当延长，但延长的期限最长不超过 60 日。内容应包括事故发生单位概况、事故发生经过和救援情况和（   ）。

A. 事故造成的人员伤亡和直接经济损失

B. 事故发生的原因和事故性质

C. 事故责任的认定以及对事故责任者的处理建议

D. 事故防范和整改措施

13. 施工安全事故按事故大小可以分为（   ）。

A. 一般事故　　　　　　　　　　　　　　B. 较大事故

C. 重大事故　　　　　　　　　　　　　　D. 特别重大事故

14. 施工安全事故按致伤原因可以分为（   ）。

A. 重伤事故　　　　B. 轻伤事故　　　　C. 职业伤害事故　　　　D. 职业病

15. 施工安全事故按后果的严重程度可以分为（   ）。

A. 职业病　　　　　B. 轻伤事故　　　　C. 重伤事故　　　　D. 死亡事故

三、判断题

1. 施工安全事故是指工程施工过程中造成人员伤亡、伤害、职业病、财产损失或其他损失的意外事件。（　　）

2. 接触职业病危害因素不一定就会患职业病，与工作有关的疾病也不都是职业病。（　　）

3. 骨折救护首先要牢记现场急救的"三不"黄金法则，不复位、不盲目上药、不冲洗。（　　）

4. 对于严重的烧烫伤应立刻进行冰敷。（　　）

5. 操作错误，忽视安全，忽视警告属于造成安全事故原因中管理的因素。（　　）

6. 对现场工作缺乏检查或指导错误属于造成安全事故原因中管理的因素。（　　）

7. 意外事件的后果是人员死亡、受伤或身体的损害就称为人员伤亡事故，如果没有造成人员伤亡就是非人员伤亡事故。（　　）

8. 重伤事故是指造成职工肢体伤残，或某器官功能性或器质性轻度损伤，一般指受伤职工歇工在一个工作日以上，计算损失工作日低于105日的失能伤害。（　　）

9. 高处坠落事故发生后，现场人员应马上报告，并观察坠落者是否有生命体征，神智是否清醒，其着地部位及伤势如何，并进行止血包扎和骨折固定。（　　）

10. 物体打击事故发生后，现场人员应马上报告，并检查受伤者伤情及心跳呼吸情况，按急救措施进行相应的急救；等待救护车或在伤员状况允许的情况下送医院。（　　）

11. 发生机械伤害，要第一时间将人从机械旁边拉出来，并根据伤害情况采取相应的救治措施。（　　）

12. 起重伤害指从事各种起重作业时发生的机械伤害事故，包括上、下驾驶室时发生的坠落伤害，起重设备引起的触电及检修时制动失灵造成的伤害。（　　）

13. 触电事故发生后，现场其他人员应立即将触电人员拽离触电体，然后再断开电源。（　　）

14. 特大安全事故发生后，对调查组提出的调查报告，省、自治区、直辖市人民政府应当自调查之日起30日内，对有关责任人员作出处理决定。（　　）

四、简答题

1. 安全事故有哪些分类？
2. 人的不安全行为所造成的事故原因有哪些？
3. 事故发生后应按照什么程序进行处理？
4. 通过学习，学会了哪些应急救援知识？
5. 处置生产安全事故的"四不放过"原则是什么？
6. 事故报告应当包括哪些内容？
7. 事故调查的原则有哪些？
8. 在事故调查过程中，调查取证是一个重要环节，其主要工作内容有哪几个方面？

参 考 文 献

［1］蔺伯华.建筑工程安全管理［M］.2版.北京：机械工业出版社，2022.

［2］陈海军.建筑工程安全管理［M］.北京：清华大学出版社，2022.

［3］钱正海.建筑工程安全管理［M］.2版.北京：中国建筑工业出版社，2021.

［4］李伟，詹涛，李东杰.建筑工程安全生产管理与技术实用手册［M］.北京：中国建材工业出版社，2021.